U0386270

THE GLOBAL
WAR FOR INTERNET
GOVERNANCE

互联网治理
全球博弈

［美］劳拉·德拉迪斯（Laura DeNardis）◎著

覃庆玲　陈慧慧　等◎译

中国人民大学出版社
·北 京·

译者序

互联网治理为什么如此重要?

2016 年全球互联网治理迎来一个风云际会的历史契机:美国东部时间 9 月 30 日午夜,美国商务部下属的国家电信和信息管理局(NTIA)与互联网名称与数字地址分配机构(ICANN)签署的互联网编码分配合同到期失效,美国政府至此正式放弃了对 ICANN 的单边控制,将其移交给全球多利益相关方。这距 2014 年 3 月 14 日美国政府宣布计划移交两年半有余,其间错综交织着各国政府、国际组织、产业机构、跨国公司、社群、学术机构、技术专家、民间团体、用户等的多方思考、辩论、争议,标志着多利益相关方模式在全球互联网治理领域的真正实践,具有里程碑意义。本书的翻译出版切中全球互联网治理这一宏大叙事下的关键历史节点和实践场景,可谓恰逢其时。

当下新一轮信息科技革命风起云涌,新一波数字经济蓬勃兴起,伴随着信息通信技术的加速迭代、创新演进、交叉融合和跨界渗透,虚拟现实、人工智能、下一代互联网、物联网等互联网新应用新业态接连涌现、层出不穷,正在深刻改变着信息传播模式、舆论宣传模式、社会交往模式、生产生活模式、企业竞争模式、产业发展模式和政府管理模式。互联网在我国经济社会发展全局中的基础性、战略性地位日益凸显,全球互联网治理是一个具有高度理论价值与实践意义的重大命题,处于国际治理政策辩论的最前沿。

在这一主题领域，放眼全球，近年来具有相当影响力和战略价值的立法规范、政策动议层出不穷，学术科研论著为数不少；放眼国内，网络安全基本法、互联网资源和数据管理规范、行业自律公约等均在紧锣密鼓地酝酿中，相关的研究机构和学术沙龙如雨后春笋般聚集涌现……在众多研究成果中，劳拉教授的《互联网治理全球博弈》一书给了我们更加深刻全面与体系化的研究进路和观察视野，为我们统筹把握互联网治理领域内相互冲突的多元利益诉求和价值取向提供了生动丰富的案例场景和深入浅出的理论辨析。

本书宗旨：推动互联网开放共享与安全可信

劳拉教授是信息工程和科技研究双料博士，具有深厚的学术背景，致力于信息基础设施、互联网技术原理与治理架构以及社会经济关联效应等主题的研究，作为美国信息通信与传媒大学的副院长，牵头耶鲁大学法学院信息社会治理研究专项，长期担任全球互联网创新治理学术网络核心成员，在跨国企业、学术机构、政府相关国际互联网治理和信息通信政策咨议方面有丰富的经验和研究积淀。

劳拉教授从互联网唯一标识、互操作性、分布式、开放互联等技术原理特征出发，结合现实案例，论述互联网关键控制节点发挥作用的机理方式，这一方式对公民自由、国家安全和全球创新政策有深刻的决定性影响。书中着重于对互联网治理概念范畴进行区分解读，探索提出多利益相关方治理模式的理念和实施路径，旨在持续推动并确保互联网的安全稳定、开放共享和通用便捷。

全球互联网治理包含三层实体内容，首先是互联网关键基础资源的协调分配使用、标准和技术协议，以及其上承载的内容应用。斯诺登事件之后，原本远离公众视野的内容审查、线上监控、私营企业代理执法等问题浮出水面，触发了对实体背后自由、民主、隐私保护、网络安全、产业激励、商业创新和知识产权保护等政治、经济、社会性议题的关注和热议。劳拉教授遵循了治理行为体的三分法，即政府、私营部门和市民社会，并将其充实为更加多元细分的利益相关方，突破了局限于国际组织、国内国际政策规范、国际机制和国际惯例的概念范畴，将这一术语的辩论分析进行开放性延展，通过鲜活个案和具象话题的抽丝剥茧、层层剖析来深入观察解读信息数据搜集应用，基础资源匹配协调，互联网控制节点、支配架构和权力运行机制，利益纠葛复杂的体制生态等，总结提炼出了一个更加综合全面、更具包容性的分析框架。该框架成为接近和澄清许多互联网治理政策问题的有力切入点，如基础设施控制与地缘政治、网络安全、网络中立性、内容审查、用户隐私、网络版权侵权执法、域名商标争议、信息中介治理等。概念框架之下展开全球互联网治理的五个特征要素：互联网治理架构即权力分配的确定；将互联网治理用作内容控制代理的趋势；互联网治理的多方利益主体参与模式；互联网关键节点控制集中折射出全球价值冲突；地缘政治与互联网治理全球化之间的复杂关系。

　　本书最突出的学术贡献和独特研究视角在于：并非仅停留在对民族国家公共治理政策价值取向和执行策略的辨析，而是更加凸显技术逻辑对互联网治理架构影响作用的"两面性"。一面隐蔽在治理主体、治理规则、治理体系之下，发挥着实际的作用，它们是技术手段原理和配置策略；另一面是治理目标、治理需要和价值关切，技术资源和系统平台能力也为之服务。因此不仅仅是政府机构在主导互联网治理，那些协调基础资源，创建标准协议的非政府国际组织、学术科研机构、私营企业、产业联盟、行业协会乃至用户都在深度参与并影响着治理进程。

互联网治理全球博弈背后是技术支撑下的政治和经济权力的斗争。劳拉教授指出，全球互联网治理正在向着多利益相关方平行参与的全球协调机制加速演化。更加开放、多元、透明，更加安全、稳定、灵活是历史大势，如何引导、界定、把握利益相关方发挥作用的范围程度、实现机制和运作模式是悬而未决的辩论关注焦点，如何平衡相互竞争的利益和价值冲突以确保全球互联网治理体系的动态平衡稳定是隐含在全书看似开阔离散的话题情境里的问题导向。

劳拉教授在书中论及的很多话题相当前瞻且富有创见，值得进一步深入挖掘和研讨。开篇即提出互联网治理主要是通过互联网技术架构来实现，由全球互联网管理协调机构、政府等多主体具体运作实施，实质表现为互联网基础资源权力配置。关于互联网治理这一概念的解读，劳拉教授有其独到深刻的理解，主要指向互联网特有的运行实践，如运用互联网特有技术，例如网络安全、互联网代理、地址等互联网关键资源、路由和寻址系统、基础设施管理、网络运营商的互联网交换节点协议等，保障实现互联网有效运行，探讨设备间的互操作性和设备间信息流动的管理问题，凸显通过技术策略配置来实现资源协调、基础设施安全稳定、立法执行、内容治理和隐私保护的特性。在论及技术标准制定过程中如何确保在政治经济意义上的合法性和有效性时，提出一方面来自专业知识和保持事物运行的经验，另一方面来自非政府机构制定程序的公开性、透明度和可问责性。同时明确，不同民族国家的互联网法律政策体系会对传统域名体系及逐渐复杂化的互联网安全问题和基础结构产生重要影响，从而将原本全球通用的互联网基础结构转变为因国家不同而具有差异化的体系架构。此外，互联网基础设施天然的控制节点架构能对全球信息流动施加必要的管理干预，其间涉及 DNS 被用于信息治理、知识产权执法等问题。

现实中互联网治理职能更多是通过多利益相关主体参与、协同制度设计和组织机构创建更新来实现的。透过法规政策征询咨议，自律联盟发起和规范草拟，与国家安全紧密相关的授权监控、替代性执行、委托版权执法等场景可以更加精准把握这一机制机理的有效性和适用性。互联网治理架构、行为规则标准总是在各种价值冲突中持续演化调整，多利益相关方商谈决策的透明度、公开性、公平性和可问责性将成为衡量其合理正当的重要基准。互联网治理更是一项规模浩大多国参与的利益协调集体行动，有序协调区域性治理对营造一个稳定和安全的全球互联网治理局面影响甚巨。

全球互联网治理的未来

全球互联网治理的多利益相关方平衡协调生态悄然孕育萌芽，如何确保其功能发挥和顺利运转仍是一个充满未知变数的开放性命题，关系到互联网创新发展和开放共享。政府的角色定位和职能发挥是一个关键性变量，目前各国政府主动发起的，聚焦于信息数据交流共享、政策研讨咨议的多方共治共赢的新型治理模式已付诸实践。国际层面，斯诺登事件只不过是一个阶段性的触发点，它促使国际社会各方更为积极地探讨如何有效应对与实施由技术优势决定的"资源失衡"和"力量制约"。

全球互联网治理是一个综合体系和复杂议题，对于多利益相关方模式的解读与实践因国别领域、文化传统、意识形态而有所差异，如何解读政府在多利益相关方治理模式中的角色定位，如何兼容并蓄、灵活把握、求同存异，如何避免固化理解与泛化应用将是一个值得深入思考关注的命题。

互联网的开放性、通用性和互操作性是连接计算机和用户、人和服务应用，甚至物和物、人和人的基础支撑，最终塑造出能够连接一切技术标准和数据的"连接器"——互联网平台公司，如以搜索引擎、社交媒体、信息聚合网站为基础发展起来的超级巨无霸跨国私营企业。它们在互联网治理中已经发挥的作用影响，应当承担的责任义务，对网络与信息安全、用户隐私保护、公共福利保障、交易秩序维护、网络违法犯罪打击等方面的积极意义有必要结合实际应用场景进一步充分研讨明晰。

互联网治理的中国声音和中国力量

中国已经是互联网大国，并且具备成为互联网强国的雄心和潜质，建设网络强国的宏伟目标已经纳入国家"十三五"规划和国家信息化发展战略。中国寻求与其地位相称的利益，应当顺应并积极影响全球互联网治理的历史演进趋势。作为国际社会负责任的利益相关方，中国需要在为全球互联网做出贡献的同时实现自己的利益诉求，二者相辅相成。

在全球互联网治理新的实践中，我们应当抓住机会，积极参与，发出中国声音、贡献中国智慧。持续参与全球互联网治理的讨论和政策辩论至关重要，因为这将奠定今后相当长一段时间内全球互联网治理机制和框架的基础，从而使"中国声音"和"中国力量"成为一种获得国际互联网社群广泛认可和尊重的正能量。

本书的翻译旨在拓宽视野，丰富理论体系和实证研究，积极对接把握互联网治理国际学术研究的最新动向。中国需要在了解、吸收、借鉴全球互联网治理理念、规则和趋势的基础上，继续夯实自身实力，在新一轮的国际较量中不断完善治理体系和规则，厚积薄发、登高望远，进一步发挥中国在国际互联网治理领域的能量，与世界各国协同推动全球互联网治理朝着创新、协调、发展、开放、普惠的方向努力。

贡献与致谢

应中国人民大学出版社之邀，中国信息通信研究院安全研究所信息安全研究团队有幸承担了耶鲁大学出版社这一论著的翻译任务。书稿翻译包含初译和两轮补译校稿、一轮统稿。成果贡献如下：覃庆玲、陈慧慧负责翻译总体统筹工作。庞妹翻译第1章；吴振刚翻译第2、3、6章；陈湉翻译第4章；崔现东翻译第5章；范为翻译第7、8章；王映翻译第9、10章。缩略语和术语表由王映、吴伟和陈慧慧共同完成。第一轮补译校稿由王映、吴伟和陈慧慧共同完成；第二轮补译校稿和后续的统稿工作由陈慧慧完成。感谢各位同事的辛勤付出和全力支持！感谢国家互联网信息办公室、工业和信息化部等有关领导对书稿翻译给予的关注和指导！

翻译工作积极依托既有的对于宏观政策法规和微观业务应用专门性、深入性的研究机制框架，立足对全球互联网治理相关议题的深刻理论积淀、长期跟踪把握和动态研究积累，凭借对互联网创新发展领域和网络信息安全领域的敏锐洞察力和高效执行力，能够充分发挥在实践基础上对治理关键环节和现实诉求的深刻理解优势，因而有决心、有信心、有实力尽可能完整翔实地表达呈现出作者劳拉教授丰富深刻的学术思想和开阔的研究视野。

翻译过程中团队精诚合作、成员无私奉献值得嘉奖纪念，同时对在翻译过程中给予诸多技术咨询和宝贵建议的领导同行表示诚挚的谢意！翻译疏漏之处，文责自负，欢迎批评指正！

中国信息通信研究院　陈慧慧

2016 年 10 月 8 日

目　录

第 1 章

互联网治理纷争

21 世纪，伴随着国际政治与经济实力的持续扩张，互联网治理成为各国家之间又一个新的争夺领域。互联网治理逐渐开始在协调民主、自由等价值问题上发挥作用，并与维护国家安全、电子商务监管与创新等问题密切交织，如平衡保护言论自由及公民个人隐私等。互联网治理逐步转变其公共利益管理方式，这一转变主要体现在从国家自上而下的等级官僚机制转向多方利益平行参与的国际组织全球协调机制。因其在制度和操作层面的复杂性，多数互联网治理机制远离公众视线，但是如何理清并解决互联网治理争论，仍对诸多涉及公共利益的重要问题起着决定作用。

互联网治理关系到很多看似无关的全球性争议话题，例如，处于政治动乱中的埃及遭遇了持续性的网络中断，谷歌拒绝按照美国政府的要求审核 YouTube 中一段煽动性政治视频并彻底删除。此外，联合国是否会试图"接管"互联网，以及网络攻击导致服务中断和社交媒体公司的隐私政策等网络安全问题引发广大媒体关注。但是，由于互联网治理生态在技术上的隐蔽性和制度上的复杂性，这些讨论仅仅触及到了问题的表象。

随着互联网治理的有关争论越来越多地进入到公众视野，互联网治理问题也得到了社会各界前所未有的关注。本书写作目的之一就是介绍当前互联网治理是如何实现的，主要是对互联网治理架构和全球互联网管理协调机构、互联网基础资源中的权力配置等问题进行阐述。传媒机构和政策制定者在考虑互联网治理及互联网治理在实践中如何运作等问题上存在明显的分歧。本书以一位工程师的视角，为读者提供了解以上问题所必要的专业知识和历史背景。同时，本书从一名互联网治理研究领域的学者立场出发，构筑了一个互联网治理的基本框架，它远远突破了传统国家政策和国际条约的制度约束，进而促进了以多方利益主体参与为主导力量的全球互联网治理架构的形成。互联网治理的争议集中点不仅在技术和经济问题上，同时也体现在社会价值观表达方面，如安全、个人自由、创新政策和知识产权保护等。全球互联网治理的争论正在酝酿如何平衡这些相互冲突的价值观。本书写作的主要推动力是向公众介绍和解读这些争论，帮助他们理解未来互联网治理与言论、经济自由的内在联系。

很多互联网治理事件已完全暴露在了主流媒体的视线之下，并受到了广泛的关注，但大多数围绕互联网治理的争论实际上是非常复杂的。例如，美国《网络反盗版法案》（SOPA）和《保护知识产权法案》（PI-PA）提请国会审议引发了全球互联网公司发起大规模线上抵制活动。这两项提案主要是为打击线上版权侵害行为，并防范网上非法电商交易。尽管提案的反盗版宗旨最初得到了国会参议院、众议院诸多议员的支持，但却引发互联网企业的全面抗议。原因在于立法草案通过后，势必提高对诸如非法传播盗版电影等侵犯知识产权罪的刑事处罚力度，同时赋予执法机构和知识产权所有权人要求搜索引擎运营企业停止提供被侵权网页的链接，互联网服务提供商（ISP）封锁违规网站，以及进一步要求金融服务公司和广告公司停止对这些网站提供服务的请求权。简而言之就是该法案支持美国司法部长只要获得法庭允许，就可以要求搜索引擎、ISP 以及在线广告和支付公司停止与那些国外的侵犯知识产权的网站合作，包括通过网站链接以及该网站的 IP 地址来封锁该网站。立法草案里包括域名过滤条款，该条款要求互联网服务提供商能够通过改变授权信息来对网站进行过滤和重新定向。换句话说，互联网服务提供商有义务配合执法机构将某一域名解析至另一个不同的 IP 地址，将其重新定向到显示执法信息的网站。各国政府目前已经有权命令在其司法管辖区内的域名注册机构阻止对某些域名的访问，但无法对在国外注册机构控制下的顶级域名行使这项权利。因此，各国政府希望能够推动相关立法，要求其司法管辖下的网络运营商通过完善的域名解析流程实现对特定网站的阻拦。这一变化将对传统域名体系及逐渐复杂化的互联网安全问题和基础结构产生重要影响，使原本全球通用的互联网基础结构转变为因国家的不同而具有差异化的体系架构。

这两项提案一经公布立刻引起轩然大波。互联网上数千个网站页面变为黑屏或是首页直接被改为抗议国会通过反盗版立法的宣传语。维基百科也曾关闭其最受欢迎的英文网站长达 24 小时，取而代之的是一则标语，题为"想象一个没有自由知识的世界吧"。同时，红迪网、Boing Boing 及数千个其他热门网站也参与了该项行动。谷歌则在搜索界面刷黑了著名的谷歌涂鸦标识以表明自己的反对态度。互联网自由传播的支持者们收集了一千多万名请愿者的签名，国会电话也被各种支持者打爆。

著名域名注册机构 Go Daddy 曾经公开支持《网络反盗版法案》，但这一支持态度使 Go Daddy 招致全球性的抵制，许多客户转投其他域名注册机构。为此，这家公司最终改变了立场，并且删除了其发布在公司网页上有关支持这项法案的所有记录。[1]

这一场声势浩大的互联网抗议活动并不是针对反盗版立法本身，而是在抵制实现这一立法目标的执行机制。这一法案将会改变包括互联网技术、文化和制度规范等在内的各个方面。一些崇尚互联网自由的人士发出警告，认为该法案的通过可能会导致谷歌等公司需为其网站上的版权侵权行为承担责任，能够授权执法机关关闭特定的网站，哪怕该网站仅仅包含了一条指向侵权网站的超链接。红迪网联合创始人亚历克西斯·奥海涅（Alexis Ohanian）认为该法案将会"毁灭整个新兴技术产业"[2]。此外，另一备受争议的关注点在于此法案对于经济贸易自由的影响。例如条款中明确指出，如果网络内容提供商主张某网站侵犯了其知识产权，那么与该网站合作的所有金融中介机构包括信用卡公司及广告商都要终止与其的商业合作。

立法引发互联网各方争议和担忧的关键点在于立法的执行机制很可能改变互联网治理架构，进而危害到网络的安全性和稳定性。这一问题关系到互联网治理架构中的一个重要环节，域名系统（DNS）。它在例如yahoo.com这种字母组合与计算机所用的二进制地址之间进行翻译，进而将信息送达目的地。保持域名与数字地址的唯一对应性是维持互联网正常运转的基本规则，互联网域名注册机构负责对这一机制进行审查管理。得到授权的域名注册机构管理着域名与数字地址对应关系的集中化数据库，顶级域名有 .com 或者 .edu 等。例如，VeriSign 公司运营着 .com域名等。域名注册机构会给网络运营商所谓的"递归服务器"下发授权文件，其中包含了数字地址与域名的对应信息，从而创建一个不受地域或管辖权限制，通用且标准化的互联网地址域名解析机制。

线上抗议和互联网领域专家们的担忧未能阻止 SOPA 及 PIPA 的立法进程，至少这两项提案得到了两党、主流媒体公司，以及由制药、电影、音乐等产业组成的联合游说集团的全力支持。同时，反对的呼声也在持续高涨。众多领军互联网专家反对该项提案。一些先锋社团组织如民主与技术中心、电子前线基金会（EFF）以及共同知识会等，都以口头形式表示了对这两项提案的反对，并同时积极开展了多项强有力的活动。媒体报道也在不断升级，最初只是受到了科技类媒体的关注，最终蔓延到了更多的主流媒体。反对提案最终使事件升级为对大型互联网公司的网络管制，数以百万计的民众被互联网公司和社团招募来签署请愿书。

线上支持与抗议的交锋持续升级，更多的利益主体参与进来，更多元的言论推动辩论的议题逐步深化，由两党对反盗版政策的争论，发展到围绕"不应破坏互联网"和"维护互联网自由"两种不同的议题而进行的有关审查和事前限制的辩论。随着讨论的深入，部分提案的支持者改弦更张，白宫也成为众多反对提案者中的一员。针对收到的请愿书，白宫发布了一份官方回应，"我们不支持这两项提案，因为它将减少言论自由，增加网络安全的风险，并且会暗中破坏全球互联网的创新性"。这份声明进一步指出，"作为网络安全的基础，域名系统不能被法律利用来篡改互联网架构。通过我们对立法草案中域名过滤规定的分析，这些条款将可能对网络安全构成实际的风险，导致商品走私和违法服务在互联网上泛滥"[3]。

线上抵制活动取得阶段性成效。参议院和众议院的领导者们决定放缓推进这两个法案，直到以上问题得以解决。2012 年底 SOPA 和 PIPA 提案被最终否决。

在试图调整互联网治理架构的诸多立法过程中，规则制定者对互联网治理架构、全球各种治理机构如何协调运作明显缺乏足够深入的了解和认知。但是考虑到这些制度性和操作性层面的复杂性，发生以上情况在所难免。

立法者还在很多方面忽略了技术专家们关切的问题。例如，83 位杰出的互联网工程师，包括 TCP/IP 协议的发明者温顿·瑟夫（Vinton Cerf）、BIND（DNS 服务器软件）的创始人保罗·维克西（Paul Vixie），以及其他对互联网基本协议做出过杰出贡献的技术人员，联名向议会提交了一份研究报告，提出了他们认为由此可能带来的严重后果："存在分裂互联网域名系统的风险""触发审查机制"，引起"对技术创新的畏惧及不确定因素"，并且"严重损害美国政府作为关键互联网基础结构管理者的信誉"[4]。一些网络安全专家，包括互联网先驱斯蒂文·克罗克（Steve Crocker），同样也起草了一份名为《由保护知识产权法案下域名解析要求引发的安全及技术问题》白皮书，他声明网页重新定向规则与域名系统安全扩展（DNSSEC）这一众所周知的安全规则存在冲突。*Roll Call* 的报道指出，SOPA 的积极推动者完全无视对法案的批判，并指责上述专家的分析出于假设，"没有一则是立足于现实的"[5]。

这次互联网治理的交锋以实践操作和社会关注为基础，同时也是在利益驱动下对互联网治理产生的理念重塑和辩论升级。此次互联网治理事件是一次非典型的公共事件，但其中也涉及了多方利益，包括媒体产业、互联网产业、普通公民、传统管理架构、互联网注册中心、标准制定委员会工程师，以及网络安全专家。这次事件虽然发生在美国本土，但是产生了席卷全球的影响。总体来说，它涉及了本书接下来要讲的内容：网络言论自由、互联网基础设施安全和稳定性问题、网络公司参与决策的作用、互联网协议的有效性、DNS 等全球性互联网协调控制系统，以及知识产权和互联网架构之间的关系等。这些问题都是全球互联网治理工作的核心内容。

理论层面的全球互联网治理

互联网治理的主要内容包括为维持互联网正常运转所必需的技术支持和制度安排，以及围绕此类制度设计和实践的互联网政策。互联网的这一实践架构是层层递进的，包括：互联网技术标准；基础网络资源，如接入互联网必需的二进制地址；域名系统；信息代理机构，如搜索引擎和金融交易网络；网络层系统，如互联网接入、互联网交换节点、互联网安全代理商。下文中将提出全球互联网治理的五个特性，构建出本书的基本框架：如何确定互联网治理架构即权力分配；将互联网治理用作内容控制代理的趋势；互联网治理的多方利益主体参与模式；互联网治理中的互联网关键节点控制折射出全球价值冲突；地缘政治与互联网治理全球化之间的复杂关系。

互联网治理架构即权力分配

互联网上的应用程序和内容是显而易见的，互联网治理中较为隐蔽、难以洞察的恰恰是那些较为复杂的组织机构、制度安排和执行体系。虽然治理实践是隐于内容之下的，但是却蕴含了与政治和文化因素的紧密联系，进而也为塑造社会与经济结构提供了决策参考，有关个体公民自由保护、全球创新政策制定都可以此为依据。杰弗里·博克尔（Geoffrey Bowker）和苏珊·丽·斯达（Susan Leigh Star）都曾解释道："如果换一个角度理解我们对治理架构的认识，那么就意味着那些往往被视为在幕后的、无聊的后台进程实际上可以衍生出政治和学术等显性化成果。"[6]上述专家言论将对互联网治理架构的探讨推到如此显著的位置，也揭示了其具有的重大政治意义。

一项颇具影响力的学术研究便是透过与互联网治理架构有关的政治问题，对普遍的治理体系进行了检验。至少在 1980 年，政治理论家兰登·温纳（Langdon Winner）提出了"文物与政治有关吗？"的命题，温纳解释说："这个论题指的是人们对机械、建筑和现代物质文化体系的理解不仅应当依据其对效率与生产力的贡献，以及对环境的正负面影响，同时也应该了解文物蕴含的某种特殊形式的权力和权威。"[7]

有人对互联网治理提出了如下建议：由政府部门和公共机构明确战略发展方向及纲领性政策，由技术专家和协调人员通过具体规则设计和管理机制来达成目标。这一观点，忽视了经济和政治因素会对制度设计和管理实践产生直接影响。在经济与政治二者的作用下，社区与市场都会发生改变，同时也会对规则制定和管理实践产生不可避免且无法预料的影响。希拉·贾萨诺夫（Sheila Jasanoff）提出的有关协同生产的理论强调了科学技术发展和社会秩序如何同时前进。这是一个可以避免做出极端决策的模型。科学技术"嵌入了也被嵌入在社会形态、身份特征、规范标准、常规惯例、言论主张、机械设备以及组织机构中——简单来说，是在所有我们称之为构建了人类社会的元素中"[8]。

据此，互联网治理决策涉及两个重要方面，一个是科学推理，一个是权力分配的社会性考量。例如，互联网地址（所有有效的互联网地址的集合）和域名的设置都应符合全球唯一性的特定技术要求。然而达到这项要求必须使用集中化的管理协调模式，对域名和互联网地址的控制成为了 20 世纪 90 年代全球互联网治理争夺的关键。

互联网协议，也称作互联网标准，经常在制定过程和应用场景中对公共利益产生政治影响。例如比特流（BitTorrent）是一项为点对点文件共享技术而制定的协议，但是它被卷入进了媒体内容盗版的问题；例如不跟踪协议（Do Not Track）可用于保护那些不愿遭到网络广告为基础的在线行为追踪的用户隐私。即便是最普遍常用的带宽管理，当其依赖深度包检测等侵入式内容检查技术而实现时，也会带来巨大影响。

互联网治理也与政策制定紧密相关，这些政策主要涉及如何使用互联网治理架构对信息内容进行规范管理和控制。SOPA/PIPA 要求修改互联网治理架构，这将对安全问题与言论自由产生直接影响。除对知识产权执法有影响之外，还可能对信息中介产生不一样的影响。SOPA/PIPA 创造出治理架构并不是以信息的自由传播为根本的，而是以内容审查作为主要目的。无论是由成文法框架还是国际条约所规定的传统治理机制，都必须充分考虑到既有的制度体系以及这一制度指导下的治理方式。

互联网治理架构变革具有重要政治意义。互联网治理机制具有复杂性和隐蔽性，它本质上就是公共利益决策的一部分。因此，本书中要说明的正是互联网治理的架构实际上也是权力分配。

互联网治理设施充当内容控制代理

通过政治框架的方法论视角来理解互联网治理是十分必要的，这不仅仅是由这一框架的内在价值决定的，还因为传统的权力结构会持续通过互联网治理架构实现对全球信息流动的控制和审查。互联网治理的议题之一就是将互联网治理升级成内容控制手段，这对于无论是知识产权法还是其他法律执行，或政府"监视"普通民众，都是适用的。

社会科学研究在专注于社会行动者和政府决策机制的时候，往往会忽视信息中介机构的重要作用，或者把它们看作是一种中立的角色。实际上，通过对这些信息中介机构的研究，会发现一系列不同的治理问题。[9]这些中介机构包括辅助在线资金流转和交易的互联网金融公司、互联网数据中心等提供互联网接入服务的公司、搜索引擎公司、互联网域名注册管理机构、域名解析机构、互联网交换中心，以及互联网路由及寻址设施运营公司。

这些中介机构不仅创建着互联网规则和政策，同时它们也充当内容中介，尽管这一角色的赋予并非从最开始就存在。在全球政治与经济飞速变迁的背景下，它们承担了互联网的内容控制职能。

传统的主导权力机构——无论是民族国家、宗教组织，还是跨国公司，都在现有的信息流动中丧失了一定的控制权。全球化、科技化以及传媒市场的蔓延已经减弱了上述机构从信息内容中获利的能力。内容提供商也逐步丧失了对其内容货币化趋势的控制。内容分享网站已经改变了电影、音乐、电子游戏、企业新闻等文化产品的盈利模式。如今这些媒体内容产品正在同网友原创的新闻和作品进行竞争，后者通过网络发布，并可以用较低成本存储和复制。传统上知识产权执法都是删除特定内容或者起诉个体，这种方式基本上无法阻止全球性的盗版行为。毫不奇怪，对知识产权执法的利益关切点已经转移到中断互联网接入、利用DNS关闭整个网站，或阻断网站的资金链等方面。

同时，政府对信息控制的能力也在削弱，这不仅体现在防范国家安全敏感信息外泄能力的缺失，还体现在对信息中介服务全球输出进行限制的能力匮乏。政府不得不通过互联网基础设施运营企业采取措施对信息进行控制的一个极端案例，是发生在2011年1月的埃及互联网中断事件。埃及总统胡斯尼·穆巴拉克在政治动乱时期要求基础电信运营商停止对公众提供互联网接入和手机服务。这类大规模互联网中断也发生在包括缅甸和利比亚在内的一些其他国家。

那些用于提高民众通信水平和扩大信息发布范围的技术也同样被许多政府用于对信息的过滤及审查、建立监视系统，或者扩散不实信息。政府无法通过法律或其他传统意义上的权力机制来对信息流动进行控制，这使得政府将政治斗争转向了对互联网基础设施和互联网治理等技术领域的掌控。

另外，通过互联网基础设施运营企业实现内容控制备受关注，是由于跨境信息管控的复杂性。前文已提到的《网络反盗版法案》/《保护知识产权法案》（SOPA/PIPA）的缘起，正是美国立法机构希望通过互联网服务提供商来对处在司法管辖以外的外国网站停止域名解析服务。能够对违法网站域名进行控制的机构一般都处于美国境外。在很多情况下跨境执法需要遵循的国际司法管辖规则都非常复杂，导致政府无法实现对违法网站信息的管控。但是互联网基础设施运营企业充当内容控制手段可以超越这些界限，并且可以实现那些通过传统治理机制无法完成的内容管控任务。

最后，由于技术和制度设计的原因，互联网信息传播的关键节点确实存在，这恰恰是信息中介机构发挥内容控制作用的利益关切所在。尽管互联网是以基础设施地理位置的分布式结构和与之对应的分布式的制度架构为基础的，但实践中仍存在着一些集中控制点。有些是虚拟的；有些是现实中实际存在的；还有一些实质上是集中存在的，但在现实中是呈分布状态的。这些点被当作互联网基础设施的控制点或是内容代理的控制点。本书将进一步识别和解读技术与制度层面的控制节点，以及其中所蕴含的政治和经济利益。

多方利益主体参与的互联网治理

互联网治理是管理行为而不是政府行为。治理在传统意义上被解释为主权国家用来管理其日常事务的一种手段。政府承担着多项互联网治理职能，诸如儿童保护措施的施行、隐私法制定、计算机诈骗和滥用章程的执行、反垄断调解，以及发展国家或地区信息政策的制定。从全球互联网治理实践看，一些主权国家确实对民众实施了监测或信息审查。大多数互联网治理职能从来都不是由政府作为主体实施的，而是通过多方利益主体参与制度设计和组织机构创建更新来实现的。这些互联网治理实践都是在特定的技术和社会变革历史大背景中实现的。

将这些不同领域的事例拼凑在一起，可以使我们对互联网如何被治理和塑造有更深入的了解。从艺术的角度看，这种拼凑是一项创造，就好像一个由多样材料组成的手工雕塑，每一个成分都有其独特的历史、独特的材料结构和经济价值。当这些材料组成为一个统一的整体后，它们将呈现出不同的意义，文化价值也随之提高。

大多数的互联网治理规则都是由私营企业和非政府机构制定的。例如，网络隐私条例制定就是参考了社交网络终端使用者协议，以及网络广告产业、搜索引擎或其他信息中介机构等依据的数据收集与储存协议。在前文提到的互联网抗议事件的例子中，我们可以显著地发现普通民众的集体行为，或是私营企业发起的广受关注的抵制活动，是能够对互联网治理决策施加影响的。从这个角度来说，私营企业不仅可以通过设定其产品和服务的使用条例来扩大其自身的社会影响，同时也可以影响传统的互联网治理行为。例如 VeriSign 作为域名注册机构，是互联网治理中至关重要的运行环节。私营电信企业通过在交换节点的私有对等协议已经创建了大部分互联网骨干网和关键节点。

私营企业不仅仅是出于履职需要在被动执行政策，在面临重大政治事件时它们也是积极主动作为。正是这些私营企业，而不是政府部门，在维基解密散布敏感外交信息后站了出来，关停维基解密的服务。域名注册管理公司停止对维基解密提供免费域名解析服务，并暂时取消了其在线业务。亚马逊援引其服务协议中的一条违例条款，停止对维基解密提供托管主机服务。金融企业也停止对维基解密提供经济服务。维基解密事件是私营企业行使治理权力的一个典型例证。由此说明，宪法中保护言论自由及出版自由的条例对政府进行了限制，但当政府的权力被限制的时候，私营企业往往可以不受到这些限制。

互联网治理多方利益主体参与模式的另一实现形式是由政府主管部门直接委托私营企业执行。在科学与技术研究（STS）领域中，行动者网络理论把这种现象称为政权代理。代理机构执行政策往往会成为"暗箱操作"，并且被最终用户所忽视。[10] 在互联网时代，私营企业代替政府担任信息中介的做法十分普遍。政府很难直接对一些网络事务进行干预，例如进行网络监管、审查信息内容、阻止违法信息，或者获取用户信息等。政府必须依赖于私营企业。它要求搜索引擎公司移除违法有害网站的链接，要求互联网服务提供商依照法律条例或政治原因删除其用户个人信息。无论是好还是坏，委托审查、委托监管、委托版权执法和委托法律实施实际上已经是由私营企业和非政府机构在承担治理工作。在政府要求下，不同司法管辖权、文化背景和技术环境下私营企业承担着极富挑战性的仲裁和协调工作。

这种代理化和委托式的现象不仅仅存在于互联网控制，而且存在于更广泛的政治背景下。其中之一就是国家传统职能委托代理的全球性现象，无论是在军事作战条件下使用私人承包商还是联邦机构职能的外包，都是这一现象的充分体现。

军事及政府职能被委托给私营企业来实施的模式与互联网治理多方

利益主体参与模式有着显著区别。法律职责或者政府事务的外包通常需要涉及对承担该职责的私营机构的财政补偿，而互联网治理的独特性在于，无论是信息中介机构，还是金融交易代理商，这类私营企业都必须无偿承担执法机构的部分职责，甚至可能需要额外承担费用支出以及责任风险。

另一更广泛的政治大背景是跨国公司管理决策行为的全球影响，其中包括制药业、电信业、娱乐业，以及能源产业。例如 SOPA/PIPA 的事例中，媒体产业跨国公司投资重金加速立法游说，互联网产业跨国公司则投入巨资反对立法。跨国公司的决策行为还影响对监管问题研究的知识博弈，这一博弈遵守一定的潜规则，结果取决于媒体产业专家和互联网企业资助的外部专家之间的知识博弈。互联网公司另一施加影响的方式是试图动员用户参与政治活动，以及通过前所未有的互联网中断事件来引起政客的关注。

事实上，跨国公司在其经营的多种产业中都通过践行劳工实践、环境影响、员工医疗保障、公平交易和人权维护，参与全球公共政策的制定。跨国公司通过这些跨文化体系的决策实现了全球互联网治理。在此背景下，何种非政府机构能够以合法性为前提，制定可能产生公共影响的互联网治理决策，引发关注。在互联网时代，个人言论自由与国家法律及国际条约同样重要。但是很多国家的宪法和法律并没有对个人权益加以必要保护。

总的来说，政府监管职能的代理化、法律法规影响力的扩大，以及跨国公司全球治理的现实，都使得其对公共政策的干预行为备受关注。认识到多方利益主体参与对互联网治理的影响，已经使得一些私营企业及产业联盟开始进行自主开发并实践自我监管的商业模式。他们遵守一定的道德标准和社会价值观，现在被称为"企业的社会责任"。因此，大量文献、研究以及举措都在围绕着这个命题——在政治全球化的背景下，企业的社会责任如何体现。[11]

"全球互联网倡议"（GNI）组织是互联网产业的一种相关尝试，它成立于 2008 年，由信息技术公司、宣传机构和专业学者组成，致力于在政府委托审查与监管机制下，维护个人的言论自由和隐私。GNI 的理念是为成员企业提供有关隐私与言论自由的法律框架，当政府要求企业对用户言论及隐私权利进行保护时，企业可将其自有文化、管理章程等与这一共享法律框架进行整合。这一框架参照和遵循了国际人权法及标准，如《世界人权宣言》《公民权利和政治权利国际公约》和《经济社会文化权利国际公约》。举个例子，法律框架中要求成员企业保护用户的言论自由，"除了在某些基于国际公认的法律或标准的特殊情况下"[12]。同时要求成员企业有义务采用公开透明的行为对公众负责。

互联网治理的多方利益主体参与以及政府监管代理化并非意味着国家在互联网治理中的力量日渐弱化。事实上，通过非政府机构或私营企业来实现互联网治理职能的局面确实使国家对信息流动的控制方式变得不再可控与清晰。委托管理的模式也引发了外界的担忧，当政府提出内容管控需求时，搜索引擎或金融代理商是否能够承担经济和声誉责任？私营企业如果可以做到落实知识产权保护等责任，那么其商业成本则会显著提高。因此，互联网治理多方利益主体参与问题不仅与言论自由相关，同时也与互联网服务提供商的自由直接相关。

互联网控制节点是全球价值冲突的集中体现

互联网控制节点不仅仅体现在技术意义上，还包括针对互联网控制节点的治理规则能够直接体现全球信息政策的发展动向。这些控制节点通过技术手段、政策条例和非政府间协商化解全球紧张局势。由于具有平等民主、公开参与及多方监管的特点，互联网控制节点使得网络架构和网络治理变得得心应手。但是，事情也并非如此完美。世界上很大一部分地区，其互联网治理越来越加大了内容审查、网络安全、反恐怖主义、打击儿童色情等力度。世界上的某些地区的确存在互联网言论自由，然而这些言论很有可能会被收集、保存并共享，然后再被用于那些得到商业授权的免费邮件、检索、社交媒体、新闻以及其他信息中介机构。以个人隐私交换免费商品的在线商业模式与互联网治理的民主性直接冲突。即使与民主相关的原则是内嵌在行政程序中的，它们对民主价值发挥作用也极为有限。例如，类似于互联网工程任务组（IETF）这样的团体的标准制定工作，其允许民主参与和公开的程度就很有限。即便是在公开化的行政体系下，依然存在着一些意料之外的障碍导致无法参与其中。互联网治理的大部分工作都需要储备丰富的技术、知识和经验，并且通常是无偿的，因此需要有资金支持。另外，在互联网治理中，社会准则及语言等文化障碍也同样存在。决定谁在互联网治理中发挥作用的关键在于其是否有能力胜任。即使在互联网治理的过程中可以体现出开放与包容，但是智识和民主共存时也往往会产生矛盾。

互联网架构和治理规则、标准并不是固定的，而是在不断的协商下变化的。最棘手的互联网治理问题之一是全球价值体系的冲突：言论自由与法律实施的冲突；知识获取与知识产权保护的冲突；媒体自由与国家安全的冲突；个人隐私与基于数据收集的互联网商业模式的冲突；以及专制政体对信息的绝对控制与开放自由的民主价值的冲突。如何通过政府、非政府组织、私营企业等多方利益主体参与的方式来解决这些冲突，将对全球政策的创新、国家安全及言论自由起到至关重要的影响。

地缘政治与互联网治理全球化之间的复杂关系

互联网治理的目标是维护互联网的稳定性和安全性，与其他全球集体行动一样，它对所有国家都可以产生累积效应。这些全球性的问题很显然应包括环境保护、预防恐怖主义、消灭传染病，以及人权保护等。与这些全球集体行动类似，互联网治理也是一项规模浩大、多国参与的利益协调集体行动。互联网基础设施的区域价值是由全球化互联网治理协调职能的网络效应决定的。技术标准的普遍性和一致性是实现计算设备之间的相互操作性的基础；国际对互联网域名和地址的协调管理保证了其全球唯一性；互联网交互节点的协同构建了全球互联网"脊梁"；对网络蠕虫和病毒的协同应对可以将网络安全威胁所带来的影响最小化；国际贸易协定为知识产权的协同执行提供了先决条件。

营造一个稳定和安全的全球互联网治理局面所带来的社会价值是难以估量的。当代社会已习惯于依赖互联网技术来处理基本的商业交易、货币行为、金融证券交易，每年通过电子信用转账的金额达到万亿。[13]社会生活与数字生活相互交织、密不可分。声誉体系就像社会货币；人们在社交平台上约会、交友。网络基础设施的架构决定着出版自由和个人言论自由；政策的制定可以同时保障言论自由与基础设施的可靠运行。网络融资或选民交流等政治运动都依赖于互联网，执法部门及国家安全工作都是通过数字化的基础设施来进行数据采集和信息战突袭。经济安全、现代生活、文化、政治，以及国家安全都依赖于保障全球互联网的稳定与安全运行。

全球互联网的稳定性取决于各地的互联网运行状况。各地监管措施和基础设施建设水平可视为互连互通的"及格线"。[14]互联网全球治理依赖于地方治理的逻辑体现在很多方面。首先,互联网是依赖于实体基础设施的。一个成功的全球互联网治理体系是不能脱离基础设施的。当海底电缆发生断裂,或者运行互联网交换点或互联网域名主服务器的建筑受到停电影响时,都可能发生大范围的网络中断。

以下事例将会解释,地区性治理机制紊乱可能引发特定互联网治理问题,例如,自制系统可能会错误地提供互联网路径并干扰全球路由流量,或者电信企业间的互联争端会导致用户互联网服务中断。地区性的互联网治理涉及了互联网域名分段问题、网络安全问题,甚至信息战,这些都有可能造成全球范围的影响。鉴于此,一个完善的全球互联网治理架构对各地区互联网的稳定安全运行是非常必要的,同时地区性的互联网治理也会对全球互联网治理产生重要的影响。

假设公共利益已经被有效平衡,可以确定互联网治理架构已经得到了审慎的考量与执行。互联网治理架构所支撑的社会飞速创新与精心设计的全球化互联网治理框架并不必然匹配契合。多方利益主体参与互联网治理的模式已然存在,他们已经制定出政策来决定信息如何交换。谁在实施互联网治理?他们的决策是什么?在过去很长的一段时间,一群杰出的互联网工作者致力于协调、指挥和构建互联网治理架构。互联网治理架构源于熟知、信任、专业知识,以及"大体的共识和运行代码"。如今情况发生了变化。

定义全球互联网治理

把互联网治理定义为具有政策性和研究性的领域其实是自相矛盾的,

因为互联网治理在历史上的实践早于互联网治理这一专业名词的诞生，并且与针对什么是互联网治理这一问题的研究无关。[15]正如米尔顿·穆勒（Milton Mueller）在《网络与国家（2010）》一书中所陈述的："在围绕互联网是如何通过协调和管理来实现政治意图的持续争议和讨论中，互联网治理是其最简单、最直接、最全面的体现。"[16]

自 1969 年以来，互联网及其前身网络（例如，美国高等研究计划署网络（ARPANET），美国国家科学基金会网络（NSFNET））的管理机制就已经存在了。一些人必须为计算装置间的互操作建立标准。一些人需要为设备分配唯一的互联网地址以用于信息交换。一些人需要对互联网安全问题做出响应。还有一些人会为网络各个部分的设计做出选择。因此，即使在很大程度上远离公众的视线，这一实践性管理架构也一直是公共利益问题争论的平台。同时，各大企业及各国也参与到了对其结果决策的竞争当中。

互联网治理的研究仅仅是整个互联网领域研究及学习的一小部分，牛津大学互联网研究院的威廉·达顿（William Dutton）是这么解读互联网治理的："从多元的规则体系中抽象出来，互联网治理由社会科学和人文科学发展到计算机科学和工程学，转而在理论层面研究互联网、网站及相关媒体，信息及相关技术不断升级革新，以及多元应用产生的社会影响。"[17]研究者需要涉及信息、技术、社会学等诸多领域，所以他们往往集中在一些跨学科的学术中心，例如哈佛大学伯克曼互联网和社会中心、印度班加罗尔互联网中心、牛津大学互联网研究院、耶鲁大学社会信息项目，以及包括通信及媒体、信息科学、计算机工程科学、社会技术学以及法学在内的大学学科中。

互联网治理在互联网研究领域是一项极具针对性的研究，就像互联网治理的实践比信息和通信技术政策更加具有针对性。界定互联网治理的范围，有助于理解在对其进行研究时哪方面需要重视，而哪方面无须过重强调。

首先要明确的是并没有严格的条款对治理范围做出限定，在本书中，从定义互联网治理的角度考虑，应该运用四种参数来衡量：（1）互联网治理的研究不同于互联网应用的研究；（2）互联网治理中特有的实践架构的研究比大范围的信息通信技术和政策方面的研究更加实用；（3）互联网治理的实践不应局限于机构（如互联网名称与数字地址分配机构（ICANN））及标准制定组织，而应该包括产业政策、国家政策、国际条约，以及技术、标准等实践性的研究；（4）互联网治理包括为促进互操作性而建立的体系结构，不幸的是这一体系也在某种程度上限制了互联网自由。

互联网治理范围比很多场合下冠以互联网治理名称的话题范围更狭窄些。某些场合是存在局限性的。例如，在联合国互联网管理论坛中，有关数字鸿沟、数码教育，以及互联网如何被大范围使用之类的话题比比皆是。然而，与那些只关注于机构职能的国家法律或国际条约，以及那些只关注于互联网治理机构中的一小部分（特别是互联网名称与数字地址分配机构）而忽略了多方利益主体参与治理、传统治理政策及实践性协调的社会科学相比，互联网治理范围又更宽泛些。

互联网治理并不是对信息内容和互联网应用方式的研究

互联网治理通常关注于制度设计和管理实践工作，这些问题与关于信息内容的问题是有所区别的。针对信息流动方式以及互联网基础设施的研究远多于对互联网信息内容与使用的关注。如今，越来越多的政策和实务研究开始关注于互联网信息内容的管理和使用。这一改变能够有效地促进以用户为中心的信息交互，并且有助于深入理解这种交互是如何影响政治话语和经济社会生活的。

在互联网治理领域之外关于信息内容问题的例子，包括用户生成信息的经济和政治性影响、公民自媒体新闻和博客的政治性、新型网络知识产生模型、数字公共领域的政治影响，以及对淫秽色情内容的管制。[18]其他在特定互联网监管领域之外的信息内容相关问题还包括在线可视化政治表述，或是虚拟世界及网络游戏在个人行为和社交能力方面的影响。以上关注的都是互联网信息内容生成及发布反映出的对政治和经济的影响，而非着眼于对内容流实施技术控制的研究。

对互联网的审视聚焦在关注传统政治行动者或公民如何使用互联网。例如，电子政务研究的是政府如何应用互联网进行社会治理，而不是互联网治理。这些出色的研究大多重点关注普罗大众社会性互联网使用问题，包括数字平等、社会媒体社区、身份识别及人类互联。对互联网使用的研究同样也关注于网络消费模式对经济发展的影响，以及新媒体产业的商业模式。全球互联网治理问题一般不关注不同地区用户使用互联网的行为习惯。

互联网治理的学者们致力于探究互联网的虚拟和实质性架构对政治和经济的影响，而非停留在研究信息内容层面的互联网使用问题。这个架构并不会出现在互联网用户视野里，也不具有特殊内容和意义，但确实能够对获取知识的途径、创新的步伐和个人权利产生一定影响。互联网治理的研究对象是治理架构、公共和非政府机构、社团实体及其治理规则，以及与之相关的政策法规。实际上，互联网治理的研究并不是围绕互联网使用的影响或互联网内容，而是探究如何对这些内容实现管控，或是如何规定用户访问内容权限。举一个互联网治理实践隐于内容层之下的例子，试想互联网安全技术可以对用户身份进行验证、保护信息的完整性，并且对拒绝服务攻击、蠕虫及其他安全问题做出响应，那么这些机制和手段对于保护和保障相关内容无疑是至关重要的，但是与这些内容意义和使用方式没有任何关联。

互联网特有的治理架构而非广义的信息通信政策

互联网治理问题也有别于更广泛意义上的信息通信技术（ICTs）治理。这一区别有助于将与治理有关的实践范围限定在运用互联网特有技术，例如网络安全、互联网代理、地址等互联网关键资源、路由和寻址系统、基础设施管理、网络运营商的互联网交换节点协议等，保障实现互联网有效运行之内。全球互联网治理通常认为这些互联网特有的制度体系和运行实践是其主要的研究对象。很多互联网技术资源不是特有的，例如电磁波等，通常不是全球互联网治理问题探讨的部分。计算机标准通常也不被作为互联网治理的问题，但是计算机互联标准是。开源软件不是一个只针对互联网的特定政策和实践问题，因此这并不是关于全球互联网治理的特定问题。互联网治理主要研究的是互联网特有的运行实践，以及设备间的互操作性和设备间信息流动的治理问题。

分布式治理

互联网治理的学术研究以前集中在两个领域：国家治理架构，ICANN 的治理作用以及与之类似的关键互联网资源管理机构的定位和作用。ICANN 的职能作用及在 ICANN 监管下的关键互联网资源是互联网治理问题的争议核心。ICANN 中管理域名和地址的机构包括互联网编码分配机构（IANA）、网络注册商和区域互联网注册管理机构（RIRs）。或许是因为域名是互联网治理为用户所周知的重点领域之一，并且围绕 ICANN 机构组成的争论持续不断，从而引起了国际社会对美国与此机构紧密关联的担忧，因此有很多学术机构和媒体密切关注着这一机构。其他主要的互联网治理机构还包括标准制定组织，例如万维网联盟（W3C）、互联网工程任务组、国际电信联盟（ITU）、电子电气工程师协会（IEEE）等。

政府在互联网架构维系和政策制定中发挥必要的作用也是需要着重强调的。对法学学者来讲，这是一个天然的研究视角，主要用于聚焦一些国家的法律（例如，巴西、中国、印度和美国）。对于关注政府如何通过过滤、阻断或其他限制言论的方式来"治理"互联网的研究者和支持者来说，这也是一个天然的框架。但是这个框架与实际中的全球互联网治理布局并不相符。

互联网治理可以通过多种途径实现：

- 技术设计决策

- 私营企业政策

- 全球性的非政府机构

- 国家法律和政策

- 国际条约

互联网治理关注的一个重要问题是如何平衡主权国家与非政府机构两者间的权利。一个与之相关的问题是在多大程度上互联网治理正在创造出全球性的非政府协调机构，以及其构建的全球互联网治理结构对主流政治体系的影响。了解分布式互联网治理架构需对互联网技术架构及管理这一架构的制度规则和产业结构有所理解。同时，还需具备比研究政治学等领域更加广阔的视角，因为对政治学等领域的研究通常围绕国家管辖权、国际条约、经济学等市场与管理问题，但是往往忽视了技术、文化和政治在当代互联网政策争论中发挥的作用。

通过国家司法体系和制度经济学这些有局限性的视角，是无法对互联网的架构和治理问题进行充分研究的。互联网治理的实质是一种分散式的、网络化的，涉及多方利益相关者共同参与的治理。它包括了传统公共管理机构和国际协议、新型治理机构，以及通过技术实现的信息治理功能。

互联网治理的利与弊

治理是一种为实现特定公共利益目标而行使的权力。历史的经验告诉我们，治理并不能对社会发展起到积极的驱动作用。古往今来，全球范围内有关的统治手段往往是以压制、腐败和扩张为目的的，互联网治理也不例外。很多治理工作对互联网产生了有益的影响，例如在促进互操作性、经济竞争和改革创新，提升网络安全及言论自由等方面。与此同时，对互联网基础设施的管理也对个人产生了一定的不良影响，例如镇压政治异议，以及利用个人身份信息来对用户采取监视或限制通信等措施。

特定的管理协调机制和技术能够推动信息的自由流动，并用于监视用户或限制其访问。如果脱离社会背景和环境，则无法对互联网治理的益处进行客观评价。例如，公众对于运用过滤技术拦截儿童色情出版物，同使用此技术来封锁谴责政府的政治言论持有的态度截然不同。同时，互联网技术架构与互联网治理具有某种特质，例如互操作性，它实现了互联网上信息的自由流动。

对互联网治理的研究总是在审视某种治理到底是"好"还是"坏"。无论是限制创新的特定架构，还是被政府用来审查用户信息，都是互联网治理消极的一面。但是，考虑到其公平性、效率性及互操作性等特征，互联网治理也存在诸多积极的影响。例如：如何能够最大限度地高效且公平分配资源？怎样使系统间完全互通？全球分布式的安全响应团队如何阻止蠕虫的自动传播？系统如何对网络用户的电子商务或金融交易进行验证？在获取身份盗窃嫌疑人信息时，法律应如何公正合理地执行？社交媒体公司该如何应对网络欺凌问题？在大多数的民主社会中，这些互联网治理问题属于公共政策范畴，无论是通过私营企业代理还是政企协作来实现。

本书对互联网治理利与弊的探讨，涉及多个领域中的冲突价值观的辩证认识。众所周知，保护了某些人的言论自由的同时有可能对其他人的声誉造成损害。本书中，对互联网治理的定义不仅涵盖了民主治理范围内的方面，同时也包括了专制性和侵入性的技术，无论是这类技术被政府出于政治意图用于限制互联网访问，还是被私企用于非正当获取用户个人位置或储存用户行为数据。总之，研究互联网治理需要多角度辩证地看待互联网的控制方式。

互联网控制节点

接下来就本章之外本书的其余 9 个章节做简单介绍。第 2 章对互联网日常运行所必需的关键互联网资源（CIRs）进行了研究，探讨了其在控制技术上的复杂性和历史争议性。关键互联网资源包括互联网地址、自治域号（ASNs）及域名。互联网地址是按照互联网协议分配给设备收发信息的唯一二进制标识，它可以是被永久分配的，也可以是暂时性的。域名是网站唯一的字母数字组合标识，例如 www. whitehouse. gov，它可以使用户更容易访问某个网站。域名系统是分布式的服务器集合，它可以将字母数字型的域名转换为其对应的可用于在网络中传输的对应地址。自治域号是分配给网络运营商的唯一二进制标识，通常被称为自治域。总的来说，这些主要的虚拟标识符保障了互联网的可操作性，而保障每个标识符的全球唯一性需要互联网机构的集中化管理。因此，围绕谁来控制和拥有这些关键资源的全球性争论已经成为了互联网治理的长期问题。

第 2 章还对关键互联网资源和资源分配权的底层技术进行了介绍。对权利的争夺，无论是否源于现实生活，都反映出了美国和联合国间的紧张关系。这一因素还表现在二者对根区文件最终控制权的争论上，根区文件的重要性体现在其包含了主域名服务器名称与互联网地址间的映射关系记录。此外，该章还介绍了关键互联网资源的管理机制，以及其在公共实体、私营企业与全球非政府机构间的分配方式，其中全球非政府机构包括互联网编码分配机构、各类地区性互联网注册机构、域名注册机构和互联网注册机构、互联网名称与数字地址分配机构。围绕这些关键资源的公共政策包括特定网络资源的隐私属性问题如何保护、持续扩张的互联网顶级域（TLDs），以及如何打破美国在控制关键互联网资源上的主导权问题。以上问题有的仍处于协调解决的阶段，有的已经取得了实质性的进展。

第 3 章对互联网协议相关的政治问题和确保不同厂家生产的设备得以顺利实现信息交换的标准进行了阐述。互联网日常运转需要管理数以百计的互联网协议，例如无线传输（Wi-Fi）、蓝牙、超文本传输协议（HTTP）、MP3 及基于 IP 协议的语音标准（VoIP），除这些协议之外还有成百上千的标准支撑着互联网的正常运转。互联网标准的发展是构建互联网治理权威的重要和有效的环节。虽然标准制定工作提供的是互联网关键性的技术职能，但是标准的编制和实施也会对经济和政治领域产生直接的影响。标准体系为公共领域的技术决策和通信权利保护提供了一个可供参照的基准。例如，加密标准与网络隐私紧密相关，并且必须平衡公民自由权利与法律实施的冲突。

第 3 章随后介绍了互联网工程任务组在制定诸如 TCP/IP 等基础性互联网标准中发挥的历史性作用，讲解了"请求评议"（RFC）系列标准草案作为互联网基本蓝图的始末，并且进一步解释了万维网联盟及宏大的互联网标准制定架构的作用。该章同时探讨了互联网标准制定和通信权利之间的契合点，包括制定针对残疾人的无障碍标准、制定用于判定个人隐私的标准，以及譬如制定能够解决互联网地址短缺问题、促进创新和经济竞争等对政治和经济问题产生广泛影响的标准。鉴于互联网标准可能具有的经济和政治含义，标准制定流程的规范化和透明化是互联网治理的一个基础性问题，这与专业性、公共责任及私营企业、非政府机构直接参与制定公共政策的合法性等问题均相关。

第 4 章对保护互联网关键基础设施的政企联动和责任分配进行了介绍。自 1988 年的莫里斯蠕虫事件到近期震网病毒代码指向伊朗核控制系统以来，网络安全攻击已经演变得更加精准复杂，网络安全对抗在政治上愈发严峻，在技术上愈发精益。网络安全在政治与技术上均有体现。此外，该章还介绍了一些网络安全的非政府机构，例如计算机应急响应小组（CERTs）以及通过公钥加密协调网络事务的第三方认证机构

（CAs）。从互联网治理的角度上看，这些认证机构的资格认定由私营企业、政府部门及标准组织共同完成，因此由哪一方来为在线交易安全做担保是一项尚无定论的研究。

网络安全的核心关注点集中于关键基础设施保护所面临的挑战。关键基础设施包括互联网路由系统、边界网关协议（BGP）系统及域名系统。除了对这些实质性的安全问题进行解释以外，该章还介绍了网络安全攻击是如何为政治活动效力的，例如用拒绝服务攻击来发表政治声明等做法。第4章最后对网络安全与国家安全之间存在的政治联系进行了探讨，并以此作为结论。

第5章对互联网骨干网基础设施、网络互连系统及网络交换节点的地缘政治进行了介绍。很显然，互联网是一个由传输设施、交换机和路由器组成的物理架构。这个架构构成了全球互联网，它并非是一个均匀分布的骨干网络结构，而是一个相互关联的网络或是自治域的集合。这个架构虽然尚未被公众所理解，但互联网治理的核心正是这些网络的互连，为实现互连而进行的技术和资金部署是互联网治理的核心问题。尽管近年来全球性的政策争论已经认为以上问题足以影响国际政治局势，但是这些部署通常仍处于传统的互联网治理架构之外。

该章还探讨了互连协议的技术和市场生态，其中包括了边界网关协议在制定互连协议中的作用。此外，该章还就互联网交换节点以及互连协议经济进行了介绍，囊括了从网络运营商在无债务条件下依据非成文对等协议交换信息到网络运营商在交互中依据既定协议而向另一家支付费用。谁与谁能够平等交互的市场机制运作具有较高经济风险，并且结果取决于市场中的有利条件，而不是技术层面的资源富余和效率问题。互连机制的确定过程非常有趣，因为它不仅是根据市场机制而决定的私有协定，还蕴含了国家政策导向。同时，该章还解释了围绕信息交互的若干政策问题，包括平衡个体市场激励与联合技术效率的关系、新兴市场中的互连问题，以及有关互连关键基础设施保护的问题等。

第 6 章讲述了网络中立，一个深陷政策探讨和媒体报道的互联网政策议题。关于网络中立最根本的问题是互联网接入服务提供商是否应该被禁止对用户采取类似降速或限制互联网流量的差异化做法。这些对流量的差异化控制可以是基于特定内容、程序、协议、服务的种类或者用户的收发设备特性。网络中立尽管获得了巨大的关注度，但是它仅适用于整个互联网的体系架构中的一小部分。无论用户使用无线还是有线宽带，网络中立政策只关乎"最后一公里"或是用户接入互联网的最后阶段。

不同于本书介绍的大多数问题，互联网接入及网络中立是在本地区或国家管辖范围内的地域性问题。其一，许多国家正在考虑实行这项网络中立政策；其二，这项政策的走向很大程度上会以公众意见为主导；其三，互联网接入方式被视为决定每个用户如何访问全球互联网的咽喉要塞。因此，本书将这部分内容作为讲解全球互联网治理的一个独立篇章。

网络中立并不是一个假设议题，现实中有很多网络接入服务商因政治或经济原因而限制特定类型网络流量的真实案例。网络中立的支持者坚决倡导互联网的绝对公平，反对者则坚持无论何种情况下互联网的连接都不应受法规限制。该章从基础设施架构的技术要求出发，解释了这些观点为何都是不切实际的。从日常网络运转和工程技术角度来说，在一定程度上对流量进行差异化处理，对于保障网络的可靠运行可能是非常必要的。

第 7 章讲述了信息中介机构在推动全球信息流动与保护个体网络合法权益中的公共政策角色。私营企业作为信息中介机构，包括社交媒体平台、搜索引擎、信誉引擎、商务平台和内容聚合网站。信息中介机构一般通过为用户提供免费服务来获取个人信息，进而为订阅者提供具有针对性的在线广告。这些代理商很少创造信息内容本身，而是将内容聚集、分类、处理、货币化，或者围绕现有信息内容创造出它的经济或社会价值。

该章探讨了信息中介机构如何在维护言论自由、保护个人隐私以及在网络欺凌及仇恨言论等声誉问题上制定治理规则。例如，社交媒体公司的隐私政策中规定在何种条件下可以收集用户的个人信息，并与第三方共享。在某些情况下，用户会对这些隐私规则做出知情同意；在其他情况下，这些条款并不是具有自愿性质的，而是强加于用户的。例如像谷歌街景一样可以记录手机的地理位置，即是一种在非用户自愿下的全球监控模式。该章运用了一个框架模型来解释信息中介机构的治理职能，并且揭示了私营企业在被政府部门强制要求执行法律规定或删除网站内容时所面临的挑战。

第 8 章对互联网治理架构和知识产权之间的关系进行了审视，包含通过互联网基础设施执行版权及商标保护法的规则要求。在互联网治理实践和标准的发展之初，并未对电影和音乐的版权保护问题予以足够的考虑。但是互联网多媒体资源的引入改变了这一切，例如电影、音乐及视频游戏等，它们的版权应该受到保护。这一现象进而促进了网络处理速度和带宽的提升。该章还谈论了人们在看待互联网架构与知识产权问题时观念的转变，由人们认为二者并无关联到认定合理的互联网治理架构可以对保护知识产权产生积极的作用。文中探讨了在制定保护知识产权相关治理规范时，互联网基础设施可以起到的多种作用，包括通知后删除的传统强制手段、多次侵权就切断个人或家庭互联网接入的"三振出局"法，以及协助执行版权和商标保护法的域名系统。此外，第 8 章还结合互联网治理架构中的知识产权问题进行了阐述，具体包括对域名商标的争论、标准嵌入的专利，以及信息中介机构在交易保密中的作用。

第 9 章介绍了在实现互联网治理时运用的四种具有争议的技术：深度包检测、"终止开关"技术、委托审查，以及拒绝服务攻击。深度包检测（DPI）可以使网络运营商有能力监测网络上实际发送的数据包载荷，并且根据特定的标准减慢或阻止数据包的发送。DPI 作为一项网络管理技术，不但可以按流量分配带宽或检测是否有病毒或其他破坏性代码嵌入数据包，还能够为版权保护、审查机制和基于用户信息的个性化广告服务等信息内容监管提供强大支撑。DPI 代表了一种传输模式，即不探究数据内容，而是针对包头进行检测来获取所有可能的信息。除此之外，该章还探究了 DPI 对经济竞争和自由言论引发的潜在影响。

第 9 章还讲述了互联网终止开关这一常见话题，介绍了多个能够限制特定内容或阻止用户访问的中心节点。与此相关的一个问题是互联网审查机制。政府部门通常无法直接审查或收集公民的信息或个人数据。相反，它们可以通过私营企业来对用户的个人信息进行审查。该章介绍了这些机构的互联网审查和监测机制，以及私营企业在处理政府部门审查要求时的作用。最后，这一章回顾了每天都会发生的分布式拒绝服务，简称为 DDoS（发音为"DeeDos"）。DDoS 攻击是指多个计算机联合起来作为攻击平台，对目标计算机发起大量请求，造成其无法被正常访问的做法。DDoS 攻击除了可能造成网络问题之外，还在相当程度上连带损害了人权和言论自由。

　　本书以第 10 章为结论，讨论了若干个在互联网治理中未有定论的问题和发展趋势。其中一个尚未达成共识的问题是，改变互联规则的国际压力以及在互联网络节点引入政府监管职能的呼声越来越大。与之类似的是多利益相关方参与治理模式与积极发挥联合国作用两种主张之间的拉锯。该章还讲述了在新兴的互联网商业模式越来越多地通过免费信息和软件获取用户的个人和位置数据的背景下，网络广告中隐私保护的问题。通过互联网基础设施还原网络匿名的问题同样也是互联网治理面临的一个尚未解决的问题，它很可能对言论自由造成一定影响。该章还对在例如媒体社交平台和网络语音服务等领域中正在逐渐脱离网络互通性的情况表示了担忧，并探究了这一趋势对未来互联网创新和维持全球互联网的影响。最后，该章描述了一个公开的互联网治理手段，将域名系统的职能从传统的地址解析转换成互联网中内容监管的实施者，可预见地应用于对政策性内容的审查和关闭侵害知识产权网站。公众应当参与到这些互联网治理的讨论中来，因为这可以使互联网在这个数字化的时代更加稳定、普适、自由。

Chapter 2
第 2 章

互联网资源的控制

　　媒体报道已经对联合国接管互联网治理的可能性提出了警告，尤其是它特殊的信息和通信技术分理机构，即国际电信联盟（ITU）。美国众议院举行了一个关于"管理互联网（互联网治理）的国际提议"的听证会。[1]众议院和参议院通过了一个决议，阐明了美国政府支持并维持互联网治理的多利益相关方模式。对此重点关注的原因在于它将直接影响到由国际电信联盟实施包括互联网在内的国际电信治理的前景及未来。ITU 管制的某种扩展的前景，是把互联网包括在内。目前 ITU 的治理结构仅涉及单一政府、单一投票权，于是问题聚焦到这种超大型的垄断角色即国家，通过压制性的在线策略对互联网的自由施加负面影响。另一关注的理由是认为这一决议把政府监管添加到互联网治理结构中。正如被誉为"互联网之父"、TCP/IP 协议的发明者温顿·瑟夫，以谷歌公司首席互联网发言人的身份所言："对于互联网及其全部用户的未来而言，这样一场运动具有深厚的——并且我相信具有潜在危险的——影响。"[2]

　　这种全球性的权力斗争以及浮于其上的种种现象体现出长达几十年的关于互联网治理主导权的激烈争夺。这种长期占据全球治理核心议题的国际事件，反映出美国政府在互联网治理领域的霸权主义和如何实现对其治理架构的历史性控制。对于这一问题的关注聚焦在如何设置科学合理的机制架构，用以监督由美国商务部作为互联网关键基础资源管理机构行使的集中协调职权。印度、巴西、南非等国家代表们在非官方场合均表示"在联合国系统中急需一个恰当的主体来协调并发展一致的完整的全球互联网公共政策",包括监督负责互联网运作的机构。[3]

如果没有中心化的控制点,就不会有对这些中心化权威的关注。尽管有更加广泛的多方利益主体参与模式与更加民主的制度化监督,仍难以避免出现权力的过度集中。集中化的管理协调机构是基于技术的要求而存在,并且已经反映在协调性组织架构的演进过程中。

对于集中化权威最显性化的争议,体现在联合国、美国和其他互联网治理利益相关方间对于"谁在'关键互联网资源'上拥有权威"这个问题上的紧张对立。这些有限的资源不是物理的而是虚拟的,意味着这些资源应逻辑定义为软件和标准。如果没有这些唯一标识符,比如互联网上的地址、域名和自治域号,人们不可能访问互联网、使用互联网或者成为某个互联网操作者。

真实的物理世界运作需要分配和消耗稀缺自然资源,像水和化石燃料。虚拟的在线世界运行同样需要分配和消耗虚拟资源。关键互联网资源是互联网治理架构中相对复杂的领域,这种复杂体现在制度设计和实践上。本章从规则到实践的角度,阐释了这些关键资源的治理如何与重要的经济和个人权利交叉关联。

表面看,像 88.80.13.160 这样的互联网地址并不能传达某种政治内涵。但是,在密电门(Cablegate)争议事件中,尽管维基解密网址(wikileaks.org)已经被简单地屏蔽,在例如 Firefox 或 Internet Explorer 的浏览器地址栏里键入这串数字后仍可访问维基解密网站。得益于域名注册机构 Go Daddy 成功地隐藏并化解了域名治理中根深蒂固的规则与管辖冲突,以及随之衍生的全球商标治理冲突,我们才能够在"超级碗"广告中观看赛车手丹妮卡·帕特里克。许多互联网用户很可能从未听说过自治域号，它扮演的是实现互连互通的核心通用标识角色（central addressing currency）。

　　为确保互联网的可操作性，互联网地址、域名和自治域号是关键的、有限的虚拟资源。每个访问互联网的设备需要一个唯一的二进制数字，即所谓的 IP 地址。计算机使用二进制的 IP 地址来定位网站，用户使用像 www.cnn.com 这样的域名来定位网站。当某人在浏览器的地址栏输入像 www.cnn.com 这样的域名时，互联网的域名系统把这个域名转化为恰当且唯一的二进制数字，计算机用这个二进制数字来定位此网站。自治域号是一个二进制数字，它被分配给接入到全球互联网的网络单元。这些网络单元的组合通常被描述成自治域。获得一个全球唯一的网络自主号是互联网服务提供商能够进入全球互联网的先决条件，因此自治域号是宝贵的。

　　我们通过邮政系统如何使用唯一标识符来指明一封信件沿着路线抵达它的目的地这一例子进行类比，进而理解这些名称（域名）和数字（IP 地址）的含义和价值。在每个国家的邮政体系内，这些唯一标识符包括国家名，邮政编码，州、市、街道地址和收信人姓名。每个地址的全球唯一性确保任一封信件能到达正确的目的地。互联网没有唯一标识符就无法正常工作，互联网指明了如何将一个信息包通过路由送抵预期目的地的实现方式。这些唯一标识符包括：互联网地址，计算机用这些互联网地址来定位某一个在线的虚拟资源；数字（IP 地址），这些数字能唯一地识别网络运营商；字母数字形式的域名，人们通过域名能定位特定的网站。

　　互联网治理并非只关注对技术派生资源的控制。对新型紧缺资源的争夺在信息技术政策领域一直存在，无论是广播领域的电磁频谱资源分配还是电信网络领域的带宽分配。分配决定了谁能使用通信的技术设施和谁能从这些基础设施中获得经济利益。

在互联网的特有语言表达方式中，关键互联网资源是有边界的，它通常描述了互联网独有的逻辑资源，而不是物理的基础设施组件或互联网上没有唯一性的虚拟资源。像电力网络、光纤和交换机这样的物理基础设施，是互联网关键基础设施的基础，而非关键互联网资源（CIRs）。传统上，CIRs 的常见特征是全球性的唯一标识符，需要集中协调。缺失集中协调可能会限制私营企业拥有和运营物理基础设施。这种区别还体现在：无论其物理架构是怎样的，CIRs 是互联网独有的，而且对于互联网的运营是必需的。关于 CIRs 的政策讨论通常不会涉及那些并非互联网特定的虚拟资源，例如电子频谱。区别在于像频谱管理的话题可在某个有界的地理区域内讨论，然而互联网资源是全球性的。CIRs 是虚拟的、互联网特有的、全球唯一的资源，而非物理基础设施或者非互联网特有的虚拟资源。

这些资源以及全球唯一性的技术要求对于某些集中监管模式是有着实操性的关键意义的，尽管这一类监管模式经常在"谁控制这些资源"、"这些资源如何分配"等方面引发争论。这些资源分配大多超出了民族国家的管辖范围，尤其是 IP 地址和自治域号超出了传统的市场经济范畴。与其他很多由技术派生的资源不同，互联网数字地址从未在自由市场中交换。各种多方利益相关机构已经主要地拥有了关键互联网资源。这些机构包括 ICANN、互联网编码分配机构、各类区域互联网注册管理机构、域名系统注册商以及域名注册商。这些机构和美国政府之间存在着历史关联，且关系在持续演化。

对关键互联网资源的治理存在诸多争议，原因在于与之直接关联的政策议题。比如：这些资源的全球分配是否公平？唯一的数字地址是否排除了在线身份匿名性的可能性？谁应该合法地控制域名 united. com，美联航（United Airlines）、联合货运航空（United Van Lines）、阿联酋航空（United Arab Emirates）还是联合国（The United Nations）？由谁来决定？国家商标法律如何在一个全球化的域名系统中强制执行？互联网的域名系统是否应该用于版权法执行？中心化的域名系统运营和审查之间存在何种联系？某个组织如何获得自治域号，取得成为互联网单元的资格？关键互联网资源虽然是互联网基础设施的一个技术领域，但是该领域暗含了许多国际政治经济所关心的问题。

　　本章始于对互联网地址、域名系统（包括根区域文件和域名）和自治域号潜在技术本质的一种合理解释。然后，本章提供了一种框架来理解涉及关键互联网资源治理的集中协调机构和私营企业的复杂性。最后，本章审视了某些公开的有趣话题和体系化治理争议，长期以来它们始终困扰着关键互联网资源的全球治理。这些关注点包括：隐私和 IP 地址扮演身份基础设施的问题；互联网顶级域的国际化和扩展；集中权威的国际性僵局。

解码互联网数字和名称

　　互联网数字和名称的技术特征有助于构造治理的确定形式。第一，在访问互联网时，它们是一种重要的先导。如果没有这些标识符，互联网将无法正常运行。第二，由于对于每个标识符有全球唯一性的技术要求，它们需要一定程度的集中协调。第三个特征是"稀缺性"，这意味着它们是有限资源。为了理解这种关键互联网资源的治理结构，拥有某些关于它们如何设计和运作的技术背景是有用的。建议不关心此背景的人或者从技术上足够熟悉这些内容的人跳过本节。

互联网地址空间的数学本质形成了它的管理方式

关于互联网资源的政策和学术讨论很多集中在域名方面，或许原因在于域名是"可见的"，而且互联网用户直接使用域名。IP 地址虽然受到较少关注，但却是维系互联网正常运转不可或缺的最重要基础资源。类似这种十进制（以 10 为底）数字地址系统包含 10 个数字——0，1，2，3，4，5，6，7，8，9；这种二进制（以 2 为底）数字地址系统包含 2 个数字——0 和 1。这些数字 0 和 1 被简称作"二进制数字"或"位"。数码设备包含基本开关，这些开关的打开或关闭用 0 或 1 代表，而且这些二进制代码能被组合起来表达文本、音频、视频或信息的任何其他形式。

举一个简单的例子来说明信息如何表达成二进制形式。为了在二进制中表达字母数字形式的字符，ASCII 标准把大写字母"W"定义为二进制形式 01010111。如果某人用速记俚语"任何事情"（Whatever）给某个朋友发邮件，发送者于是输入了一个字符"W"。但是，计算机传输的东西是二进制数字 01010111，还伴随传输了额外的比特位来执行管理功能，例如错误检测和纠错、安全和寻址。通常而言，这个寻址功能将源地址和目的地址追加到传输的信息上。

1969 年，互联网的前身 ARPANET 上尚不足 4 个计算机节点，互联网工程师为了定位需要创建了唯一标识符。这个主题出现在"RFC 1"中，这份最初的标准"请求评议"（RFC）划归于信息出版物和标准体系，这一标准体系为互联网的基本操作提供了蓝图。[4] RFC 1 提供试验性的规格说明，涉及接口消息处理器的互连。RFC 1 描述了针对每个节点分配 5 个数位作为目的地址。这 5 个数位中的任意一个包含两个可能的值：0 或者 1。就像掷硬币（可能得到正面或背面），五次提供了 2^5 或 32 个可能的输出结果，一个 5 位的地址理论上能提供 2^5 或 32 个唯一的目的地址：00000，00001，00010，00011，00100，00101，00110，00111，01000，01001，01010，01011，01100，01101，01110，01111，10000，10001，10010，10011，10100，10101，10110，10111，011000，11001，11010，11011，11100，11101，11110，11111。

为增加有效目的编码的数量，要求在每个地址上增加更多的位数，随着 ARPANET 规模的扩张，互联网工程师就是这样做的。互联网研究者在 1972 年扩展地址范围到 8 位（提供了 2^8 或 256 个唯一标识符），并在 1981 年扩展到 32 位（提供了 2^{32} 或大约 43 亿个唯一标识符）。在 RFC 791 中作为 IP 协议标准介绍了这种定义了 32 位地址长度的标准，该标准描述了远多于地址长度的内容，随后该标准被称作 IP 协议版本 4，即 IPv4。[5] 这一标准贯穿绝大部分的互联网历史，已经成为确保互联网可连接性的支配性标准。

基于 IPv4 标准，每个独立的互联网地址都是固定的 32 位长度，例如 01000111001111001001100010100000。更常见的是，用户以下面的形式见到这个 32 位地址：71.60.152.160。后面的这串数字 71.60.152.160，事实上只是简写——所谓的点分十进制记法——它使一个 32 位互联网地址更便于记忆和阅读。为消除这个记号的任何神秘感，下面解释在一个 32 位互联网地址和它的点分十进制记法之间具有怎样的简单数学关系。首先介绍下十进制数字地址系统如何工作。一个十进制数例如 425，5 在个位上，2 在十位上，而 4 在百位上，可以这样计算其数值 4(100) +

$2(10) + 5(1) = 425$。它涉及 10 的倍数。计算二进制数是完全相同的，除了二进制涉及 2 的倍数而非 10 的倍数。在某个二进制数中，从右到左的这些数位分别是 1 分位、2 分位、4 分位和 8 分位，以此类推。

点分十进制形式的计算是把一个 32 位地址分割成 4 组 8 位数字，把每组的 8 位数字转化成对应的十进制数。下面展示 32 位地址 01000111001111001001100010100000 的详细转化步骤。

1. 把该地址分成 4 组 8 位数：

01000111 00111100 10011000 10100000

2. 把每个位组转化成对应的十进制数：

$0100011 = 0 + 64 + 0 + 0 + 0 + 4 + 2 + 1 = 71$

$0011100 = 0 + 0 + 32 + 16 + 8 + 4 + 0 + 0 = 60$

$10011000 = 128 + 0 + 0 + 16 + 8 + 0 + 0 + 0 = 152$

$10100000 = 128 + 0 + 32 + 0 + 0 + 0 + 0 + 0 = 160$

3. 通过用点来分割这些十进制数，得到最终的点分十进制形式：

71. 60. 152. 160

IP 地址的治理问题，涉及 IP 地址的容量大小，意味着可以用于全球唯一地址标识的有效数量。这种流行的 32 位互联网地址长度提供了 2^{32} 或大约 43 亿个唯一地址。在互联网的早期——前网络时期，这是一个极为乐观的数字，但是，现在这个数字无法满足全球设备互联的需要。1990 年前后，互联网工程师意识到地址即将耗尽，并对此加以特别关注。IETF 制定了重要的互联网标准，推荐了一个新的协议即 IP 协议版本 6（IPv6），用来增加有效地址的数量。IPv6 把地址长度从 32 位扩展到 128 位，提供了 2^{128} 或 3.4 乘以 10 的 38 次方个地址。为了理解这个数字的量级，可以形象地描述成 340 后面跟了 36 个 0。显然，对于这样更长的地址需要一种简写记法，而非写出 128 个 0 和 1。IPv6 用一种基于十六进制数字地址系统（一种使用 16 个字符的数字地址系统，这 16 个字符是数字 0 ~ 9 以及字母 A ~ F）的简写记法。128 位数字的转化过程太长了，以至于难以在本章描述，但是，当被转化为十六进制记法时，IPv6 地址的结果看起来类似如下地址：FDDC：AC10：8132：BA32：4F12：1070：DD13：6921。由于各种政治和技术原因以及 IPv6 的有效性，IPv6 的全球升级过程相对缓慢。IPv4 地址空间的消耗和 IPv6 的缓慢升级是一个全球治理问题，更多细节在第 3 章中讨论。

这一技术方式创建了一个有限的地址空间，以及全球唯一标识符系统，进而暴露出治理方面的具体问题。一个唯一标识符，连同其他信息，能泄露某个人的身份——或者至少是某个计算设备的身份——这个人已经访问或传输了某些信息或者已经执行了某些在线活动。这个特征使得 IP 地址一方面处在法律执行和知识产权保护的价值冲突之中，另一方面处于自由获取知识和隐私保护的紧张关系之中。另一个治理问题涉及谁控制这些紧缺资源的分配。互联网地址作为一种访问互联网的关键资源，由于资源的有限性，一个重要问题涉及谁控制和分配这些地址给互联网用户（例如，互联网服务提供商需要大块的互联网地址来运营，他们反过来分配地址给个人用户和大型企业及机构）。这些机构分配互联网关键资源的合法性和正当性从何而来？另一个治理问题涉及 IPv4 地址空间的全球消耗，以及延长互联网地址空间的寿命或者鼓励部署更新型 IPv6 标准的政府和市场驱动，IPv6 地址标准被用来扩展二进制有效地址的数量。

域名系统作为互联网的运营核心

为了访问一个类似 ebay. com 这样的网站而输入一个冗长的二进制数

字会让人觉得烦琐。字母数字形式的"域名"允许个人输入或搜索一个容易理解的虚拟位置,例如 yahoo. com。互联网用户依靠域名来实现日常操作,例如发邮件、访问社交媒体网站或者浏览网页。

域名系统(DNS)是互联网治理的基础性实践,因为 DNS 转译域名和与域名对应的 IP 地址,而 IP 地址对于在互联网上沿着路由转发包含信息的数据包是重要的。[6] DNS 是一个查找系统,该系统每日处理数以十亿计的针对互联网资源的查询和定位请求。DNS 是一个海量的数据库管理系统(DBMS),分布在全球海量的服务器上,目的是提供资源的位置,例如网站、电子邮件地址或文件。

曾经,单个文件就能够追踪全部域名和互联网数字地址。现代 DNS出现于 1980 年代早期。在此之前,定位互联网(那时被称作 ARPA-NET)上的信息采用一种与现在非常不同的方式。ARPANET 主机和用户的数量是数百,而非数十亿。用户访问像邮箱和服务器地址等各类资源,需要在主机或计算机和名称与互联网地址之间建立一种映射关系。AR-PANET 的规模很小,而网络的迅速增长和主机环境的多样性使得通过统一的操作机制来追踪每个主机变得困难。

单一的全局表映射主机名称和数字地址。由美国政府资助的、隶属于加州门洛帕克的斯坦福研究院(SRI)网络信息中心(NIC)来维护这张表。每个 ARPANET 主机拥有一个唯一的名称,也有一个数字地址,该数字地址最初由乔纳森·波斯塔尔(Jon Postel)分配,他的奠基性角色将在本章后面进行介绍。为了添加一台新的主机到互联网上,NIC 就会手动地更新这张表,它用对应的数字形式的互联网地址映射了每个主机名称。

这个集中更新的表被称作 HOSTS. TXT 文件,随着信息改变被上传到全部联网的计算机上。这个主文件应当并且实际上存在于每台计算机上。就像那时互联网工程师保罗·莫卡派乔斯（Paul Mockapetris）解释的："这张表的大小，尤其是对这张表的更新频率，已经是接近于可管理性的极限。改善的方式是搭建一个分布式数据库，它执行同样的功能，但能够避免这种由单个中心化数据库引起的问题。"[7]

莫卡派乔斯是南加州大学信息科学研究所的一位工程师，在 1983 年提议了 DNS 体系结构的基本设计。该设计出现在标准 RFC 882 和 RFC 883（1983）中，4 年后被标准 RFC 1034 和 RFC 1035 取代，并且从那时起就在各种规则说明中被详细阐述。[8]

DNS 取代了单一的中心化文件。DNS 保留了同样的任务，即维护一个通用一致的域名空间并可按照信息或资源的查询请求提供正确的虚拟地址。DNS 最重要的变化是在体系结构方面，其分布式的资源查询定位功能能够覆盖所有的海量服务器。DNS 同样考虑到了底层通信系统和组网方式的多样性。在 DNS 架构里，只要域名空间一致，就能够确保通用性。

DNS 的另一个支配性的设计特征是它的等级架构，其可能对互联网治理形式产生重要影响。理解域名空间首先从术语"域"切入。1984年，SRI 工程师乔纳森·波斯塔尔和乔伊斯·雷诺兹（Joyce Reynolds）发布了一个关于互联网域名要求的官方策略陈述，其中明确阐述了域的目的："域是管理的实体。引入域的概念主要是为了按照域来划分互联网名称的集中管理职权，并为每一个域指派次级管理机构，从而分割集中化的域名管理，增加次级管理层。"[9]

DNS 这种等级架构与管理实践是一致的，均源于管理需要，DNS 将集中化的互联网名称管理转化为域名管理的集合，在每一个域范围内，其域名解析过程是由某一独立权威机构统一管理的。这种分治方法的核心是"顶级域"体系。1984 年，互联网工程师社区为顶级域创建了一套独立唯一的管理类别，除了少数例外，它与国家代码基本一样，这些国家代码取决于国际标准组织针对国家的双字母代码。没有国家代码 TLDs 已经被建立起来了，但是最终会有很多国家代码 TLDs，或 ccTLDs，例如 .cn 用于中国或者 .uk 用于英国。

原始的顶级域是用于政府的 .gov、用于教育的 .edu、用于商业的 .com、用于军事的 .mil 和用于组织的 .org（.arpa 被认为是一个单独的管理类别，.int 也是如此）。曾经，SRI 的网络信息中心服务于全部域的协调者。到 2010 年，英语顶级域的数量已经扩展到 21 个管理类别（加上被保留的管理类别 .arpa），并且全部被纳入现有的治理监管范畴（见表 2—1）。同时，关于大量扩展 TLDs 数量的计划也在积极推动进行中，本章稍后将对此进行具体介绍。

表 2—1				通用顶级域的历史快照		
.aero	.asia	.biz	.cat	.com	.coop	.edu
.gov	.info	.int	.jobs	.mil	.mobi	.museum
.name	.net	.org	.pro	.tel	.travel	.xxx

每个顶级域空间会被更进一步分割成子域，代表着独一无二的统一资源定位符（URL）的语法，例如 www.law.yale.edu 这一特定资源地址标识。在这个地址中，edu 是顶级域，yale 是二级域，而 law 是三级域。从这个角度，可以把域名空间想象成一棵具有等级枝权结构的树。DNS 可以为每个子域指派统一的管理协调中枢。每个域包含至少一个"管理的"名称服务器，它能够定位管理范围内的资源，反馈应答查询请求。在 DNS 体系内，管理实体具有维护最终权威和识别域内资源的责任。

每一层的等级架构里有一个管理核心。在 DNS 架构中，技术核心包括互联网的根域名服务器和单个的称作根区域（root zone）文件的主文件，更准确地应叫作根区域数据库。根域名服务器是域名解析到 IP 地址的起始点，现在出于冗余和效率的考虑，这些根域名服务器会镜像（复制）到世界各地，最终会发布一个文件整体呈现顶级域与 IP 地址之间的映射关联。根区域文件是一个相对小的名称和 IP 地址的列表，包含了国家代码 TLDs，这些名称和 IP 地址是 DNS 核心服务器分配给顶级域的。

描述 DNS 如何工作是解释哪些机构和实体在事实上运营和管理着 DNS 的一个前提，可以帮助理解为什么互联网域名空间的管理一直是一项关键并且中心化的互联网管理任务。没有 DNS，互联网将无法正常工作。DNS 是互联网治理架构里需要一致性、层次性、普遍性、唯一标识符的使用，以及因此还有某种程度的集中协调的少数领域之一。以下列表是协调 DNS 运行所必需的集中协调任务，它们的重要性在于维持可靠的操作并确保 DNS 的完整性和安全性。

- 分配域名
- 为每个域解析名称成数字
- 控制和改变根区域文件
- 授权新 TLDs 的创建
- 调整域名商标争议
- 维护并安置根区域服务器
- 授权在 DNS 中新语言脚本的使用
- 安全加固 DNS

下一节简单介绍自治域号的技术运作，然后对关键互联网资源的治理框架和围绕这些资源的策略争论进行解读。

自治域号作为互联网的核心角色

高速核心路由器互相连接形成构建互联网的网络单元。阿尔卡特－朗讯、思科、华为等制造商生产了这些设备，由于设备制造基于相同的路由协议，因此设备间能够实现交互操作。在某个网络单元内，路由器使用内部路由协议，该协议指示路由器如何与别的路由器在相同的网络里交换信息。在外部网络单元之间使用边界网关协议（BGP）作为外部路由协议，于是 BGP 就像 IP 协议对互联网的操作一样重要。路由协议反过来依赖于 ASNs 的虚拟资源来工作。

在互联网的域名命名法则（nomenclature）中，某个自治域（AS）大约就是一个网络运营商，例如电信企业、大型内容提供商或者互联网服务提供商。从技术的角度看，一个 AS 就是一组路由前缀（例如，该网络单元域内的 IP 地址，或者付费接入互联网的某个网络单元域内的 IP 地址）。在网络单元内使用这组路由信息，并且通过 BGP 来告知相邻网络。当路由改变时，主系统连接并周期性地发送更新信息，此时自治域与邻近网络交换这类路由策略信息。自治域彼此联合，这些自治域构成了全球化的互联网。

每个自治域必然拥有一个全球唯一的数字地址，用于外部的网络路由中。自治域号是唯一一个二进制数字地址，该数字地址被分配给每个自治域。在创建全球唯一标识符这个意义上，自治域号和 IP 地址是类似的。和 IP 地址一样，伴随着互联网发展，唯一标识符的大小也需要不断扩张。原始的 16 位 ASN 格式，允许 2^{16} 个唯一标识符，已经扩展为 32 位，指数增长后允许对 2^{32} 个或大约 43 亿个自治域进行编码，目的是满足全球互联网的发展需要，以确保每个网络运营商都能够被分配到全球唯一标识符。[10]

　　到目前位置，数以千计的 ASN 注册是公开有效的，这些网络运营商恰恰扮演的是自治域的服务角色。这些最早的 ASN 注册码被分配给美国大学和研究中心，它们参与了互联网的早期使用和开发。例如，哈佛大学持有 ASN 11，耶鲁大学持有 ASN 29，斯坦福大学持有 ASN 32，网络设备公司思科持有 ASN 109。成立于互联网崛起之后的公司，包括谷歌和脸书，拥有更高的 ASN 号码。谷歌持有 ASN 15169 以及其他许多 ASN 号码，而脸书持有 ASN 32934。[11]

　　IP 地址和 ASN 的治理关注点类似：谁控制这些数字地址的分配以及这些数字地址如何分配；谁符合得到这些数字地址的条件；以及什么造成了 ASN 分配的成本。下面的小节阐释了治理关键互联网资源的全球分配。

关键互联网资源上的权力分配

　　控制互联网名称和数字地址的资源分配是相当大的权力。关键互联网资源是接入互联网的重要先决条件。它们的底层技术要求涉及通用性、全球唯一性和等级结构，尽管形式上全球分布，却需要集中协调的治理架构。互联网数字地址与名称数字地址的集中协调权威已经成为了全球互联网治理备受关注和争议的一个领域。从技术的角度确保 DNS 的可操作性、有效性和安全性是互联网必须具备的重要治理功能。从成本收益的经济角度，CIR 治理的关注点总是会涉及如何实现高效分发和资源公平分配之类的问题。从公共政策角度，问题聚焦在国家主权、社会公平，以及新全球机构如何获得管理此类资源的合法性的问题。

已有的治理结构既非基于市场也不是基于法律构建起来的。互联网核心控制权是一切关注的焦点。关键互联网资源的集中协调治理架构随着互联网的成长扩张和全球互联正在显著地发生改变。这一治理架构涉及一系列的国际机构，包括互联网编码分配机构、互联网名称与数字地址分配机构、区域互联网注册管理机构、根区域服务器运营商、域名注册商和其他各类实体。本节描述了上述组织实践的治理架构，它们集中监管了关键互联网资源的分配使用、根区域文件的控制、DNS 服务器的操作、域名的分配注册，以及经由区域注册商的互联网数字地址的分配。

集中协调的起源

名称和数字地址的管理始于单一个体。由于域名空间的有限性，只有当确保每个域名在全球的唯一性时，互联网才能成为一个通用的互操作网络。[12] 目前对这些关键资源的治理已经发展演进为包括私营企业和非政府组织在内的等级化管理框架。但在互联网创立之初，在 ICANN 之前，乔纳斯·波斯塔尔一个人就足以担当这种集中协调职能。这一工作尽管重要但不涉及争议。当时互联网仅限于美国，且留有超过 40 亿个数字地址以待分配给机构和组织。波斯塔尔及其同事基于与美国商务部的合同，履行互联网数字地址分配的职能。在波斯塔尔死后，温顿·瑟夫是这样怀念他的：

> 某人记录全部协议、标识符、网络和地址，最终地对应于在网络领域的万事万物。某人同时记录下全部信息，这些信息就辩论和讨论的强度以及无限的创新性而言能爆发出如火山喷发一般的巨大变革力量。某人就是乔纳森·波斯塔尔，我们的互联网数字地址分

配权威、朋友、工程师、知己、领导、偶像，以及现在离我们而去的那些巨人们中的第一个。乔纳森，是我们爱戴的 IANA 机构，他走了。[13]

IANA 最终成为了 ICANN 下面的一个职能部门，IANA 成立于 1998 年，与美国政府签订合约，以非政府非营利社团组织的身份来管理互联网的名称和数字地址。由美国政府主导的 ICANN 试图把由政府控制的关键互联网资源治理转变为私营机构控制。ICANN 符合乔纳森·波斯塔尔的原始责任，应履行以下职能："（1）制定政策并指导 IP 地址段的分配；（2）监督互联网根服务器系统运营；（3）监督政策执行，以决定何时添加新的 TLDs 到根服务器系统中；（4）协调互联网技术参数的分配来维护通用可连接性。"[14]

ICANN 对互联网名称和地址具有重要的治理权威。此权威以及它与美国商务部合同关联已经是一个颇具争议性的互联网治理核心话题。在 ICANN 之下的 IANA 仍然有责任为区域性的地址指派来分配互联网地址；有责任来监管域名的指派，尽管域名指派已委托给别的组织；还有责任来管理服务器系统并维护根区域文件。[15]

美国政府对于根区域文件的监管职能

根区域文件的监管职能属于美国政府，归属于商务部下辖的国家电信和信息管理局（NTIA）。对于私营企业和 ICANN 下面的 IANA 来说，NTIA 履行着执行根区域运营政策的职能。这一职能事实上是由 NTIA 的合作商 VeriSign 执行的。这是一家公开交易的美国公司，其总部位于弗吉尼亚州的雷斯顿。合作协议约定了公司对于根区域的运营管理，采用如下形式："VeriSign 的责任包括及时编辑能够反映变更的文件并发布，然后将文件分发到根服务器运营商处。"[16]

IANA 维护和管理 DNS 根服务。继承了乔纳森·波斯塔尔及其同事在 1970 年代所从事的工作，IANA 是互联网上最正统且履职如一的组织之一。作为 DNS 的顶级全球协调者，IANA 维护了根区域文件，以中央的和权威的记录跟踪了 TLDs、运营商及每个 TLD 上权威服务器的 IP 地址。为更好地理解美国政府的根区域文件管理职能，需要意识到是 NTIA 基于合同赋予 ICANN 享有 IANA 所履行的职能的。例如，NTIA 在 2012 年 10 月 1 日到 2015 年 9 月 30 日期间两次续签（直到 2019 年总共 7 年）更新了 ICANN 的 IANA 合约。[17]

在 ICANN 和 IANA 里很大程度存在着全球多利益主体协调参与的情况。从这个意义上说，它们是国际化的机构组织。关于政府主体与私营企业间的持续紧张关系和利益冲突已经引发诸多讨论。然而在美国主导根域名监管的背后，正在发生着权力的争夺和格局的重塑，尽管这些斗争的主体代表私营企业和非政府组织，但这种斗争为改善互联网治理奠定了基础。

少数组织运营根域名服务器

根域名服务器是指包含有根区域文件并向世界分发信息的一组服务器。根域名服务器这个系统并非由某个单一的公司或政府来控制，而是由 12 个组织来运维控制的。如前所述，基于与美国商务部的合同，IANA 负责保存根区域文件所包含的信息，并且由 VeriSign 来分发。根域名服务器的一个独立功能就是发布信息，基于根服务器的分布，互联网体系架构既有物理实体，也有虚拟逻辑架构。为了将互联网体系架构以物理的形式凸显出来，根服务器被放置在建筑物中并且有专人来运维，需要持续的电力供应确保物理设施安全、温度适宜的房间来安置设备。每个根域名服务器包含最新的根区域数据库。根服务器通向 DNS 的网关。因此从物理环境和逻辑重要性两方面看，运营这些服务器是一项关键任务。

目前全球由 12 个实体运营着 13 个根服务器实体，它们彼此间紧密协调。根服务器事实上是一个包含上百台服务器的分布式物理网络，逻辑上它们在 DNS 中被配置为 13 个根服务器。表 2—2 显示了官方 IANA 发布的这 13 个根服务器的清单，以及它们的互联网地址和管理实体。[18]

表 2—2　　　　　　　　　互联网根服务器的官方 IANA 列表

主机名	IP 地址	管理者
a. root-server. net	198. 41. 0. 4,2001:503:BA3E::2:30	VeriSign,Inc. 公司
b. root-servers. net	192. 228. 79. 201	南加州大学(ISI)
c. root-servers. net	192. 33. 4. 12	Cogent 通讯公司
d. root-servers. net	128. 8. 10. 90,2001:500:2D::D	马里兰大学
e. root-servers. net	192. 203. 230. 10	NASA(Ames 研究中心)
f. root-servers. net	192. 5. 5. 241,2001:500:2f::f	互联网系统协会(ISC)
g. root-servers. net	192. 112. 36. 4	美国国防部(NIC)
h. root-servers. net	128. 63. 2. 53,2001:5005:1::803f:235	美军(研究实验室)
i. root-servers. net	192. 36. 148. 17,2001:7fe::53	Netnod 公司
j. root-servers. net	192. 58. 128. 30,2001:503:c27::2:30	VeriSign,Inc. 公司
k. root-servers. net	193. 0. 14. 129,2001:7fd::1	RIPE NCC
l. root-servers. net	199. 7. 83. 42,2001:500:3::42	ICANN
m. root-servers. net	202. 12. 27. 33,2001:dc3::35	WIDE 项目

尽管根服务器多由美国的组织机构（例如，包括 VeriSign 和 Cogent 这样的公司、马里兰大学这样的美国大学以及包括美国宇航局和国防部这样的美国政府机构）运营，但事实上它们的物理实体分布于世界各地。

根服务器的技术运维小组如此描述自己，一个"紧密的技术组"并具有"运营商之间高级别的互信"[19]。每个根服务器运营商最关心它的系统的物理和逻辑安全。这些运营商将处理分布式拒绝服务攻击和其他安全威胁作为重要的挑战予以应对。它们应对化解这些威胁的方式是通过"任播"技术，该技术为遍布全球的服务器建立了具有相同 IP 地址的、内容完全一致的副本或镜像。当发起一个 DNS 查询时，互联网路由将直接指向拥有此 IP 地址的距离最近的服务器。第 4 章会具体讨论与 DNS 和互联网根服务器有关的一些安全挑战。

顶级域和域名分配的管理责任

与根区域文件由某个特定主体来维护和确保域名与数字地址的唯一映射相类似，在根区的每个子域也是由某单一管理者来运维和实现全球通用且唯一的域名空间。注册运营商，历史上也被称作网络信息中心，有责任为每个域名运维一个数据库，该数据库包含名称和相关的 IP 地址，每个域名注册在某个给定的 TLD 上。IANA 承担了集中监管 DNS 的角色，对每个通用顶级域的注册运营商具有管理权。对于每个国家代码 TLD 及其所辖的全部通用 TLDs，存在着独立唯一的注册运营商。某些注册运营商也是域名注册登记商，它们将域名分配给申请域名的个人或机构。

DNS 层级结构如图 2—1 所示。

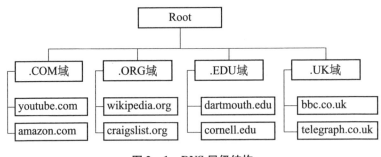

图 2—1　DNS 层级结构

各类注册运营商管理着顶级域。VeriSign 公司运营了 .com 和 .net 域，以及其他域。一个叫作 EDUCAUSE 的非营利组织长期维护了（最近有一个 2001 年的商务部合同）.edu 域的权威映射信息，并且也在 .edu 空间上分配域名。能有资格获取 .edu 域名的机构只有那些由美国教育部的代理机构认可的美国大学。归属中国科学院的中国网络中心负责 .cn 域。美国国防部网络信息中心负责 .mil 域名空间。梵蒂冈国家代码 .va 由教廷国务院电信部来监管。这只是简单的几个例子，上述实体已经能够体现出注册运营商组织形式的多样性，包括私营企业、非营利组织和政府机构，均可以作为注册机构提供服务。

请注意类似的词"注册"（registry）运营商和"注册登记商"（registrar）其实隐含了不同的管理职能。（使这个术语更加复杂化的是，"区域互联网注册登记商"承担一种不同的职能，该职能在下一节讨论。）注册运营商为特定的顶级域维护域名数据库。注册登记商是向客户们销售网络域名注册的公司。某些情况下，注册运营商也是注册登记商，例如在 .edu 空间。在更通常的情况下，顶级域拥有数百注册运营商，它们能在不同的顶级域内分配域名。

控制互联网数字地址的分布

缺少 IP 地址是无法完成互联网访问的，IP 地址通常通过某个互联网服务提供商来提供。配备有 IP 地址是成为一个互联网服务提供商的前提。成为一个网络单元运营商还需要一个自治域号。决定这些数字地址的分配和指派的机构实质上担负了互联网治理职能。[20]

IANA 沿袭了历史角色，充当了集中分配 IP 地址和自治域号的组织，虽然它现在形式上处于 ICANN 的指导下。IANA 逐一给 5 个区域互联网注册管理机构（RIR）分配预留地址，在互联网治理领域中具有重要影响力。这 5 个 RIR 是：

- AfriNIC：非洲互联网信息中心（非洲）

- APNIC：亚太互联网中心（亚洲—太平洋地区）

- ARIN：美洲互联网地址注册机构（加拿大、美国和北大西洋群岛）

- LACNIC：拉丁美洲和加勒比互联网信息中心（拉丁美洲，加勒比地区）

- RIPE NCC：欧洲网络协调中心（欧洲、中东和部分中亚地区）

这些机构属于非营利非政府组织，ICANN 承认这些机构管理职权的合法性。随着 21 世纪初互联网治理的发展，ICANN 正在对更多新设立的 RIR 实施管理。从 ICANN 的角度看来，无限制地承认新设立的 RIR 是不可能的。因为 ICANN 政策提到，"为了确保 IP 地址空间的全球公平分配，期望维持小规模的 RIR 数量"[21]。RIR 的数量增加逐渐放缓，ICANN 分别在 2002 年和 2005 年正式承认第四和第五家 RIR——LACNIC 和 AfriNIC。

这些 RIR 会将地址空间分配给本地区内互联网地址注册登记商或某国家政府选定的互联网地址注册登记商，例如中国互联网络信息中心（CNNIC）是中国国家授权的注册登记商，为国内互联网服务提供商和最终用户机构指派地址。RIR 也可以直接把地址指派给最终用户机构和互联网服务提供商（ISP）。ISP 进一步分配地址给个人最终用户，以实现互联网信息交互功能。如上所描述的那样，IANA 担当全球协调实体的角色分配地址给 RIR，然后逐级下降指派地址，目的是将地址逐级分解，落实给每个 ISP 和最终用户（见图 2—2）。在互联网治理的术语中，

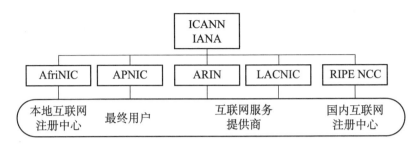

图 2—2　互联网地址分配和指派的组织结构

"分配"地址是将一个地址块区间资源委托给一个组织进行后续的地址分发；"指派"地址空间是将单个地址指派给某个公司、ISP 或机构使用。

虽然区域性互联网注册系统分解了全球地址分发的控制力，IANA 仍然作为集中协调机构发挥着重要作用。因此，ICANN 通过 IANA 仍然掌握着在互联网地址空间分配上的最终裁判权。RIR 在区域性地址分配上拥有一定的自治权。

RIR 系统是多方利益相关主体参与互联网治理领域的又一例证。这一治理架构既不基于市场，也不处于政府的监督之下。RIR 组织群并不是政府机构的集合。它们主要是私营企业、非政府机构、非营利组织等，负责管理数字标识符（互联网地址）的分发。IANA 将互联网地址资源分配给 RIR，由其指派给使用主体并加以管理。每个 RIR，无论是在财务上还是程序上，主要是由大量的非政府机构、私营企业成员来运作的。RIR 成员原则上不设门槛，向任何人开放，但是事实上采取了根据分配资源的大小进行付费的方式选任会员。举一个粗略的例子，AfriNIC 为了一个相对大的地址段向本地互联网注册管理机构（LIR）支付 20 000 美元的年费。[22] RIR 成员可以选择是否成为董事会核心成员。例如，RIPE NCC 成员选择成为董事会的一员。这些董事会成员能够对 RIR 自身管理团队提出指导意见，并拥有对最终决策的投票决定权。

RIR 在其区域内对互联网地址的分配和定价具有决定权。区域内的主权国家对地址分配并无正式的、特别的影响力。对 RIR 拥有最大影响力的恰恰是那些作为 RIR 成员的私营企业。所以对于 RIR 服务的网络和客户，RIR 负有某种直接责任，但是对更广泛的公众，RIR 并非必然负有直接责任，而主权国家的政府却承担更大更直接的责任。

主权国家的政府对于互联网地址空间分配施加干预的影响力因国别而差异巨大。目前已经存在一些由国家授权的互联网注册登记商（NIR）。除了前面提到的中国国家互联网登记机构之外，在阿根廷、巴西、智利、印度、印度尼西亚、日本、韩国、墨西哥、新加坡和越南也存在 NIR。

技术资源和通信权

关键互联网资源治理最激烈的争论聚焦在全球相关组织机构对于这一集中协调权力的争夺，以及与之相关的这一权力的合法性和管辖权范围等问题。互联网治理语境充斥着管辖权问题的讨论，它事实上已经偏离了与 DNS 机制共生的公共政策的讨论。互联网名称和数字地址的治理隐含着一系列的政策和经济议题。

回溯互联网的发展史，域名是按照拉丁字母表排序的（想想 "abc"）。根区域的设计，遵照 ASCII 编码标准，被限制在字符范围内。ASCII 提供了标准化指导，二进制是通过这一标准与拉丁字母进行转译的。对于世界许多地方，这变成了一种明显不合理的数字鸿沟问题。尽管本地语言使用了中国的汉字字符，在俄罗斯、乌克兰和其他地方使用了斯拉夫字

符、阿拉伯字符，或任何别的非罗马字符表和手写体，却无法用来访问
互联网。在中国、日本、韩国、东欧、中东和别处，本地语言被排除在
互联网的 DNS 之外。21 世纪初，互联网治理开始了引入本地语言手写体
作为域名的国际化进程，启用了多语言域名和国家代码顶级域。正如大
部分互联网治理演进一样，转变不仅要求技术解决方案，而且要求经济
的和合法的解决方案，这与商标保护和组织决策有关，需要协调决定由
谁来主导新域名治理的各个方面，例如注册登记商运营和注册转让服务。

　　IPv4 地址空间即将耗尽的经济社会影响，为扩展有效地址数量而设
计的 IPv6 全球部署进程缓慢等问题，与互联网平等接入相关。这种进退
两难的窘境与互联网标准隐含的政治、经济性紧密相关，本书将在第 3
章里具体阐释。另一个基于权力的 DNS 问题涉及 DNS 的演进使用，DNS
作为一种技术被用来阻止访问盗版媒体，以及政府对互联网实施内容审
查，这个问题在后面的章节里将具体展开讨论。

　　下面解释三个内嵌在关键互联网资源治理的政策性命题：唯一技术
性标识符的隐私影响；顶级域的 ICANN 显著扩张；美国互联网名称和数
字地址管理引发的国际僵局。另一较为复杂的政策性议题是关于域名的，
如何在全球范围内有效地解决域名领域中的商标争议将在第 8 章进行重
点解读。

隐私和互联网地址识别

　　在互联网治理领域，全球唯一的互联网地址标识决定着特定的治理
架构，同时也对个体的权利义务产生巨大影响。全球唯一标识符的使用，
无论是永久性的分配还是在单一的互联网会话中，都能直接把互联网上
交换的资料与某个通用位置联系起来，并且与发送或接收这份资料的设

61

备或个人联系起来，尤其是与其他可识别信息结合在一起时。

互联网表面上看上去像是一个公共领域，在这个领域内任何人能匿名参与。但是，进入互联网通常需要通过一个网关，网关可获取并保存个人可识别信息，例如姓名、家庭住址、信用卡信息，甚至可能还有社会安全号码。当个人访问某个智能手机上的无线服务计划或从家里访问一个包月的宽带互联网接入服务，个人对等地义务性地放弃了这些个人可识别信息。真实姓名标识符对于使用免费的社交媒体应用也是必要的。硬件设备也包括唯一标识符。由 ISP 提供的唯一数字地址标识符，再加上网络服务提供商收集的与个体身份相关的可识别数据，引发了对于隐私保护的忧虑。

个体使用互联网协议是访问互联网一个先决条件。的确，IP 地址的使用能确定某人是否正在访问互联网。虽然这一说法会遭遇到来自应用特定定义或反映某种文化或政治问题描述的挑战，但它确实是一种简单和合理的定义。无论某人在地球何处，访问互联网都需要一个 IP 地址。这种通用特征，以及 IP 地址的全球唯一性，把 IP 地址置于隐私和在线匿名性的争论中心。不仅仅 IP 地址是通用且全球唯一的，互联网运营商和信息应用服务商也会记录所有 IP 地址的访问日志。当某人发布了一个博客，阅读了一篇文章，看了一个色情视频，或者搜索了一个特定关键词，关联上述动作的 IP 地址就被记录下来了。这些信息加上 ISP 留存的个人访问日志，能够追溯识别出访问设备，进而可能定位识别出在线访问的个体。

被访问的网站是在设备的初始 IP 指引下将信息反馈给发起访问请求的个体。然而，网站并非仅在路由信息时需要使用 IP 地址，它们也记录、存储，并且有时共享此类信息。就像主流的互联网公司雅虎在其隐私策略中解释的那样：“雅虎公司自动接收并记录来自你的计算机和浏览器的信息，包括你的 IP 地址、雅虎 cookie 信息、软硬件属性，以及你请求的网页。”[23]这些信息能被用于各种目的，包括推送自定义广告、开展挖掘分析研究或与第三方数据组合应用这些信息。

　　谷歌的隐私策略清楚地揭示了个体访问像 YouTube 这样的谷歌网站会被收集的信息内容，包括：访问此内容的设备的 IP 地址，设备特定的信息，例如硬件模型、操作系统和“唯一设备标识符”；由谷歌搜索引擎产生的查询的历史记录；适用时的电话号码；能唯一识别个人谷歌账户的 cookies；经由 GPS 信号获取的位置信息。这些位置信息来自 iPhone 手机或者邻近区域，这种邻近区域基于距离最近的 Wi-Fi 天线或蜂窝式基站的位置。[24]

　　和其他与互联网治理相关的技术特征一样，互联网地址的通用性和唯一性导致了多重公共价值冲突竞合。一方面，当从事新闻消费、政治演说或文化生产时，对在线隐私保护的合理期待，是民主参与价值的应有之义；另一方面，国家安全、法律执行、信息商品保护和消费者保护所需的执法实现是以获得在线身份的唯一标识符为前提的。个体身份相关的识别信息，无论是伪匿名的还是同名的，也是在线广告商业模式的基础。这种在线广告模式支撑了免费的搜索引擎、电子邮件、社交媒体产品、内容聚合网站以及其他免费应用。重构目前的在线匿名架构将导致此商业模式的重大变革。对于日常互联网使用，唯一逻辑标识符、基于数据收集和广告服务的免费商业模式以及接入互联网的同时对于身份可识别信息的“弃权”，三者结合已经把个人身份标识深深地嵌入互联网基础设施。

.COM 域名是 20 世纪的概念：顶级域的海量扩张

ICANN 已经逐渐引入了额外的顶级域（例如，テスト，.jobs，.travel）。域名注册是一个具有巨大经济效益的市场，于是每个新的 TLD 引入都意味着新一轮治理权威和资源分配权力的争夺。由于新的 TLD 添加使得商标和版权所有人的防御策略愈发复杂化，因此必须对这些额外域名可能发生的知识产权侵权予以关注。

.xxx 顶级域的引入引发争议却是出于一个特别的原因。ICANN 最初认可 .xxx 作为一个顶级域，主要用于成人娱乐产业。此域名的支持者认为，一个色情专用的区域会使父母们更容易阻止孩子们访问不合适的内容，尽管并没有证据证明色情不会出现在 .com 空间和其他域中。美国政府是众多色情域反对者中的一个。布什政府商务部负责通信与信息的助理秘书迈克尔·加拉赫（Michael Gallagher）发了一封信件给 ICANN，请求延迟实施该域名。加拉赫提醒道，本部门已经几乎收到 6 000 封邮件，发送这些邮件的人们关注"色情对家庭和儿童的影响"。[25]家庭研究委员会和别的保守倡议团体鼓励选民们写信给商务部，并担心此域名会把它坚持认为的毫无根据的合法性归因于色情产业。

经过再三延期和多轮审议之后，ICANN 认可了 .xxx 域名的注册，针对其 TLD 运营商施加了许多内容与政策限制。这一例证凸显了互联网治理的特征：ICANN 在政策制定和决议方面的职能；DNS 与言论自由之间的联系；DNS 的适当角色。对于这些特征的理解当然是仁者见仁、智者见智。同时，这一例证也被重复援引来说明美国商务部对 DNS 治理体系具有直接影响力，并为减少美国政府的监管职权提供了正当性。

与逐渐增加顶级域这一可测算的方式背道而驰的是，2012 年 1—4

月，针对新通用顶级域（gTLD）的申请，ICANN 通过发布无限制的要求，启动了大规模顶级域扩展。那些申请 gLTD 主体须承担注册的责任，这一责任履行需要专业技术、运营经验以及财务资源。在大规模的顶级域扩张之前，事实上已经存在 22 个 gTLD 和 250 个 ccTLD。

这一扩展行为引发了复杂的回应。某些人把这个扩张视作互联网的自然演进，与采用本地语言脚本增设更多顶级域一样，为演说和创新提供了更大空间。另一些人则强调说，顶级域的扩展将同步带来媒体隐私、假冒商品以及域名抢注的增加。商标持有人和代理人需要在成百上千的新域名上购买它们自己的名字。还有一些人提出这一扩张为 ICANN 带来重大盈利机会，且不论这种机会是好还是坏。

在申请窗口期，ICANN 收到了 1 930 个新 TLD 提议，在语调上范围从 . sucks 到 . sex 再到 . republican。[26]对于一个新 TLD，每个申请的评估费是 185 000 美元，所以 ICANN 从申请获取的收益理论上会有总计大约 357 000 000 美元。[27]许多提议的 TLD 是中文和阿拉伯字符。意料之中的是，许多公司用它们的商标名称和产品申请 TLD。例如，微软公司申请了 11 个 gTLD 域名：. xbox，. bing，. docs，. hotmail，. live，. microsoft，. office，. skydrive，. skype，. windows 和 . azure。苹果公司申请了 . apple。许多请求的 TLD 是重复的，因为 ICANN 收到了同一单词的多个申请。存在着很多重复申请的 TLD 并不令人意外，例如，. shop（9 个申请），. app（13 个申请），. blog（9 个申请），. news（7 个申请）和 . inc（11 个申请）。

TLDs 扩展将域名空间上的冲突显性化了。例如，在重复申请的情况下，只有一个申请人被选中。ICANN 指导手册明确规定，在字符串有争议的情况下，ICANN 会鼓励申请人之间沟通，否则就可能发起一场拍卖以决定谁最终获得这一域名。

TLD 扩展和申请过程也会引起对公司商标名称和地理区域间冲突的关注。在对新 TLD 的应用进行调研后，ICANN 的政府顾问委员会（GAC）提出了一项建议，坚持了对于 . patagonia 和 . amazon 等 TLD 的反对立场。GAC 主要由国内政府的代表组成，为 ICANN 提供公共政策建议。巴塔哥尼亚和亚马逊两家公司申请了与它们的商标名称相关的顶级域，但是与亚马逊和巴塔哥尼亚地区有关的国家表达了反对意见。"亚马逊"和"巴塔哥尼亚"是有特定指向的非民族国家地区名称，并不满足 ICANN 地理性域名定义的某一种，因此这些 TLD 的合法性被质疑。域名系统是演进的，并且域名系统将继续不得不平衡相互对立的价值取向和多方主体的利益诉求。随着域名空间的扩展，ICANN 的监管和政策制定职能也将进一步深化加强。

集中化权威上的国际僵局

本章已对围绕互联网名称和数字地址的一些政策性议题进行了讨论。关于互联网资源治理的国际争论一直未能聚焦在有实质意义的话题上。争议往往只会关注权力角逐问题——显而易见的是美国权力与其他国家、联合国的权力的对抗。此外，关键互联网资源上的国际讨论常常会涉及对美国商务部的批判，它凭借与 ICANN 与 IANA 的历史渊源和合同关系而实质上具有对关键互联网资源的监管权威。

关于关键互联网资源治理的权力争夺和利益冲突已经持续了相当长的时间，本书也就这一主题涉及的议题进行了分析和解读（参见书末的"推荐阅读"）。1998 年，美国商务部白皮书呼吁须将 ICANN 改造为非政府非营利组织联盟来管理互联网名称和数字地址，美国政府在这一问题上的立场是逐渐将关键互联网资源治理转变到一个由多方利益相关主体参与的协调合作框架上来。起初，美国政府预测这种转变会发生在短短几年内。这一转变需要 ICANN 事先满足一定的条件。按照美国政府的规划，须在正式合理程序的基础上评估 ICANN 是否已具备成熟条件后，再启动治理框架调整计划。例如，2003 年商务部和 ICANN 之间签署了谅解备忘录，其中明确提出到 2006 年逐渐削弱美国政府对于 ICANN 的资助，减少对其监管职能的影响力。

在这期间，一个关于互联网治理的联合国工作组（WGIG）直接呼吁放弃互联网名称和数字地址的美国单边监管。这个建议背后的想法是用联合国监管取代美国监管。2005 年的关于互联网治理的联合国工作组（WGIG）报告发布前两周，布什政府商务部发布一个"原则宣言"，婉转地表达了保留美国监管的态度："美国将继续提供监管，以便 ICANN 能够聚焦且满足它的核心技术任务。"[28] 从那时起，ICANN，特别通过它的政府顾问委员会，愈发向着多方利益相关主体共同参与的模式转变，但是美国继续保有在狭窄领域（例如根区域文件）的权威地位，对于根资源管理仍然施加着重要影响。在这种情况下，国际社会一直呼吁要削弱美国商务部和 ICANN 的紧密关联。

试图削弱美国与 ICANN 间的内在紧密联系却进展缓慢的互联网治理僵局已经受到很多政策和舆论的关注，以至于常常会将这一僵局与"互联网治理"混为一谈。在 ICANN 监管下的资源管理是很关键的问题，但它只涉及互联网治理的一小部分。本书其余部分讨论的互联网治理领域，远远超出了 ICANN 的职权范围。

第 3 章

互联网的标准化

　　"比特流"（BitTorrent）是一种协议，是使互联网设备之间具备互操作能力的标准或蓝图。比特流以信息工程架构为基础，为在互联网上传输大文件设置标准的路径和方法，这是其最为直接的目的。传统文件传输过程通常是向服务器提出一个直接请求，然后服务器传输完整的文件到发出请求的设备上。不同于这种层层请求、文件直接下载的机制，比特流实现了对等网络（P2P）文件共享。在比特流的文件传输模式下，文件被分解成碎片存储在同样使用了比特流协议的终端用户计算机上，而不是将文件非完整地保存在单个服务器上。当用户发起了一个大文件的 P2P 下载任务，一个比特流客户端连接到其他比特流用户（所谓对等网络）的计算机上，定位并下载此文件的不同碎片，然后将它们重新组装成一个完整文件。P2P 文件共享将文件分散存储在多个网络对等点上，实现了带宽资源优化配置，避免了单一服务器应对多重内容访问请求时引发的网络堵塞问题。从 2001 年诞生起，比特流协议被大量比特流客户端以及基于文件共享标准的、管理文件上传下载的计算机程序所采用。

　　尽管比特流标准的技术实现原理相当简单，该标准仍然是一个备受争议的标准，因为它经常被用于盗版行为，是引发非法共享文件法律诉讼的焦点。像电影和音乐这类数字内容需要很大带宽用于存储和传输。共享电影、音乐和其他大文件的 P2P 网络，无论是否合法，已经严重依赖于比特流协议来促进文件的分发和访问。以比特流为例来介绍互联网协议的几个特征：第一个特征是它们的设计理念中蕴含着明确的价值取向。比特流体现的是用对等、非层级、去中心化的方式平等地连接，最终用户之间直接连接，无须经过掌控内容的中间者，这种方式与互联网及其更早期网络的内在价值是相一致的。

协议一旦被应用，就会对公共利益产生重大影响，并且成为经济社会利益竞争和矛盾冲突的焦点。一方面，比特流保护传统媒体分发模式，最小化 P2P 网络上的非法文件分享，满足了相关方的利益诉求。另一方面，比特流协议通过协作分发强化了对知识的普遍获取。例如，某人希望发布一个大文件（例如，一部纪录片或大的科学数据集），如果文件需求剧增，就会遭遇带宽限制，引发下载和上传的通道堵塞。而比特流则解决了这一问题，因为下载文件的设备可用其上传能力与他人共享文件。就像尤查·本科勒（Yochai Benkler）在《网络财富》中阐释的那样："生产性社会组织中出现的较少资本依赖的生产模式为网络信息经济的出现提供了机遇，而网络信息经济无论是在全球还是区域范围内都将有效提升经济平等。"[1]

每个协议都有历史语境。考察废弃的替代标准和广泛采用的主流标准有助于揭示标准发展和选择过程中的价值和利益取向。制定可测量性标准，正如一位科技史学家所解释的，在普适标准下面，"通常被当作客观科学产物的标准有赖于历史偶然……这些看似'自然的'标准恰恰表达了特定的社会经济利益诉求"[2]。比特流的应用场景伴随着知识产权侵犯和随之而来的法律诉讼。比特流前身 Napster 的设计中包含了一个中心化的元素，即索引，在索引中记录了哪个计算机包含哪个文件片段。此索引功能恰恰是 Napster 引发法律诉讼的一个原因。比特流协议就不具有这种索引功能。协议设计是视具体经济社会情境而定的。

　　协议也有保守的一面，一旦被广泛应用成为主流标准，要想取代这些协议就需要有足够的经济或社会力量来推动。访问比特流网络的活跃用户数量据说已经超出了基于订阅的视频流服务商 Hulu 和 Netflix 的用户之和。[3] 就像社会科学家杰弗里·博克尔和苏珊·丽·斯达解释的那样："最佳（技术上卓越）标准一定能够取胜，这样的自然法则是不存在的。QWERTY 键盘、Lotus 123、DOS 和 VHS 常常成为这样的例证。标准有明显的惯性，并且很难去改变。"[4]

　　与其他协议一样，比特流标准是一种文本形式，不是软件也不是硬件。标准提供了书面规则，硬件和软件开发商使用这些规则来确保他们的产品能与其他产品互操作。软件开发商可以不受限制地免费使用比特流标准去构造计算机代码或比特流客户端。对等点是安装有比特流客户端的终端用户计算机。安全、可靠、具有互操作性的信息交换有赖于无数的标准和协议，而比特流只是其中的一种协议。

　　互联网之所以能正常运作，原因在于其基于通用的技术标准语言。互联网日常运行需要上百种标准支撑，包括蓝牙无线标准，Wi-Fi 标准，用于编码和压缩音频文件的 MP3 格式，用于图片文件的 JPEG 标准，用于视频文件格式的多种 MPEG 标准，用于网页浏览器和服务器之间信息交换的 HTTP 协议，VoIP 协议，以及基础的 TCP/IP 协议，等等。这些协议只是可以对 0 和 1 组成的二进制流发出指令实现某些功能的一部分例子，通过这些协议可实现以正常、加密、压缩等方式呈现内容，以及执行错误检测和更正、提供标准寻址结构等功能。

　　互联网标准在互联网领域极具权威性和影响力。互联网标准是一种政策制定形式，由标准制定机构而非政府等传统公共权威机构来完成。同时这种标准制定模式也引发了一系列难题：这些标准代表哪方利益；

公共利益如何反映在标准设计中；非政府背景的标准制定机构政策制定职能的合法性从何而来等。

本章介绍了某些技术标准协议，它们是实现互联网互操作性的基础。本章还具体描述了产生这些协议的程序性和组织框架，以及新兴的非政府机构崛起对标准制定组织架构产生的影响。此外，本章也介绍了协议如何能拥有重要的公共决策影响力，以及解决私有治理合法性的程序性路径。

互联网协议的技术和治理

开发互联网技术协议是互联网治理的一项神圣任务。互联网协议是确保互联网接入设备能交换信息的基础性规则。协议达成一致的过程相当艰难，涉及人员、过程、规范、时间、资金以及知识。协议难以理解，主要是因为它们相比较内容和应用对于用户而言是不可见的。

这些协议并不是预先设定好的。它们的出现就像指引人类跨越文化沟壑实现互动和交流的规则一样。不同文化有不同语言、驾驶规则以及问候他人的习惯，例如挥手、亲吻两侧脸颊或者鞠躬。访问世界的不同地方有助于展现人类互动的社会性本质，揭示渗透在语言和交流等各个方面的文化脚手架。正如这些文化惯例指引着人类彼此互动的方式，技术协议决定着数字设备互操作的方式。

大部分技术标准都是由私营企业和非政府机构制定出来的，进而应用于互联网实践。受雇于上述组织的大量人员参与了标准制定过程。技术公司在标准开发上投入了大量的人力和财力，雇用很多专业人才参与到很多标准组织开展工作。一些大学或研究机构也参与标准开发工作。

本节具体介绍什么适合被标准化，标准是如何制定出来又是如何应用于实践的。

互联网工程任务组和 TCP/IP 协议是互联网的中心

TCP/IP 协议是基础性的网络标准，为连接到互联网的设备之间进行信息交换提供了通用规则。没有像比特流这样的特定协议，互联网依旧可以工作，但是没有 TCP/IP 标准，互联网是无法工作的，因为 TCP/IP 就类似于网络空间的公分母。TCP/IP 为采用相同协议的设备以可兼容的方式在互联网上进行格式化、寻址和路由信息提供了指引。在 IP 网络上，设备能到达彼此的能力是构成互联网的原始定义之一。互联网工程师认为 TCP/IP 是"互联网演进的磁力中心"[5]。

互联网协议的开发，始于美国 1960 年代后期和 1970 年代，而且受益于可信用户环境以及国防部的资助。技术历史学家，包括詹内特·阿巴特（Janet Abbate）[6] 和托马斯·休斯（Thomas Hughes）[7]，强调了美国政府的资助对协议开发具有重要影响。温顿·瑟夫和罗伯特·卡恩（Robert Kahn）由于是通用 TCP/IP 协议族的作者，因而被广泛认为是互联网之父。[8]

依据严格的定义，TCP/IP 实际上是两个协议——传输控制协议（TCP 协议）和互联网协议（IP 协议）。为了说明这一标准的复杂性，很多文档里都对 TCP 协议的不同特征进行了详细说明。在实际使用中，TCP/IP 这一名称通常涵盖的范围远远超出了 TCP 和 IP 本身，泛指广泛的互联网协议群。TCP/IP 历史上曾被解释为包括用于电子邮件的协议，例如 SMTP（简单邮件传输协议）；用于文件共享的协议，例如 FTP（文件传输协议）；用于网页浏览器和网页服务器之间交换信息的协议，如

HTTP（超文本传输协议），等等。在上一章中讨论的 IPv4 和 IPv6 标准是两个现行的 IP 标准。

如果 TCP/IP 协议是互联网的磁力中心，IP 协议就是这个中心的震中。IP 协议为格式化和数据包寻址这两个关键网络功能提供了标准化路径。每个在互联网上发送的信息小单元——或者称为数据包——包含传输的实际内容和包头，包头中承载着传输数据包必要的管理信息。IP 协议为包头提供了结构化的标准格式。例如，包头包含一个域（或空间）用于检测传输错误、指明有效载荷长度、当数据包到达目的地以后协助数据包进行重新组合。包头中还包含源 IP 地址和目的 IP 地址以及其他逻辑信息。阅读最初 1981 年版本的 IP 协议规范——RFC 791——有助于理解协议的含义，同时也强调了 IP 协议只是文本，不是软件产品也不是硬件产品。在 IETF. org 网站上能找到任何 RFC。

在 TCP/IP 协议被广泛采用之前，由不同制造商生产的设备构建的计算机网络之间是无法实现信息交互的。由于网络是专有的，协议规则是保密的，不同公司生产的设备无法实现互操作。甚至一家公司内部也存在多协议的网络环境，因此使用不同协议的网络都被隔离成技术孤岛。直到 1990 年代，一个公司内部的网络计算环境中存在 IBM 公司的系统网络体系结构（SNA）、DEC 公司的 DECnet、针对支持苹果 Macintosh 环境的 AppleTalk 协议，以及连接到 Novell NetWare 局域网的 IPX/SPX 等多种协议，这种状况在当时并不是个别现象，其对网络产品的不兼容进行了生动的诠释。那时，IBM 公司和 DEC 公司的商业模式主要依赖专有方式，这种方式下客户不得不购买全套的 DEC 公司产品或全套的 IBM 公司产品。在全球范围内，基于供应商和消费者之间数字化信息交换的新兴经济模式对互操作性提出了越来越高的要求，然而，当时面临的实际情况是互操作几乎难以实现，而且对互操作性的重要性缺乏认同。

那个时代几乎没有家庭互联网的使用，人们注册使用的在线服务通常是美国在线、CompuServe 和 Prodigy 之类的封闭系统。这些系统都是"有围墙的花园"，协议专有性决定着在线服务的竞争者之间无法实现互操作。那个时代没有万维网，更没有谷歌、脸书或亚马逊等互联网应用和服务。消费者使用网络不存在在线互操作性，而且工业企业使用网络也几乎不存在互操作性。

虽然商业企业面临着多协议网络环境的挑战，家庭用户面临只能访问专有在线系统的困扰，但是支持数百万用户在线访问和信息交互的互联网仍然在迅速扩展，特别是来自大学、军事和科研机构的巨大需求。这个快速成长的网络基于 TCP/IP 协议并由 TCP/IP 协议提供互操作性，对于以封闭和专有技术为基础的商业模式无疑是具有革命性的。

TCP/IP 协议和其他互联网协议诞生于互联网工程社区，其后来被称作互联网工程任务组（IETF）。这个工程社区的起源可追溯到 1970 年代，当时为 ARPANET 项目工作的技术研究人员，包括互联网先驱温顿·瑟夫和大卫·克拉克（David Clark），创立了一个非正式委员会，该委员会开始被称作互联网配置控制委员会，后来被称作互联网活动委员会（IAB——甚至后来被称作互联网架构委员会）。这个工作组开发了直到今天仍然使用的基础性互联网协议。IAB 反过来在 1986 年建立了 IETF，并把 IETF 作为一个附属机构。

IETF 的主要任务是互联网协议草案的开发。这个组织不设正式会籍，所有参与都是无偿的，而且向任何人开放。标准商讨同意的过程不需要正式的投票表决，而是基于在 IETF 中被称为"共识和有效代码"的原则，即标准通过与否主要取决于是否能得到成员的认同以及是否能有效运行。工作组的大量工作是围绕工作关键领域、通过电子邮件列表来开展的。IETF 通常每年举办三次全体会议。领域主管（AD）领导工作组，领域主管与 IETF 主席一起构成了一个治理团体，即互联网工程指导小组（IESG）。互联网工程指导小组将标准草案提交互联网架构委员会征求意见，以便成为正式的互联网标准。

目前全部标准制定活动是在一个非营利、面向会员的松散组织里进行的，即互联网协会（ISOC）。互联网协会是在 1992 年从 IETF 独立出来，与 IETF、IESG 和 IAB 一起构成了互联网标准领域的伞形组织结构。正如 ISOC 对其任务使命的描述："ISOC 是一个全球性的目标驱动的组织，由多元化的董事会管理，他们致力于互联网的开放性、透明性和自定义能力。ISOC 是世界互联网政策、技术、标准以及未来发展的可信独立的领导力量"[9]。1992 年建立 ISOC 的原动力来自两方面：首先，美国国家科学基金会（NSF）对 IETF 秘书处的资助即将结束，而 ISOC 的运行模式具有资金筹措功能（主要通过会员方式），可有效支撑互联网工程任务组的相关活动。另一方面，由于 IETF 不是一个正式的法律实体，考虑到互联网的商业化和国际化发展趋势，以及随之而来的社会责任和与标准相关的法律诉讼等问题，需要有一个正式的组织取代 IETF 的部分职能。

ISOC 是一个非营利组织，但是在 IETF 中大量标准开发的工作分解到了私营企业。私营企业对 IETF 的参与非常明显，可从不同工作组的组织隶属关系、AD 工作背景以及那些编写规范和标准的人员履历中看出来。例如，领域主管来自各国的路由器制造商，比如瞻博网络和思科系统，还有电信设备公司，像爱立信和高通等。有很多正式的互联网标准制定者就是软件公司甲骨文或信息安全企业云标的员工。

通常人们会有一种固有的错觉，即学者或政府专家们主要制定和建立了各种互联网标准，同时这一错觉也使人们相信 ARPANET 运营的根也掌控在政府和大学的研究中心。然而运作现实却是私营企业一直以来都居于开发互联网标准的中心位置。甚至 TCP/IP 协议开发者温顿·瑟夫也曾经受雇于私营企业；现阶段谷歌对互联网治理活动的参与越来越多。

从治理结构和工作流程看，IETF 是一个开放性的标准制定组织，坚持透明和民主参与原则。其他标准制定组织并没有把程序上和信息上的开放性提升到 IETF 的同等水平。任何人，不论隶属关系与资历，都可以参与 IETF 标准研发。实践中，受限于技术知识、资金等方面的原因，有些人可能无法参与 IETF 的相关事宜，但是从制度上 IETF 向有参与意愿的人完全开放。通过邮件收发记录和公开会议记录，IETF 体现了标准开发过程的透明性。同时，IETF 也制定了申诉及争议处理程序。

除了标准开发的过程，IETF 社区确保标准本身（也就是文档）可以免费获取。从治理观点看，这种方式非常重要。首先，对于影响公共利益的标准，标准的公开发布提供了公共监管及问责的机会。这些标准的免费出版促进了创新与竞争，因为企业能获取这些规范并在互联网市场中开发兼容产品。IETF 在标准推动过程中，对基于标准的专利技术尽可能少地进行知识产权权利主张，这是 IETF 一贯坚持的传统。在第 8 章中将进一步讨论此话题。如果标准有知识产权声明，那些为此标准提供版税免费许可的人拥有优先权。换句话说，那些希望为互联网提供产品的企业可以基于这些标准设计产品而无须向其他公司支付知识产权费。IETF 没有官方的知识产权要求，然而这种始终如一的开放标准优先权规则促进了互联网软硬件创新的飞速发展。

RFC 文档作为互联网的蓝图

被称作请求评议（RFC）的系列文档记录了 IETF 的各类互联网标准。RFC 文档（现在）是电子档案，从 1969 年以来，这种电子档案将互联网标准、治理流程与机构责任，以及其他与互联网互操作性相关的文档等进行了归档。互联网软件、硬件开发人员都可以查阅这些文档，以确保不同产品之间具有兼容性及互操作性。RFC 文档为互联网标准的提案及最终文本提供了详细的历史档案，同时也记录了来自互联网先驱和当今互联网领导者们的各种观点。之后，乔纳森·波斯塔尔编辑并归档了从 1969 年开始、积累 28 年的超过 2 500 份 RFC 文档。1998 年波斯塔尔去世后，乔伊斯·雷诺兹承担了这些责任，后来这些职责由互联网协会资助的一个小组来承担。

超过 6 000 份的 RFC 文档从历史和技术角度把互联网标准的演进过程编排成编年史。正如第 2 章所述，最早的 RFC——RFC 1——称作"主机软件"[10]，由斯蒂文·克罗克在 1969 年编写。原始的 ARPANET 有四台计算机开始运行，RFC 1 展示了用于连接这些 ARPANET 早期节点的技术规范。可在网站 www. rfc-editor. org 上在线获取所有 RFC 文档，尽管那些最初的 RFC 文档字面上是一篇篇论文或笔记，但事实上它们构成了互联网的规范体系。瑟夫把它们描述成"从 19 世纪的古老字符转变成可公开交流的文字，讨论在 ARPANET 中协议具有多种设计选择的优点"[11]。

并非所有 RFC 文档都是事实上规范的互联网标准。许多 RFC 是非资料性的，有些是程序性文档，还有一些是荒谬可笑的。甚至当一个提议的标准作为 RFC 发布时，它仍未达到正式互联网标准的水平。一个 RFC

可能是一个企业的首选规范，但是却无法成为整个互联网的标准。在 RFC 文档中许多提议的标准与其他标准存在直接的冲突或竞争。因此，当出版物引用 RFC 作为确定的互联网标准，或者建议"IETF 正在考虑将 X、Y 和 Z 作为互联网标准"时，这些情况未必真实。理解这些情况需要理解某些 RFC 流程术语。

"具有历史意义的" RFC 文档记录了已经"废弃的"旧有标准，意味着它们已经淘汰或者被升级版本所取代。其他是"资料性的"文档，它们提供了互联网社区的通用信息。例如，RFC 4677，"IETF 之道"，被归类为资料文档，因为它概括性地介绍了 IETF。资料性的 RFC 不代表互联网标准社区的共识，但是通常被视作有价值的信息。RFC 系列包括几种类型：

- 提议的标准

- 标准草案（不再使用）

- 互联网标准

- 资料文档

- 历史文档

在上述 RFC 类型中，只有前三类直接地执行了标准开发流程。某些 RFC 不是标准，而是作为由互联网标准社区发行的指南，代表当前最佳实践。RFC 中有标示文字"试验的"是指处于研究与开发阶段的协议规范，但是出于互联网社区交流与协作的考虑而发布了这种试验性协议规范。RFC 编辑部自主裁定资料性及试验性文档的发布。

在 4 月 1 日（愚人节）发布的 RFC 很可能是一个愚人节玩笑，许多 RFC 相当有趣，像大卫·威特兹曼（David Waitzman）的 RFC 1149，"通过信鸽进行 IP 数据包传输的一个标准"，描述了一个试验技术，把数据封装在"一小卷纸上，用十六进制……缠绕在信鸽腿上"。RFC 提醒道："多种服务类型可存在优先级。一个额外属性是内建的蠕虫检测和清除……虽然广播未指定属性，蠕虫会引起数据丢失……可自动生成审计痕迹，且经常在日志及电缆托盘上找到审计痕迹。"[12]

更重要地，正式互联网标准出台的过程艰辛，需要经历同行评议、制度规范和运行技术严谨性审查等阶段。[13]如果规范成功通过了提议标准、草案标准和互联网标准三个阶段的审查，那么规范在成为标准的过程中就实现了历史性突破。然而，这种情况在 2011 年发生了变化，即从原先的三个阶段变为较为成熟的两个阶段：提议标准和互联网标准。

在第一个阶段，首先要通过互联网发布标准草案，并将其提交同行审议。个人能代表其所在公司提交互联网标准草案，但更常见的情况是通过 IETF 工作组提交，因为每个工作组都是为解决特定问题而成立的。然后，草案作者根据评议内容对规范进行修订，通常评议及修订过程需要反复多次。之后，工作组主席或其他合适人选（如果标准草案不是通过工作进行提交的）会将互联网标准草案提交领域主管或 IESG 进行审议。

如果 IESG 审议通过工作组提交的草案，此文档就成为了"提议标准"。实际上，许多广泛应用的互联网标准仍然属于"提议标准"，并不是因为它们没有达到互联网标准的水平，而是因为从管理上没有正式地执行这个流程。IESG 评估草案是否达到了互联网标准的水平，依据是"标准具有高度的技术成熟程度以及被广泛接受的信念，即拟采纳的协议和服务能为互联网社区带来显著利益"[14]。另一个准则要求，基于两个及以上标准的独立操作具有可行性及互操作性。

正式被采纳为互联网标准的规范会被赋予一个额外标签"STD"，即

标准的缩写。正式的核心互联网标准（带有 STD 标签）包括：STD5，IP
协议；STD9，文件传输协议；STD13，域名系统；还有 STD51，点对点
协议。RFC 把互联网标准编制成文档，然而，就像后续章节所阐述的那
样，许多对维持互联网运行至关重要的其他领域的协议已经脱离此机制
在不断演进。

W3C 和核心 Web 标准

万维网联盟是另一个主要互联网标准制定主体。因为万维网与更广
泛的互联网相比是一个较新的创新成果，万维网标准制定的历史也不长。
英国计算机科学家蒂姆·伯纳斯·李（Tim Berners-Lee）在瑞士日内瓦
欧洲核研究组织（CERN）工作期间发明了万维网。同时，CERN 是互联
网的一个大型节点，最早在 1989 年提出，并在后来几年中开花结果。伯
纳斯·李把超文本计算概念与互联网协议相结合提出了分布式超文本系
统，该系统后来被称作万维网。[15]

伯纳斯·李于 1994 年 10 月在麻省理工学院（MIT）创立了 W3C 组
织，以开发协议和发展万维网为使命。当时，一些公司正在为万维网开
发具有竞争力的产品，比如浏览器，并且需要标准化工作来确保这些新
兴产品具有互操作性。像 IETF 的一些早期基础标准都是由政府资助完成
的一样，W3C 最初也是从国防部高级研究项目局（DARPA）获得了支
持。[16]W3C 后来采用了浮动会费的会员筹资模式，根据会员的国际地位和
主体类型来计算会费。IETF 强调个人参与，而 W3C 会员可以是公司、
大学、政府组织、非营利实体，也可以是个人。类似于 IETF，许多活跃
成员来自公司，这些公司的产品均采用了 W3C 的相关标准。W3C 这样
解释其付费方式：

为了广泛代表全世界各类组织的利益，实现会员参与的多样性，W3C 的会费根据参与机构的年度业务收入、机构类型、总部的地理位置等因素进行调整。例如，在印度的一个小型公司每年需要支付 1 905 美元，一个美国的非营利机构需要支付 6 350 美元，在法国的一家大型公司则需要支付 65 000 欧元。[17]

W3C 标准被称作"建议"，类似于 IETF，W3C 的标准制定流程基于宽松的一致同意原则，各方都有机会表达，同时也看重协商一致的过程和有效运行的代码。W3C 已经推出了基础互联网标准，像超文本标记语言（HTML）和可扩展标记语言（XML），等等。HTML 和 XML 都是"标记语言"，提供了格式化信息的通用规范，网页浏览器能解释并显示这些格式。所有 W3C 标准免费出版。

W3C 是促进开放标准的领导机构之一，通过开放可以促使标准尽可能得到广泛应用，以及推动随之而来的创新。在标准方面，从 W3C 的专利管理政策可见专利在产品的应用中一定以免费为基础。换句话说，标准的使用人不必向专利持有人支付知识产权费。就像其专利政策声明的那样："如果存在使免税条款无效的关键声明，那么这项提议在 W3C 是不会得到批准的。"[18]

尽管 W3C 和 IETF 存在程序上和制度上的差异，但仍然共享了十分相似的治理理念，即协作生产和共享互联网的互操作性原则。它们认为，开放标准部分地促进了互联网的成长与创新。把这种理念转换成制度规范就是开放参与、流程透明、公开发表以及偏好于免费使用。显而易见的是，这些规范深刻反映了互联网发展的历史传统，但是，许多其他互联网标准制定组织却采用了更封闭的标准开发方式。

互联网的广泛制度化标准生态系统

IETF 和 W3C 已经开发了许多互联网核心协议，然而这些协议只是一个巨大的协议体系的一部分，这个协议体系需要为互联网上的语音、视频、数据和图片提供互操作性。在网页、多媒体互联网应用及互联网安全领域制定标准方面，其他机构具有相当重要的互联网治理权威性。例如，国际电信联盟在互联网电话等领域制定电信标准。电子电气工程师协会主导了大量至关重要的规范制定，比如以太网的局域网标准和 Wi-Fi 标准族。众多其他实体为共同实现互联网上的信息传输技术制定了规范，这些实体包括国家标准管理主体，像中国标准化委员会（SAC）、动态图像专家组（MPEG）、联合图像专家组（JPEG）以及国际标准化组织（ISO）。需要注意的是，从智能手机上发送带图片的电子邮件这样一种看似简单的操作依赖于上百种技术标准。这些标准由不同管理政策的组织共同开发。管理政策关系到如何开发这些标准、谁来开发这些标准，以及如何把这些标准转换成产品。

公共政策标准

协议开发是互联网治理中更加技术性的领域之一，但也是一个具有重要经济与社会影响的领域。标准与公共利益交叉，不仅因为公共基础设施的互操作性至关重要，而且因为它们本身可能成为管理政策。技术协议使政府机构能够与公民交换信息。在紧急事件和自然灾害期间，它们为第一响应人之间提供或应该提供必要的互操作能力。现代公共领域与政治言论的更广泛条件完全依赖于具有互操作性的标准。正如文化与政治表达已经转移到互联网上，民主的公共领域已经变得依赖于这种能提供互操作性和安全性的通信技术规范。互联网协议已经成为一种维持经济正常运转与安全的基础构建模块。

除通用方法以外，互联网标准对政治经济生活的繁荣具有重要作用，标准设计则更加有针对性地制定了通信权政策。后续章节提供了几个例子来说明这种政策制定职能：设计适合残疾人访问万维网的方式；确定互联网个人隐私范围；促进创新和经济竞争。

标准化残疾人使用互联网的权利

显然，互联网用户在运动、视力、听觉、语言和认知方面具有不同能力。许多政府具有信息技术无障碍方面的具体政策。联合国《残疾人权利公约》（CRPD）是国际化工具之一，认可了残疾人平等接入互联网是一项基本人权。[19]在许多方面，标准制定机构被认为是将这些权利融入技术规范的国际实体，正如在线视频内置的字母一样。

另一个例子是，为了让具有不同认知能力与身体残疾的人无障碍地使用万维网，W3C 设置了万维网无障碍倡议组（WAI）。无障碍性必须成为标准设计时考虑的因素，而且在产品开发或网站设计时也必须执行无障碍性原则。标准开发者们围绕着辅助设备的使用去设计互操作能力，例如，屏幕阅读器可大声朗读屏幕上的内容，或者语音识别软件可帮助那些身体有缺陷的用户使用万维网。

W3C 发布了网页内容无障碍指南（WCAG 2.0）的正式标准建议，目的是提升网站的无障碍性。[20]W3C 为如何满足指南建议提供了指导。例如，像网页图片这样的非文本元素，应该带有文本说明，这样就能转换成 Braille 盲文或其他形式。其他指导原则还包括：通过预录音频解决字幕可读、标识语言解释问题；网页内容的不同呈现形式，如使用简便或松散的布局；键盘能控制全部功能的能力；内容设计要避免引起癫痫病发作（例如，闪光的数量）。互联网标准制定活动营造了一个全球认可、具有可操作性的全球互联网无障碍性的推动空间，帮助阐述标准制定机构履行的公共利益职能。

标准设计中的隐私问题

标准制定同样也涉及个人在线隐私政策。互联网的日常使用依赖大量的唯一标识符：在电话和其他设备上的硬件标识符、浏览器信息、cookies 和多种协议参数等。局域网寻址标准创建了其所连接的独立设备的全球唯一的物理标识符。互联网地址创建了唯一的逻辑标识符。虽然互联网地址没有关联物理地址，但是当附加了来自互联网服务提供商的其他信息时，互联网地址便成了可追踪的标识符。这些痕迹标识符与唯一性参数结合，使个人隐私在缺少专门匿名化技术（例如，Tor）保护时难以实现。互联网标准工程师与隐私倡议者组成的互联网隐私工作组将这种现象称为数字化指纹。[21]技术上的这种现实情况非常有别于某些用户对自身隐私及互联网匿名性程度的既有看法。

互联网地址通过两种方式影响个人隐私。协议尽管并非为隐私而制定，但有时确实引发了隐私方面的问题。创立了唯一标识符的协议可归为此类。因为需要依赖这些协议来维护互联网运行，所以脱离这种身份生态系统几乎是不可能的。类似地，许多其他互操作性的标准也导致了相关隐私问题，例如，数字化健康标准明确规定了对健康医疗记录进行数字化存储与共享的方法。

互联网协议与个人隐私的交叉更加直接，尤其是那些专门用来保护个人身份或信息标识的协议。认证和加密标准用来保护互联网上的个人隐私与信息。在互联网体系结构中融入隐私设计的一个具体例子是 IETF 的隐私扩展协议，它用来在 IPv6 协议通信中保护个人身份。[22]另一个例子是 W3C 的努力成果，称为个人隐私安全平台项目（P3P），尽管这个协议没有得到广泛执行。P3P 背后的思想是为网站提供一种方式以告知浏览器其所要收集的用户个人信息类型。反之，网页浏览器用户能使用 P3P 进行配置以限制浏览器与网站共享的信息。[23]

另一个独立研究成果称为不跟踪协议，由隐私研究者提出，并在 W3C 作为草案标准公布。不跟踪协议技术是个人能自定义地限制公司收集用户在线行为数据类型的一个标准机制。[24]以上这些例子解释了标准组织在处理个人隐私权方面的角色，同时也阐释了互操作性标准所发挥的作用，即创建了使个人隐私保护更加复杂的身份识别基础设施。

解决互联网资源的稀缺性

在互联网标准的发展历史中，最有趣的公共政策话题之一是现行的互联网地址空间将消耗殆尽。2009 年《协议政治》一书中讲道：互联网治理的全球化提供了 IPv4 互联网地址空间耗尽的详细历史，同时也对旨在增加互联网 IP 地址数量的新协议 IPv6 进行了检验。下面将简要地解释这个话题。

在互联网上长期使用的 IPv4 地址标准，存在大约 43 亿个有效互联网地址。每个唯一的 IPv4 地址有 32 位长，提供了总共 2^{32} 或大约 43 亿个唯一地址。此标准可追溯到 1981 年，截至目前仍然被广泛使用。互联网的成功及全球化发展消耗了绝大部分互联网地址。所有 IPv4 地址已经被分配（或委托相关机构做进一步分配），而且大部分地址都分配给了终端用户。

2011 年 2 月 3 日，ICANN 在一篇新闻稿中宣布其已经分配完了最后的 IPv4 地址空间。虽然 ICANN 和 IANA 已经把 IPv4 地址空间完全分配给 5 个地区互联网地址注册机构，但是这些区域机构仍然保留了一些地址空间指派或分配给企业、互联网服务提供商和地区注册机构。

许多历史因素导致 IP 地址消耗殆尽，其中包括关于互联网地址管理性与技术性的决议。出于技术效率的原因，IPv4 地址最初以固定的、大段的形式分配。例如，一个 A 类地址段指派会分发超过 1 600 万个地址给一个最终用户，一个 B 类地址段指派会分发超过 6.5 万个地址，一个 C 类地址段指派会分发 256 个地址。这种分配基本原则简化了日常流程。工程师把互联网地址分成两部分：一个网络前缀和一个主机数字地址。例如，一个互联网地址的前 16 位指定了一个特定网络，而后面 16 位代表在那个网络中的一个特定设备（或主机）。一个唯一网络数字地址会被指派到每个接收地址的机构，然后此机构自主决定如何在它的网络中分配这些主机数字地址。路由器只读取每个地址的网络部分来判断数据包的目的地，这种地址构成方式节省了可观的路由处理时间，简化了追踪 IP 地址位置的路由表。

一个 A 类地址段指派保留了前面 8 位作为一个网络前缀，余下的 24 位用于单个设备。换句话说，一个 A 类地址段指派分配一个网络号码就会保留 2^{24} 或 16 777 216 个唯一地址；一个 B 类地址段给单个地址留出 16 位，即预留了 2^{16} 或 65 536 个唯一地址；一个 C 类地址段分配了 8 位用于单个设备，即预留了 2^{8} 或 256 个唯一地址。

在互联网早期，美国的较大规模组织或机构通常要求最大段的地址或超过 1 600 万的地址。这些地址分配的公开有效记录显示，下列这些组织以及许多其他组织，收到了超过 1 600 万的地址分配：苹果、DEC、杜邦、福特、通用电气、IBM、哈里伯顿、惠普、默克、保诚。[25] 许多美国大学（例如，麻省理工学院、斯坦福大学）也收到了大段地址分配。因为互联网发源于美国，而且互联网的早期成长也在美国，因此这些大型美国机构是收到这些地址段的首批机构。基于地理因素以及只读取网络前缀的路由器技术设计规则共同导致了大段 IP 地址空间分配结果。

在万维网发明之前，互联网工程师就已经预计最终将会有 43 亿互联网地址被耗尽。这显示了对互联网成长的极度乐观态度和前万维网时期网络发展潜力。在当时，互联网的使用人数不超过 1 500 万人。IETF 的工程师们制定了短期保护策略，还设计了一种能明显扩充有效互联网地址数量的新型互联网标准。

IPv6——互联网协议版本 6——这一新的协议极大地扩展了互联网地址空间规模，把每个互联网地址的长度扩展到 128 位。这个地址长度提供了 2^{128} 个唯一地址。IPv6 标准在 1990 年代完成，并且已经被广泛应用到各类产品中（路由器、操作系统和网络交换机）。可是，IPv6 的实际进展相对缓慢，主要因为 IPv6 无法直接向后兼容 IPv4。换句话说，使用了 IPv6 的设备无法直接与只支持 IPv4 的设备通信。虽然回想起来这似乎只是设计问题，但是在 IPv6 选择之初，是以"所有互联网用户为了网络发展都希望对其进行升级"为假设条件的。

从运行角度，执行 IPv6 必然需要一个过渡机制。通常，这种过渡机制需要同时执行 IPv4 和 IPv6，而这种机制又有损于对 IPv6 进行保护的目的，因为其仍然要求用 IPv4 地址。倡导 IPv6 的政府政策，特别是在那些 IPv4 地址短缺的地方，也难以对采用新的标准产生激励。采纳哪种标准的决定是非中心化的，因为这必须由最终用户和网络提供商来落实。大多数互联网用户（已经拥有大量 IPv4 地址）没有经济动机去升级。

　　这已经成为了政策困境。IPv4 地址空间已经成了一种稀缺资源，部分发展中国家由于未预留充足的 IPv4 地址空间，对其网络发展已经产生了潜在影响。推动 IPv6 的自然市场刺激行动与政府政策并没有促使 IPv6 的使用量增加。两个政策话题同时出现，一个是关于互联网标准社区，另一个是关于地区互联网地址注册机构以及私营企业的全球性社区。早期，IETF 做了大量努力以创建新的机制，使 IPv6 和 IPv4 能实现内在的互操作。之后的政策环境涉及互联网地址交易市场机制的引入，目的在于开放已被分配的未使用的 IPv4 地址。虽然在此简单讨论了此话题，但是却有助于阐释标准作为公共政策的影响力，以及新标准并不必然被市场接受的现实情况。

促进创新和经济竞争

　　已发布的互联网标准为开发商提供了通用形式与规范，用来确保它们的产品能与其他制造商的产品进行互操作。同样，标准履行了关键经济职能，即为产品创新和多种竞争产品的生产提供了一个通用平台。IETF 和 W3C 免费发布其制定的标准成为一种惯例，而且在它们的标准使用上倾向于选择那些没有（或最少）知识产权限制的标准。这种开放方式促进了快速创新的经济氛围和互联网企业之间相互竞争的市场状况。[26]

　　总之，即使开放了 IETF 和 W3C 的标准，其他信息技术标准仍然要求支付知识产权费才能使用。企业想要使用这些标准，不得不寻求许可并向专利持有人支付费用。甚至应用广泛的某些互联网接入标准也有基本知识产权限制。例如，Wi-Fi 标准就长期处于专利诉讼以及与此相关的财务争议的中心。

标准化与全球贸易条件也直接相关。当一个国家的科技公司使用全球互联网规范时，它们则有机会开发和投资于创新性产品，而且这些产品与其全球竞争对手开发的产品具有互操作性。WTO 协议的贸易技术壁垒（TBT）章节中承认国际标准在促进全球贸易中所承担的角色，即"提升生产效率和促进国际贸易"，并且断言 WTO 成员将"确保技术管制措施在准备、采纳和应用阶段不着眼于或不应产生不必要的国际贸易障碍"[27]。

随着技术的快速变革，保持互联网标准的开放性是毋庸置疑的。免费发布和免知识产权费的互联网标准提供了开放性和互操作性的传统，为了实现基于这些标准的快速产品创新，这一传统必须保留。

标准制定成为一种治理形式

前面章节已经有几个例子讲述了互联网标准的政策影响力。如果互联网标准制定没有以这些方式构建公共政策，而是只涉及技术效率问题，那么这个标准制定过程就不可能成为公众关注点。但是，标准在一些情况下确实成为了公共政策。协议设计是非政府规则制定的典型例子，特别是在那些可能产生社会影响的领域，以及在那些标准结果会对其产生直接物质利益影响的实体机构中。私营企业在标准制定开发和应用推广方面发挥了积极有益的社会治理职能，即对那些充当了政治领域、经济市场和社会生活脚手架的协议的发展提供了资助。但是，针对这种私有化的治理方式人们开始质疑其合法性基础，包括如何反映公共利益，以及政府在鼓励某种标准发展过程中应承担什么责任等。

标准制定过程可以通过几条途径具有合法性——技术专业技能，即开发有效标准的成功历史经验；坚持开放、可问责、公开参与等民主原则的流程。这些原则讨论了标准制定流程的几个方面。第一个是在标准开发中参与开放的问题，也就是允许谁设计标准。尽管专业技能等一些限制条件有可能造成参与障碍，但是标准决策过程中多元参与的可能性在一定程度上增强了多利益相关方的合法性。第二个话题是信息开放和透明度，这是在治理过程中提供可问责性的一项核心价值观。如果标准构建了公共政策，那么应该允许公众获得标准开发及相关的审议、备忘录和记录的信息。更重要的是，公众应该能看到这些标准。标准组织不发布其开发的标准，公众就没有机会问责和监督。

　　另一个相关的问题是，不管政府作为开发者、采购者还是监管者，政府应该何时介入标准。某些政府已经制定了关于信息通信技术开支的采购政策，这些开支显示政府倾向于执行开放标准。[28] 特别在发展中国家，政府占据了大部分信息技术市场，并且通过其采购流程发挥巨大的市场影响力。例如，印度制定了"电子政府的开放标准政策"，作为针对电子政府系统的底层的软硬件标准选择框架。根据该项政策要求，印度政府应采用由公开参与的组织开发的开放标准，而且开发者能获取这些开放标准以供使用；如果标准有专利声明，那么开发者应基于版税免费的原则获取这些标准。巴西政府也采用了一种互操作框架，该框架颁布的政策也倾向于开放标准。

　　在过去 30 年，从专有协议到提供了互操作性的开放的互联网标准被认为是一场显著的社会技术变革。标准的制定起源于美国政府的资助，然后逐步过渡为私营产业驱动，为数字公共领域提供了前所未有的互连性，无论是何种电子设备、电子邮件系统或者是个人使用的操作系统。然而在某些互联网消费市场出现了一个幽灵似的倒退，即普适的互操作性在消失。例如，社交媒体平台和单一公司控制的平台创建了一种不同的信息环境，在这样的环境中只有各自网关授权的应用才能运行。数据信息的跨平台迁移通常也不被允许。普遍的可搜索性也不是总能做到。向开放标准的转变在在线公共领域里具有重要的经济与社会影响力，从开放的互联网标准向由少数人控制的专有协议的转变对全球已经建立起来的互操作性是一个致命的打击。

第 4 章

互联网安全治理

想象这样一番场景——午夜时分，从伊朗核设施工厂的电脑中响起了澳大利亚老牌摇滚乐队 AC/DC 的老歌《大吃一惊》。这就是当时伊朗核设施遭受震网病毒攻击的真实画面。[1] 一位伊朗科学家断言伊朗核设施工厂的电脑遭到了网络攻击，并波及其他电脑，致使它们不停播放这首经典摇滚老歌。但是伊朗政府否定了上述说法。互联网安全的发展历史一直以来既是政治的历史，也是科技的历史。从致命的蠕虫到跨越数十年的有政治目的的一连串分布式拒绝服务攻击，网络空间安全随时直接关系到全球网民利益，是互联网治理的一个重要领域。社会对网络安全性的关注远多于对维持网络可接入和社交媒体可用性的关注。互联网安全已经成为国家基础设施保护的核心，是互联网治理工作一项非常重要的使命，涉及保护网络上传输的数据、交易和个人身份信息。对国家信息基础设施的威胁就是对国家金融、各行业的威胁，而这些是社会生活、经济生活正常运转的支柱。

声名远扬的震网病毒很好地诠释了现代互联网安全的一个天然属性——政治和科技交织在一起。蠕虫实际上是一段能够自我控制的代码，一旦发作，就能够在没有人工干预的情况下自我复制传播。蠕虫利用应用软件、协议和操作系统的安全漏洞发起攻击，修改电脑系统文件，或者协同工作对目标系统发起洪泛攻击直至系统性能严重下降。在蠕虫这种类型的网络病毒里，震网病毒属于非常复杂精密的一种。它具备很强的定向打击能力，能够感染并摧毁伊朗控制铀浓缩离心机的工业控制系统。具体而言，震网病毒利用 Windows 系统的漏洞进行传播，并定向攻击西门子公司的监控与数据采集（SCADA）系统。[2]2010 年 12 月，震网病毒摧毁了伊朗多台铀浓缩离心机，据估计将严重损害伊朗生产核武器的能力。媒体评论震网病毒是美国和以色列联手破坏伊朗核计划所采取的行动，但是两国政府都未正式承认这一说法。[3]

类似于震网病毒事件，因互联网安全问题导致政治后果的，还有 2007 年针对东欧国家爱沙尼亚的关键信息基础设施的大规模攻击事件。拒绝服务攻击导致爱沙尼亚大量政府和私人网站瘫痪。事件起因是早些时候爱沙尼亚政府搬迁了位于塔林一个公园里的二战苏军纪念碑。许多爱沙尼亚民众不喜欢这座纪念碑，认为它是苏联侵略的象征。当这座纪念碑被拆除时，一些俄文斯裔民众举行街头示威游行以示抗议，并引发了多起骚乱及哄抢事件。政治局势的紧张也同步扩散到了网络空间，包括政府部门、银行和媒体网站在内的国家关键信息基础设施遭受了 DDoS 攻击。据报道，网络攻击开始前在一些俄文在线论坛上就出现了关于攻击爱沙尼亚信息基础设施的讨论。[4]这次爱沙尼亚遭受的网络攻击规模广泛，而且持续了至少三周时间。

针对关键基础设施的攻击不仅可以对一个国家的国际声誉、经济造成灾难性打击，还可以制造公共安全危机。2000 年，澳大利亚昆士兰一位因被解雇而心怀怨恨的工程师利用一台笔记本电脑、一个无线发射器入侵了马卢奇污水处理厂的工业控制系统，导致上百万公升未经处理的污水通过雨水渠排入当地河流、湖泊及地下水系[5]，严重破坏了当地生态环境和社会、经济生活，同时严重危害了当地民众的饮用水健康。该工程师因此事被判刑 2 年。根据庭审记录，该名工程师受雇开发污水处理厂的排水控制系统，后申请公共水源治理政府部门的长期工作职位被拒，因而发起攻击以示报复。[6]

安全是互联网治理当中一个非常重要的领域。同时安全涉及的问题多种多样，包括个人认证、关键基础设施保护、网络恐怖主义、蠕虫、病毒、垃圾邮件、间谍活动、拒绝服务攻击、身份窃取以及数据监听和篡改。在 21 世纪，国家安全、经济安全，连同言论自由都有赖于互联网安全。一个国家保卫网络空间疆域的能力决定了其掌控国际贸易、行使政府基本职能的能力，当然还包括采取军事行动的能力。

本章将介绍互联网安全治理是如何通过国家出台的内政外交政策、私营企业参与机构以及像证书授权中心和计算机应急响应小组等这样新的机构协同开展工作的。同时，本章将重点关注路由系统、域名系统等互联网关键技术和系统的安全保护。此外，本章还将探讨互联网安全与政治之间日益紧密的联系，包括使用 DDoS 攻击来表达政见分歧，以及互联网安全即代表国家安全的现象。

黑色星期四和网络安全概念的兴起

在互联网发展历史中一个关键性的时刻出现在 1998 年秋，当时一个能够自我复制的计算机程序迅速在互联网上传播并破坏了上千台计算机。在攻击刚刚开始不久，一位美国宇航局（NASA）的研究员在互联网讨论公告牌上发布了一个预警消息——"我们正在遭受互联网病毒的攻击，它已经袭击了加州大学伯克利分校和圣迭戈分校、劳伦斯·利弗摩尔国家实验室、斯坦福大学，以及美国宇航局艾姆斯研究中心。"[7]斯坦福大学和麻省理工学院也报告了类似的攻击事件。在当时，大约有6万台计算机连接了互联网，此次攻击波及了其中10%左右的计算机[8]，致使美国各大学、研究所、军事部门很多天内都无法正常使用互联网。

从技术上来讲，首次互联网大规模攻击事件的始作俑者是一个蠕虫。蠕虫是一段恶意计算机程序代码，一旦发作，它就会利用计算机软件和协议的安全漏洞在计算机之间进行复制传播。蠕虫不同于一般意义上的计算机病毒，它是隐藏在合法程序中的一段恶意代码，例如隐藏在电子邮件中，在用户执行下载附件等操作时被激活。蠕虫更具有潜伏性，因为它不需要最终用户激活就可以传播。和现代的拒绝服务攻击一样，这个蠕虫不会窃取信息或者删除文件，技术上来讲属于"良性"的。但是它会通过不断的自我复制，占用被感染计算机的系统资源，导致系统性能严重下降。

康奈尔大学的在校研究生罗伯特·莫里斯（Robert T. Morris）被指控发布了这个蠕虫，并依据《计算机欺诈和滥用法案》（CFAA）遭到了起诉。[9]莫里斯声称他发动此次攻击的动机是希望互联网安全隐患和脆弱性能得到更多关注。但是康奈尔大学委员会调查了整个事件，认为互联网的脆弱性已经人尽皆知，不需要采取"天才和英雄行为"发动攻击。[10]此次事件在互联网学术圈子里激起了极大反响，并首次将互联网安全带到公众视野中，而在那个年代普通人基本上不知道网络是怎么回事。同时此次事件也警告了美国政府互联网安全的重要性，并预示了各类网络攻击将可能会接踵而来。

影响互联网商业和个人使用的安全威胁主要来自对如下攻击技术的利用，包括但不限于：

- 计算机病毒和蠕虫

- 个人数据和计算资源的非授权访问

- 身份窃取

- 关键基础设施攻击

- 拒绝服务攻击

防范这些安全威胁的责任是分散的，其中私营企业承担了核心角色。电信运营商需要部署安全措施保护自有的网络基础设施。银行、零售商等私营机构需要制定安全机制保护内部网络和与客户之间的传输安全。计算机公司需要发布软件更新版本，修复已经发现的软件漏洞。普通网民也需要承担安全责任，在个人计算机上安装防火墙和杀毒软件。所有的这些安全措施集合在一起，构成了大部分的互联网安全生态系统。

保护互联网安全的其他责任则是由政府以及相关的互联网治理机构来承担。政府部门本身就非常关注关键信息基础设施的保护，新的互联网治理机构则承担特定的职责保证互联网正常运转。下面的内容将重点描述互联网安全治理工作的几个重要领域：公私合营的计算机应急响应小组对互联网安全事件进行响应；认证机构通过验证网站加密密钥来建立信任体系；保护互联网路由、寻址和域名系统等安全核心系统的机制和技术体系，当前这些机制和技术正面临复杂严峻的挑战。

计算机应急响应小组

1988 年的莫里斯事件之后很长一段时间，蠕虫和各类计算机病毒始终是互联网安全的严重威胁。它们不仅破坏数据安全，导致网络脆弱不堪，还造成计算资源和人力资本方面数十亿美元的损失。计算机病毒的潜在破坏性在 1999 年得到了验证。当时梅丽莎病毒通过电子邮件附件在互联网上大肆传播[11]，邮件的标题通常为"来自某某的重要文件"，一旦打开附件，病毒就会感染用户的计算机，并自动向用户邮件通讯录上的前50人发送感染病毒的邮件。这个能够快速复制的病毒很快就导致邮件服务器过载，并扰乱了专业计算机网络的正常运转。梅丽莎病毒总共感染了北美地区上百万台计算机，并造成超过8 000万美元的经济损失。病毒的制作者最终被判有罪并入狱服刑20个月。

梅丽莎病毒爆发不到一年，又一个更具破坏力的"我爱你"病毒采用了类似的策略开始在全球范围内传播，恶意覆写系统文件，并造成大量经济损失。该病毒最先在菲律宾爆发，然后迅速在北美、欧洲、亚洲地区传播。根据美国国会的证词，该病毒估计影响了北美地区65%的商业活动，仅北美地区就造成了9.5亿美元的经济损失。

网络蠕虫比计算机病毒更厉害，因为它们可以自动实现复制传播。每年都会有一到两个网络蠕虫爆发并迅速在互联网上传播。红色代码、尼姆达、Slammer、冲击波、My Doom、震网、火焰都是近几年爆发的臭名昭著的蠕虫代表。对抗这些病毒和蠕虫需要软件公司持续开发和发布软件更新版本或补丁，以弥补软件产品被发现的安全漏洞。

此外，还有公私合营的机构负责协调响应安全事件、报告安全事件，以及向公众开展互联网安全教育。这类机构就是计算机应急响应小组或计算机安全事件响应小组。莫里斯蠕虫事件后，美国国防部成立了全球第一个计算机应急响应小组。这个初始的小组设立于卡耐基梅隆大学研究中心，负责统一协调响应互联网安全事件。

美国"9·11"恐怖袭击事件后，美国国土安全部国家网络空间安全部门立即成立了联邦运营的美国计算机应急预备小组（US-CERT），重点负责国家关键基础设施的保护，以及蠕虫、病毒和其他网络安全威胁的防范。卡耐基梅隆大学的计算机应急响应小组也继续运转。

美国计算机应急预备小组的任务是促进本国互联网安全环境的改善。它有一个 7×24 小时的运行中心负责接收事件报告、响应安全事件，同时提供技术支持。这个小组的一个重要使命是公开发布安全攻击事件、安全漏洞、软件补丁相关的信息。例如，美国计算机应急预备小组曾经发布一个标题为"匿名者发起 DDoS 攻击活动"的警告，背景是它通过接收到的信息得知一个松散的黑客组织"匿名者"当时正在组织针对政府服务器和娱乐行业网站的 DDoS 攻击，以抗议《网络反盗版法案》和《保护知识产权法案》的提出。[12]

美国计算机应急预备小组还是发布软件已知漏洞的消息中心，它从软件厂商那里获得漏洞消息，以及解决方案（包括下载软件更新或者补丁），再向公众发布。例如，美国计算机应急预备小组会发布一条 IE 浏览器或 Windows 操作系统的漏洞信息，同时附带软件补丁，这些信息是由微软提供的。漏洞的识别和补救始终是软件供应商的职责，而计算机应急预备小组的职责是将所有软件厂商关于漏洞的信息都收集起来。此外，美国计算机应急预备小组还通过其下设的工业控制系统网络应急响应小组（ICS-CERT）负责工业系统关键基础设施的保护。

起初，只有美国一个应急响应小组负责响应互联网安全事件。后来，随着时间的推移，共有超过 250 个计算机应急响应小组陆续成立，分布在世界各个国家。这些小组，有些是国家运营，有些是私人运营，还有一些是公私合营。大多数国家至少成立了一个国家级的计算机应急响应小组，以下是几个具体实例：

- 巴西计算机应急响应小组（CERT. br）
- 印度计算机应急响应小组（CERT-In）
- 伊朗计算机应急响应小组（IrCERT）

- 日本计算机应急响应小组和协调中心（JPCERT/CC）
- 中国国家计算机网络应急技术处理协调中心（CNCERT/CC）
- 新西兰国家网络安全中心（NCSC）
- 泰国计算机应急响应小组（ThaiCERT）

尽管响应小组设立的最初目标是集中协调响应影响全网的安全事件，结果却是历经多年后世界上出现了几百家独立运作的计算机应急响应小组。虽然这些小组之间开展过一些松散的协作，但是试图使这几百家自治组织进行快速协作似乎不太可能。有些国家只有一个响应小组，而有些国家拥有几个响应小组，执行相似职责。这几百家机构的职责都是监测互联网动态并应对安全威胁。

除了计算机应急响应小组承担的国家性或地区性的职责外，互联网安全保护的责任更多是由私人部门承担，不仅包括使用互联网的机构和个人，还包括软硬件制造厂商，当它们的产品存在漏洞时会发布公告信息和技术更新信息。

"可信任"的第三方认证机构

对网站的可信认证能力和对信用卡号等个人隐私信息的保护能力直接决定了在互联网上能否进行零售交易和其他金融类交易。访问亚马逊和 eBay 网站的人需要一个合理的保证，保证他们访问的网站是真实由两家公司运营的，而不是假冒的。网上银行同样依赖于对网站真实性的验证过程。

公钥加密技术被认为是一种安全验证方法，它将网站服务器与一个唯一的加密验证码或者证书绑定，浏览器通过验证这串代码来判断网站的真实性。那些被称为"认证机构"的理事机构就是为网站提供担保、发放证书的机构，浏览器则依靠它们完成网站真实性的验证。

　　加密技术，即在信息传输前对信息进行数学加密，是验证网站真实性、确保传输过程中信息保密性的核心技术。加密技术是在信息传输前，使用预设的加密算法对信息进行加密，使得除了信息接收者，信息对其他人都是不可读的。只有知道加密算法的信息接收者才能对信息进行解密。当然，为了解密信息，除了需要知道加密算法，信息接收者还需要知道一串二进制数，即密钥。密钥的长度越长（这串二进制数越长），加密的信息越难破解。目前 128 位及以上的密钥长度是比较常见的，一串 128 位的二进制数可以生成 2^{128} 个互不重复的密钥，可以形成一个庞大的密钥资源池。

　　密码技术一直以来都是一项有争议的技术。从实用的角度来看，加密技术对保障基本的电子邮件通信安全和网络交易安全是必需的。从政治的角度来看，一个国家对信息加密和解密的能力，对于军事、情报、外交和法律执行策略是不可或缺的。不同国家有不同的法律法规限制加密技术的使用。一些国家明文禁止使用加密技术；一些国家限制公民使用加密技术的密钥长度和密码算法强度；一些国家要求使用加密技术必须获得许可；还有一些国家限制加密软件向特定国家的销售和出口。

　　从基础技术层面来看，加密技术有两种主要形式：对称加密技术和非对称加密技术（公钥加密技术）。对称加密技术要求信息的发送方和接收方拥有相同的加密密钥。这种加密技术有着一定的局限性，它需要所有参与信息传输的主体都必须提前知晓加密密钥，如果提前分发加密密钥，就可能导致密钥本身被中途拦截或监听。

　　公钥加密算法，或称为非对称密钥加密算法，可以克服上述问题的局限性。使用对称加密技术的主体都持有相同的加密密钥，而使用非对称加密技术的主体同时拥有 2 个密钥，一个是自己持有的私钥，一个是公开的公钥。当发送方想发送一个加密消息时，首先需要查找接收方的公钥，并用这个公钥加密消息。接收方使用自己的公钥和只有自己才知道的私钥来对这个消息进行解密。公钥加密技术理论最初是在 1970 年代后期由威特菲尔德·迪菲（Whitfield Diffie）和马丁·海尔曼（Martin Hellman）提出的，已经成为电子邮件（如，多用途网际邮件扩充协议（S/MIME））和网络交易（如，安全传输层协议（TLS））的现代加密标准的基石。[13]

公钥加密技术同样直接满足了网站真实性验证的需求。验证访问用户的真实性可以简单地通过设置口令来完成，更复杂一点，可以使用生物信息（如，指纹、视网膜）进行验证，或者使用基于令牌的验证方式，个人手持一个物理设备，生成一个与网站服务器同步的一次性口令。而对于网站真实性的验证通常依靠基于公钥加密技术的数字签名来实现。数字签名实际上是一串唯一的与某个实体绑定关联的代码。这套验证体系能够正常运转，必须依赖某种机制担保数字签名本身的合法性。数字证书关联实体的公钥必须保证是由可信任的第三方颁发的。

认证机构，或者叫作可信第三方（TTPs），承担了担保数字证书的责任。更确切地说，认证机构的任务是作为可信第三方，依靠证书向用户提供验证服务，例如用户通过 Firefox 或者 IE 浏览器访问亚马逊的网站买东西，认证机构通过证书向用户担保网站的公钥是和网站合法性相关联的，网站的真实性能够得到验证。浏览器信任这些认证机构，同时将网站真实性验证作为面向个人用户的基础网络服务。认证机构则为这些商业网站提供颁发数字证书的服务。

一个与网络治理相关的基本问题就是如何确保这些向网站颁发数字

证书的第三方是足够可信的。这是一个经典的问题，向网站颁发证书的实体需要另外一个实体来担保，另外这个实体还需要一个实体来担保，从此陷入无限循环中。独立的私人实体、政府、标准机构联合起来共同参与对认证机构的认证工作。考虑到数字证书是与有法律约束力的交易相关的，这种对认证机构的监督是高度分割化的，同时依赖于当地的法律法规和认证机制。

对于常规的网络交易，认证机构的市场由私营企业（例如，赛门铁克、Go Daddy、科摩多等）、政府机构和非营利组织组成。浏览器创建一个它所信任的认证机构的列表，并且接受这些认证机构认可的网站的数字签名。认证机构向网站颁发数字证书是要收费的，所以出于自身经济利益考虑，它们希望它们信任的网站越多越好。互联网个人用户可以很容易地检查浏览器信任的认证机构列表。很多授信的机构对于公众是完全陌生的。对 Firefox 浏览器进行一次快速检查显示它至少信任了 50 个认证机构。其中一些是企业，例如美国富国银行、赛门铁克和威瑞森/Cybertrust；有些则明显是政府组织，例如法国政府。

从事互联网政策研究的学者认为这种网站验证机制存在"严重缺陷"。[14]一位学者指出，仅用于讨论，假设某国政府强迫浏览器信任的认证机构——该国互联网络信息中心为一个假冒的 Gmail 邮件服务器颁发证书，该国政府就可以对 Gmail 用户的来往邮件实施监视。在这个假设场景中，信任该国互联网络信息中心的浏览器会错误验证这个假冒的邮件服务器。采用公钥加密技术的网站真实性验证体系全部是建立在可信第三方模型基础上的，通过信任许多第三方机构进而信任网站。这套网站真实性认证体系目前被广泛采用，但是它的安全性仅仅处于平均水平。

互联网治理的安全核心系统

另一个依赖于信任的互联网安全治理领域是互联网基础路由系统。在路由系统崩溃以前，人们理所当然地认为互联网最基础的路由系统是可靠稳定的，进而将注意力集中到了终端用户的安全问题，例如病毒和网站真实性验证。但是保护互联网路由和寻址系统以及域名系统，是互联网治理领域最为关键的命题之一。

2008 年，因为路由系统的问题导致大量互联网用户暂时无法访问 YouTube 网站。事件起因是巴基斯坦政府下令所有互联网服务提供商封杀 YouTube 网站上的一个反伊斯兰教视频。为了执行政府的指令，巴基斯坦电信将指向 YouTube 网站的互联网地址段重定向到了一个技术黑洞，以这种方式在巴基斯坦境内屏蔽 YouTube 网站。为了不影响其他国家对 YouTube 网站的访问，对这些互联网地址块的重定向应当仅限于巴基斯坦境内的路由器。但是巴基斯坦电信不小心将重定向路由信息向境外网络进行了广播，结果是全球的互联网都在进行重定向，屏蔽对 YouTube 网站的访问。下一章将介绍外部网关路由协议，例如边界网关协议，其中会详细解释上述路由广播的过程。总之，巴基斯坦的此次事件以及其他类似事件印证了路由系统是多么容易影响互联网安全。

当一个人在浏览器中输入 YouTube 网站的统一资源定位符（URL）时，域名解析系统会返回一个数字的 IP 地址，路由器使用这个 IP 地址决定将访问请求转发到何处。网络运营商会广播那些它们可以提供访问的互联网地址范围。目前没有任何机制可以约束网络运营商越权广播路由信息，不论是意外广播还是蓄意广播。巴基斯坦事件发生的一个原因是巴基斯坦电信广播的地址段比 YouTube 自己广播的地址段要小。小的地址段拥有更高的优先级，使得重定向的指令立即得到了执行。

一个网络的网络运营商会将到达各个自治网络的路由信息向相邻网络进行广播，这些路由信息集合起来就形成了互联网的路由表——一张不断更新的用于访问网站的目录。整个互联网路由系统依靠的是对网络运营商的信任。最初设计路由系统的时候，互联网还没有在全球范围内扩张和增长，并在一些部署了路由系统的实体间建立起了一定程度的信任氛围。如今现实情况却是互联网路由系统已经不能再改变，那么就存在这种可能性：通过劫持互联网地址，至少可以暂时性地屏蔽这些互联网地址指向的网站。

互联网工程社区一直在不断努力支撑互联网路由基础设施的安全。例如，互联网工程任务组的安全域间路由（SIDR）工作组开发出一项技术——资源公共密钥基础设施（RPKI）。这项技术类似于上节介绍的网站真实性验证机制，为互联网路由基础设施提供一套可信验证机制。一个实体如果获得或持有一些 IP 地址段，它可以获得一个可信证书，证明它对特定 IP 地址集合的所有权。因为这项技术是基于证书和公钥加密技术，所以它可以加密保护路由系统的安全。

部署 RPKI 技术可以验证 IP 地址的路由信息，因此十分重要。但是和所有互联网治理相关的技术一样，RPKI 技术的实施也衍生出权责划分相关的问题。互联网治理领域的学者库尔比斯（Kuerbis）、穆勒（Mueller）曾经初步分析了引入 RPKI 技术对现有制度和权利分配的影响。[15] 其中一个与治理相关的问题就是：谁来颁发这个数字资源证书，认证 IP 地址的所有权以及发布路由公告信息？在现有的体制框架下，很明显应该由 ICANN/IANA 控制下的 RIR 来负责颁发这个证书。然而，所有互联网治理方面的权利、职责的扩展都会引发新的问题。例如，如果网络运营商被要求向 RIR 申请正式证书，认证它对已经拥有的 IP 地址的所有权，那么它还必须证明它对所申报的这些 IP 地址确实拥有管辖权。这个时候，如果一个区域互联网注册管理机构认为这家网络运营商拥有太多的 IP 地址资源，是不是可以拒绝颁发证书？类似的开放性问题还有很多。库尔比斯、穆勒认为 IP 地址的分配管理应该独立于路由管理。区域互联网注册管理机构参与路由安全管理工作本身就是对它们的互联网治理权利的过分扩展。这一切还要归因于在互联网设计之初确实没有过多地考虑安全方面的问题，默认了使用和开发互联网的都是可信任的内部人员。

和路由基础设施一样，保护域名系统的安全对互联网的正常运转也是至关重要的。近年来，针对域名根服务器的攻击持续不断。2002 年 10 月就曾发生过同时对 13 个域名根服务器设施的 DDoS 攻击。[16]虽然大部分互联网用户并未感知到这次长达 1 个小时的攻击，但还是为域名系统的安全管理敲响了警钟。此后，域名根服务器加快了分布式部署及镜像服务器部署的进度。但是，由于域名系统本身的重要性，它依然成为意图破坏互联网的攻击者的主要目标。

除了 DDoS 攻击，互联网工程师们还定义了其他针对域名系统的攻击类型。相关内容的总结归纳和描述可以参考 RFC 3833 文档，此文档可以轻松地从网上获取。域名系统的一个典型安全漏洞就是看似可信的一台域名服务器可能会返回一条错误的域名解析信息。这个漏洞产生的问题源自已知的数据包截获：恶意人员通过窃听域名查询消息，向查询者返回一条错误的域名解析信息，指向一个假冒网站，进而实施身份窃取或审查。域名系统安全扩展的设计目标就是为了抵御此类攻击。域名系统安全扩展在域名查询响应消息中增加了数字签名，也就是说将公钥加密技术引入到域名系统中。引入公钥加密技术的目的不是为了保护数据的机密性，而是为了验证域名查询响应消息的真实性，验证解析的 IP 地址是否与查询域名真实合法地对应。

互联网安全政治

在本章的开始讨论了互联网治理领域的几个重要议题：计算机应急响应小组在抵御蠕虫、病毒威胁时发挥的作用；认证机构在提供数字证书、建立用户与网站之间信任关系中发挥的作用；如何保护互联网路由、寻址等关键基础设施安全。在涉及对信息技术基础设施的多利益相关方共同治理以及社会影响方面，所有这些议题都是带有政治色彩的。而考虑到其他方面，互联网安全几乎就是政治了。网络攻击经常成为政治激进主义（或者压制政治激进主义）和传统战争的替代手段。下文将简单讨论两个与互联网安全政治相关的实例：一个是拒绝服务攻击成为政治激进主义的一种表现形式；另一个是互联网安全和国家安全日益紧密的联系。

拒绝服务攻击成为政治威胁手段

很多类似于身份窃取的侵犯互联网安全的行为都是经济利益推动的。发动拒绝服务攻击经常也是为了寻求政治目的或社会影响力。曾经，一次政治利益驱动的攻击迫使社交网站推特在全球范围内中断服务。上百万的用户每天都是从查看推特开始的，但那一天看到的却只是一条无法访问的错误消息。中断服务后不久，推特博客发布声明：推特网站正在遭受拒绝服务攻击。[17]让一个类似于推特的在线服务瘫痪，需要成千上万的被劫持的计算机同时对其发起分布式拒绝服务攻击。

潘多拉魔盒已经开启，其他社交网站也在所难免地成为拒绝服务攻击的目标。对推特的攻击其实并不是为了让整个推特服务瘫痪，仅仅是为了让一个东欧国家（格鲁吉亚）的名叫 Cyxymu 的博客账号"闭嘴"。这次攻击事件的背景是当时格鲁吉亚与俄罗斯因领土争端问题关系日趋紧张，由此可见此次攻击的真实目的。

DDoS 攻击是一种蓄意的网络攻击行为，通过向攻击目标发送大量服务请求导致服务器瘫痪，从而使合法用户无法得到服务的响应。这项类似于虚拟室内静坐抗议的技术被认为是"分布式"的，是因为服务请求不是从一台设备发送的，而是从上千台计算机发送的，而使用这些计算机的人完全不知道自己参与了攻击。类推到电话服务，也可以达到相似的效果，例如同时对 911 调度台发起几千个电话呼叫，就会占用过多的系统服务资源，导致正常呼叫无法接通。这种类型的网络攻击有一个独特之处就是它不需要对系统进行非授权访问，或者篡改数据，或者进行任何用户鉴权，只需要对目标系统发送足够多的请求，进而导致系统瘫痪即可。这种以技术手段间接表达政见分歧的方式也附带对言论自由造成了很大损害。网络攻击占用了带宽，消耗了系统处理资源，阻断了很多人访问与攻击目标相关的网站。

将这些发动 DDoS 攻击的人叫作"黑客"是有很多隐喻在里面的，其中一个就是暗示发动网络攻击需要一定的技术背景和能力。发动拒绝服务攻击相对来说比较容易，DDoS 攻击软件工具随随便便就可以从互联网上获取。这些工具本质上就是软件代码——包括一个被称为"处理器"的主程序和一些被称为"僵尸"或"魔鬼"的代理程序。还有一种方式就是黑客使用蠕虫扫描那些可能存在漏洞的计算机，然后通过植入代理程序远程控制这些傀儡机，用以未来发起 DDoS 攻击，如图 4—1 所示。追踪 DDoS 攻击的发起源头很困难，因为真正实施攻击的是那些分散在各处的傀儡机。

不知情的傀儡机向目标计算机发起大量、高频的并发请求，直至被攻击目标瘫痪宕机

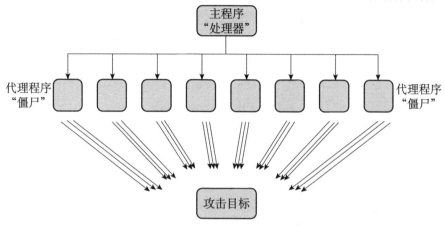

图 4—1　分布式拒绝服务攻击

实际上拒绝服务攻击技术不仅限于一种实现方法，而是有很多攻击形态和很多种技术实现方式。为了使读者对这些攻击方式有一个初步认识，接下来的内容将简要介绍两类典型的 DDoS 攻击方法：TCP/SYN 攻击和 ICMP 洪泛攻击。

TCP/SYN 是一种常见的 DDoS 攻击方法。大部分的互联网服务，包括 Web 应用和电子邮件服务都是依赖 TCP 协议（传输控制协议）的。TCP 协议是一个传输层通信协议，作用是实现网络上两点间的信息传输。传输层协议的一个主要功能就是监测发现并纠正信息传输过程中出现的错误。当一台计算机（客户端）请求与一台服务器（如，网站服务器或邮件服务器）建立 TCP 连接时，两台机器会按照预先设定的协议规则交换一系列消息，如图 4—2 所示。

交换的这一系列消息通常被称为三次握手协议。[18]客户端发送 SYN 报文到服务器，其中包含 SYN 标志位———一串预先设定的比特。服务器读

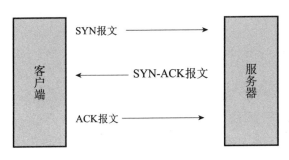

图4—2　TCP三次握手协议

取 SYN 标志位后向客户端返回 SYN-ACK 报文，最后客户端再次向服务器发送一个 ACK 报文，完成三次握手。自此客户端与服务器之间就建立起了一个 TCP 连接。

拒绝服务攻击的其中一种方法就是利用三次握手过程中服务器需要等待 ACK 报文的缺陷，发起 TCP/SYN 洪泛攻击。这种攻击方法会在客户端伪造一个源 IP 地址，然后使用这个 IP 地址与服务器建立一个未完成连接。具体而言，发起攻击的客户端利用伪造的源 IP 地址向服务器发送 SYN 报文，接收到 SYN 报文的服务器会返回 SYN-ACK 报文。但是实际使用这个 IP 地址的客户端并没有发送 SYN 报文（即请求建立 TCP 连接），因此它不会向服务器发送最终的 ACK 报文。服务器等待 ACK 报文（永远不会到达）的这段时间会消耗一定的系统资源，等待一段时间后服务器会丢弃这个未完成连接。在 DDoS 攻击的时候，攻击客户端发送 SYN 请求的速度快于系统关闭连接的等待时间，结果服务器资源被大量的未完成 TCP 连接耗尽。这种攻击方法就叫作 TCP/SYN 洪泛攻击。

ICMP 洪泛攻击也同样容易实施。"pinging"命令可以检查针对一个特定 IP 地址网络是否连通。它的原理是使用互联网控制报文协议（IC-MP）向一台连接互联网的设备发送一个回声请求消息，然后等待回应。拒绝服务攻击利用 ping 命令的原理对目标系统进行 ping 命令轰炸。换言之，攻击者向 IP 广播地址发送一个包含目标系统 IP 地址的 ping 命令。接收到这个 ping 请求消息的计算机会向目标系统发送回声响应消息。当大量计算机接收并返回响应消息时，就形成了对目标系统的消息轰炸。目标系统连接的网络带宽资源将被耗尽，合法的请求消息将被阻断。这种攻击技术有时候也叫作 ping 攻击或者 smurf 攻击，原因是最初发动这种攻击的程序名就是"smurf"。[19]

上述这些攻击方式印证了 DDoS 攻击确实不需要任何形式的非授权访问或者对数据的修改删除。现在大部分机构都部署了很多防范措施应对 DDoS 攻击，包括：部署全天候的网络流量监测工具，识别流量数据类型的变化；必要时采取负载均衡的方式将流量从主服务器迁移到冗余服务器；屏蔽对已知的存在脆弱性的 TCP/IP 端口的访问；使用专业扫描工具检测系统是否感染了代理程序；设置补丁管理策略，定期升级漏洞库。

一个早期的著名 DDoS 攻击事件发生在 2000 年，当时导致了几个主要的互联网站点中断服务。2000 年 2 月 7 日雅虎网站第一个遭受攻击，暂停服务；随后几天，CNN、亚马逊、eBay 和 eTrade 网站纷纷遭受攻击。[20]部分互联网用户对其他网站的访问速度也因此次攻击而受到影响，因为网络上充斥着大量攻击流量，占用了网络传输资源。绰号为"黑手党男孩"的加拿大男孩承认发起了此次攻击，而且他使用的是可以免费获取的 DDoS 攻击工具。[21]被攻击的网站因为服务中断而遭受了一定的社会负面影响，为了抵御攻击投入了大量成本，同时还损失了可观的广告收入和交易收入。

拒绝服务攻击的历史与其说是一部科技史，不如说是一部政治史，因为那些著名的攻击事件背后都有一定的政治企图。这说明政治异议不是全部通过语言内容来表达的，也可以通过技术方式来表达。2008年爱沙尼亚和2009年格鲁吉亚遭受的拒绝服务攻击都是受政治目的驱动的。2009年伊朗总统大选，艾哈迈迪·内贾德击败反对派候选人米尔-侯赛因·穆萨维连任总统，但是选举涉嫌舞弊行为被曝光后，网络攻击和街头抗议游行同时爆发。一些博主和推特上的激进分子号召对伊朗政府网站实施拒绝服务攻击，包括内贾德的博客（ahmadinejad.ir）、伊朗官方通讯社——伊朗伊斯兰共和国广播电台（irib.ir）以及其他政府网站。一些针对伊朗政府网站服务器的攻击技术并不是利用复杂的僵尸网络或者利用蠕虫将僵尸程序植入计算机。激进分子指使抗议者使用类似于"页面启动"的网站（http：//www.pagereboot.com/），可以每隔几秒或者更长时间对任一URL自动刷新。这类程序原先是被用于密切监测eBay网上某个项目的拍卖投标变化或体育网站上快速更新的新闻。对伊朗政府网站的拒绝服务攻击可以看作是采用人海战术的群体行为，而不是传统意义上的植入代理程序发起攻击的技术。

虽然大部分DDoS攻击是针对政府系统的，但是其他宗教权力机构和文化机构等强势机构也会成为攻击对象。具体的像独立媒体机构和人权机构，对它们实施DDoS攻击是为了让它们"闭嘴"。[22]此类攻击带有强烈政治色彩，是对在这些平台上公开发布的不同政见声音的舆论镇压。与为了一个用户而攻击整个推特网站一样，其他一些作为网络公共舆论环境组成部分的内容发布平台也同样是拒绝服务攻击的目标。

此外，还有一些拒绝服务攻击是针对私营企业的。维基解密发布后，美国外交电文、媒体记者、政客都在讨论维基解密公开的内容以及这些内容是否应该公开。在讨论的同时，DDoS攻击也同步启动了。万事达卡面向公众的主要站点被迫中断服务，维萨卡的网站则间歇式地无法访问。

亚马逊和支付宝均受到波及。[23]松散的黑客组织"匿名者"是这一系列攻击事件的始作俑者，这些被攻击的网站在所谓的密电门事件一个月后终止了对维基解密的技术和商业服务。当然，维基解密自己的网站也同样遭受了 DDoS 攻击。

排除动机，DDoS 攻击是一个常用的发表不同政见或者让对方"闭嘴"的手段。因为这些攻击会造成整个网站平台瘫痪或者使得部分网段无法访问，所以它们还会附带地严重损害言论自由、网络的正常通信和正常交易。在世界上的很多国家，法律都明确禁止 DDoS 攻击。例如在美国，《计算机欺诈和滥用法案》就是一部主要用于起诉拒绝服务攻击及其他计算机相关犯罪的法律。[24]

互联网安全为国家安全"代言"

互联网安全治理和国家安全在许多方面是相互交叉、不可分割的。首先，政府的基本功能需要依赖信息通信技术和互联网。政府部门内部的通信，例如联邦机构间的文件共享和电子邮件通信都是使用 TCP/IP 相关技术，并使用互联网或者连接互联网的局域网进行传输的。政府与民众之间的通信则在更大程度上依赖互联网技术和网络连接。公民能够在家中访问政府信息网站下载行政管理相关表格或者填写电子报税单，不仅便捷了民众，政府也从中受益。一项网络调查显示，（美国）接近一半的互联网用户会登录政府门户网站查询公共管理政策相关信息或者下载行政管理相关表格。[25]电子政务这些日常服务都需要保障连接和数据的安全，有些情况下还需要对用户进行鉴权。

安全隐患无处不在，如果因网络原因致使服务中断，政府基本职能会无法正常运转，民众会丧失对政府的信心，从而引起国家安全危机。

2009年7月美国和韩国的政府网站同时遭到了网络攻击。[26]据报告，包括美国联邦航空管理局、联邦贸易委员会和国土安全部在内的政府网站成为了攻击目标。这些网络攻击均属于DDoS攻击，如前所述，这是一种常见的攻击类型，也是包括政府网站在内的知名网站面临的常见问题。基本上各国政府都拥有至少一个安全机构去应对和解决互联网安全问题。例如，爱沙尼亚DDoS攻击事件之后，北约宣布在塔林建立"网络防御合作中心"。[27]

可以说，保护国家安全也包括保护关键基础设施的安全，包括污水处理设施、核电站、交通运输系统、医疗网络以及电力网络。控制这些关键基础设施的计算机系统存在大量的互联网接口，一直是潜在的攻击目标。例如，对银行系统和污水处理系统发动网络攻击，致使系统瘫痪或异常的后果可能会引起全国范围内的忧虑和恐慌，在许多方面，堪比传统战争。

最终，常规战争将在线上线下同时进行，互联网安全和国家安全已经紧密联系在一起了。可以说互联网安全治理的这个领域完全归属于国家政府，而不是国家合作或全球性的组织机构，而且这个领域以技术快速变革著称，并得到了政府的高度重视和大力支持。[28]

一些国家政府会制定网络战争的战略和政策，并对军队人员开展网络战相关技术的培训。其中有些是防御技术——如何在战争期间保护数据与通信安全，或者如何监视恐怖主义活动和收集情报。然而培训更多的是聚焦于攻击技术，例如如何利用漏洞实施网络在线打击，释放破坏性病毒代码。

互联网的历史一直是一段循环记述网络崩溃、安全漏洞或结构性瘫痪的历史。自1990年代初发明万维网，互联网治理领域充斥着错误的预言，但这未必是坏事。1995 年，以太网之父罗伯特·梅特卡夫（Robert Metcalfe）在为科技杂志 *InfoWorld* 拟写的专栏"来自以太网"中预测"互联网很快就将出现爆炸式增长，并在 1996 年遭遇灾难性瓦解"。[29]作为以太网的发明人和当时著名的网络设备公司 3Com 的创始人，梅特卡夫是一位受人尊敬的技术专家和思想领袖，他对互联网稳定性的担忧引起了媒体及整个互联网行业的高度重视。然而，春去秋来，1996 年已经结束了，也没有出现任何重大断网事件。梅特卡夫在之后的一次产业会议上喝下了一杯盛满他专栏纸碎片的水，承认了自己预言的错误。

互联网安全治理无疑是互联网治理中最成功的领域，因为即使存在广为认知的安全漏洞，互联网从整体来看依然运转良好。曾经，在安全防护和破坏性病毒代码之间，天平是向安全防护倾斜的。但是随着各国政府加大对网络战工具的支持和投资，未来互联网安全治理工作能否继续保持成功，还有待时间的考验。

第 5 章

互联网核心网的治理

互联网不仅有一个物理的架构，还有一个虚拟的架构。目前互联网热炒的云计算概念，将互联网描绘为一个超越了实体、像"云"一样空灵和虚拟的空间，这对认识互联网架构的本质帮了一个倒忙。即使公共政策关注点由物理网络架构直接决定，但是公共政策依然只聚焦于基础设施非常小的一部分——网络接入和"最后一公里"，即从家庭网络连接到互联网的宽带接入部分，以及智能终端连接到电信网络的无线接入部分。第 6 章将论述这些本地接入问题，本章主要讨论互联网核心网设施的监管问题，这些设施包括一系列的网络和互连点，它们共同构成了互联网全球骨干网。

显然，互联网并非只有一个"核心"。互联网是由通过互联网协议相互连接的大量网络组成的集合，这些网络由不同的公司运营，它们通过双边协议或共享交换点的方式实现连接，进而形成全球互联网。这些网络集合在技术上称作自治域，自治域有一个实体架构，同时逻辑上定义了互联网全局路由表，列出了所有互联网地址前缀和到达这些地址的可用路径。不同自治域之间交换数据包所使用的互连技术和商业协议虽然远离公众视线，但却是互联网监管的关键环节。

互连协议通常是网络提供商、大的内容公司以及内容分发网络之间的私有协议。本章的目的是解释这些网络之间的互连架构和市场生态，并简述一些与互连有关的全局策略。

第一节介绍了自治域（AS）和互联网交换点（IXPs）。首先描述了互连的各类网络，它们相互连接共同形成了全球互联网。此外，还描述了边界网关协议如何创建标准的技术基础，基于此引入互联网交换点，多个网络通过共享物理位置实现数据包的交换，最终使不同运营商的互连得以实现。第二节审视了互连的经济学，阐述了运营互联网的各主体之间不同类型的互连协议安排。结论部分呈现了一些互联交换中心的互联政策情境，包括：单个市场激励与技术效率的优先次序；IXP 的非均匀分布以及新兴市场上互连的挑战；将互连节点作为政府审查的控制点而导致的服务中断以及因对等纠纷引发的网络瘫痪。本章展望了对互连互通进行管理的全球性努力，这一议题在本书的结论部分更直接地作为一个开放性命题提出。

自治域和互联网交换点——互联网骨干网

网络运营商面临的内在群体行为问题比许多竞争行业更为严重。任何网络运营商要想成功，必须为了用户而公开竞争，同时私下达成协议实现相互合作和互连互通，并且处理来自竞争对手用户产生的流量。在"前互联网"时代，这些网络都是自治的数据网络，相互之间几乎没有联系。由于运营商使用标准协议互连，承载对方的流量，提供充分的可靠性和服务质量保障，全球互联网开始运转起来。在解决这些网络的互连互通之前，这部分针对组成全球互联网的各种类型网络提供了一些背景介绍。

网络运营商的演进

网络运营商互连的方式取决于各自的网络特征，包括地理上的可达性、业务流量、公司现有互连策略等。互联网是电信企业、内容服务提供商、内容分发网络（CDN）运营商等运营的独立 IP 网络集合。这类企业包括 AT&T、英国电信、康卡斯特、韩国电信、威瑞森以及上百个其他的电信企业、大的内容提供商（例如脸书、谷歌）、内容分发网络运营商（比如阿克迈）。内容服务提供商通常运营着它们庞大的网络，在全球多个节点与其他的运营商实现连接。内容服务提供商和 CDN 运营商运营的高速网络也是全球互联网的重要部分。

通常情况下，这些网络运营着成百上千英里的传输设施，包括陆地光纤、微波系统、海底光缆、卫星链路和传统的双绞线电缆。这些骨干网设施聚合了互联网流量，传输速率高达 40Gbps 以上（比如 OC- 768 光纤传输）。

从历史上看，网络运营商曾被分成了 Tier 1、Tier 2 和 Tier 3 三个级别，这些术语不仅用于分类，而且有其发展历史。但是这种分类方式过分强调了网络的层级关系，在实际中互联网的联通状况更加凌乱、复杂和扁平化。然而，这些不同类别的网络仅显示出这些网络的可达范围以及与其他网络连接的方式。

Tier 1 网络是指通过对等协议可互连到其他任何网络的运营商的统称。换言之，Tier 1 网络通常不用为互连支付费用，但是需要在互连点与其他的 Tier 1 网络互换用户流量。借助一些例外条款，这些企业不用向任何机构支付费用便可到达全球互联网的任何部分。它们经由互相认同的协议连接到对等节点，或者直接连接到它们客户网络中（包括其他小的网络），而这些客户却需要向它们支付费用后才能连接到全球互联网。通过对等互连的方式，它们可以获得互联网的整个路由表。由于历史原因，CDN 运营商和互联网运营商之间的信息不对称，尽管有一些直接与几乎所有的 Tier 1 网络运营商连接，但在传统上没被认为是 Tier 1 网络。

传统意义上的 Tier 1 网络提供商，仅仅通过签署对等协议即可达全球互联网的任何部分而不用支付任何传输费用，这其实掩饰了互联互通的复杂度。例如，一个满足上述 Tier 1 网络定义的运营商通常是一些规模较大的三级运营商，其与德国电信、Sprint、日本电报电话公司、塔塔通信、Tinet SpA 等大企业对等连接，不需要向网络提供者支付任何传输费用，同时向大量的网络运营商出售互联网传输服务。[1]实际上，所有较大的全球化公司，像 AT&T、日本电报电话公司、威瑞森等通常都被看作是 Tier 1 网络。[2]

Tier 1 网络提供商更一般的定义是，除了严格地不为互连支付任何费用，以及能够获得完整的全球互联网路由表外，还包括其他的一些特征，如：业务流量及全球分布情况；对国际光缆或者跨洋海底光缆的控制能力；多个大洲的对等部署控制能力；对多个自治域的控制能力等。下面将详细描述。

传统上 Tier 2 网络这个概念是用来描述一个网络运营商或者内容分发网络的，这类网络运营商致力于一些对等部署，同时从其他公司购买传输连接来实现全球互联网的可达。通常这类网络运营商是行业里的巨头，拥有可达远端节点的高速网络，但是为了在全球某些地区的网络可达，需要购买一些传输链路。Tier 3 网络传统上是指网络系统末端（stub）的网络运营商或者内容提供商，它们不会像其他网络一样出售链路，而是向其他网络运营商购买传输链路，以实现对全球互联网的可达。

Tier 3 网络通常包括一些规模较小的 ISP，它们转售大型互联网运营商的传输线路，或者提供网站托管服务（或其他内容分发网络），在服务过程中通过购买 Tier 1 和 Tier 2 的传输线路可接入全球互联网。图 5—1 提供了一个从较高层面呈现的 Tier 1、Tier 2 和 Tier 3 网络运营商的关系图。

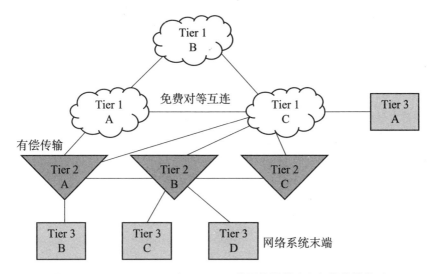

图 5—1　Tier 1、Tier 2 和 Tier 3 三类网络提供商之间的传统关系

分级部署这个术语传达的不再是互连互通如何实现这层意思，因为分级部署基于旧的流量工程，以端点间流量相对对称为前提，而且是以接入为基础的商业模式构建的经济体系。现阶段，流量和业务的货币化已经转移到带宽需求量较大的媒体内容下载和以在线广告为基础的商业模式上。曾被认为购买传输链路的 Tier 3，因为其贴近用户的内在价值以及具备直接将内容与用户连接起来的能力，对对等连接甚至对等连接的支付模式将起到越来越大的作用。

内容网络

CDN 是为内容多节点复制和全球分发而设计的网络，它可以将离用户更近的内容分发给用户。其他的关于内容分发的传统互联网术语包含"互联网网页副本"和"缓存"。[3]CDN 是继传统电信企业、无线业务企业、电报企业、ISP 等之后的一个新的互联网企业类型。它们运营大规模的 IP 网络，在全球范围内开展内容分发业务，并将业务在互联网交换点连接到全球互联网上。CDN 监控着成千上万个服务器上的流量，使用优化算法来执行跨域的流量负载均衡。这些网络流量优化基于大量的可变宽带消费、服务器处理能力和存储要求，它们实时统计全球范围内的内容接入模式，并提供给客户。

整个 CDN 产业的发展伴随着商业机构和个人开放使用互联网的十年而发展壮大。[4]举个例子，阿克迈是一个规模较大的 CDN，其客户包括了NBC、雅虎和相当比例的大型内容服务提供商。作为具有代表性、处于领导地位的 CDN 企业，阿克迈拥有接近 100 000 个服务器，分布在 71 个国家和地区的超过 1 900 个网络上，并为几乎所有的门户网站和全球排名前 20 的电子商务网站提供服务。[5]大的电信公司也提供内容分发业务，但只是将其作为向顾客销售的附加产品。

设计 CDN 网络的初衷是用来解决以下几个问题的：应对在线视频、音频和多媒体内容以及信息的突发访问。在突发访问期间，大批用户同时下载相同的内容。在一些情况下，这个内容只是文化现象，比如网上流传很广的视频。在另外一些情况下，内容可能是在线的关于恐怖行为或者自然灾害报道的新闻网站，或者是预报飓风马上就要到来的天气网站，或者还可能是向顾客出售产品和服务的互联网商务网站。无论以上哪种情况，都是一个对在线内容的突发性访问量升级，这个突发性访问量会冲垮按照日常访问量或者平均值优化设置的服务器。因此，将信息备份（镜像）在全球的分布式服务器上可以应对以上的问题。CDN 技术就是对这些分布式服务器和链路上的流量进行负载均衡，而不是将内容存放在集中式的信息存储服务器上。

原来要获取远端的多媒体信息，必须经过多跳才能到达目的地，而CDN 可以减少时延同时增强用户体验。CDN 通过使存储的信息更加靠近用户，从而消除了很多网络性能方面的问题，使得用户可以更快、更稳定地获取数字内容，同时还可获得更高的可感知的用户服务质量。

谷歌这类面向内容服务的公司，运营着数量庞大的私有网络，这些网络在互连点直接接入互联网基础设施。以谷歌的 YouTube 网站为代表的、拥有大量的带宽的内容公司，在全球各地分布的服务器上复制信息比将信息存储在单个集中式的服务器上具有更高的技术效率。因为信息固有的冗余，内容分发提供了更高的传送可靠性，同时因为内容被推送到互联网的边缘，更靠近用户，因此可确保更低的延时。

自治域和互连互通中 BGP 的角色

那些相互连接形成全球互连的网络被称为自治域。通常来讲，自治域是电信企业、ISP、CDN 运营商、有大量流出流量的内容提供商（谷歌、雅虎）以及政府机构等大型组织运营的网络系统。自治域在技术上更精确地被描述为一个由路由域，即电信企业等实体管理的路由器集合。换句话说，每一个 AS 管理着一个 IP 地址集合，这个地址集合要么存在于该域中，要么存在于支付传输费用的实体运营的域中。就像第 2 章讨论的，每一个 AS 都有一个专门的编号。到 2012 年为止，RIRs 已经分配了大约 58 000 个自治域号，而 RIRs 是接收从 IANA 分配过来的自治域号。[6]

并不是每个网络都是一个自治域。一个关键的特征定义是它连接到相关的网络上时表现出一个固定的路由策略。就像互联网工程师在历史上曾经定义过的一样，"一个自治域就是一个或多个 IP 前缀的互连组，每个 IP 前缀被一个或者多个网络运营商运营，并具有唯一、清晰定义的路由策略"[7]。

自治域对路由在互联网上如何运转极其重要。路由协议是标准的技术规范，指导路由器如何互连并交互信息。每个自治域使用一个内部路由协议或者称之为内部网关协议，在域内对所有网络实现通信路由信息的交互。在自治域内每一个路由器利用内部网关协议来计算如何将数据包路由到最佳的下一个路由器（或者下一跳），以实现在域内将数据包转发到目的地。

外部路由协议规定了自治域之间如何进行路由。所有的互联网自治域之间的互连都由边界网关协议（BGP）完成。从这个意义上来说，BGP 像互联网协议一样，是保持互联网正常运行的核心技术之一。BGP 是自治域之间路由信息的事实标准。因为 BGP 不会被终端用户直接使用，所以没有 IP 和 HTTP 协议那样被人们所熟知，但却被全球互联网使用。BGP 最重要的功能有时候被称为 AS 间路由。相邻的自治域通常在第一次互连时会互换一份完整的各自控制的域内路由信息表，之后仅当有路由信息发生改变时，才会将更新的路由信息发送给对方。

BGP 基本的功能是允许网络就"可达性"交换信息，即确定每个自治域可到达哪个系统。从这个意义上说，BGP 是一个域间的路由标准。当前的版本为 BGP-4，从 2006 年开始生效，并且在 RFC 4271 存档（题目为"一个边界网关协议（BGP-4）"[4]）。

互联网交换点的演变

物理网络的互连是通过运营商网络设施直接进行连接或通过共享的

互联网交换点实现的。目前越来越多地采用后一种互连方式。IXP 是不同公司骨干中继物理互连点，通过在 IXP 上交换数据包，实现将数据包路由到正确的目的地。如果将互联网看作云，有时会混淆这样的现实，即互联网交换机是位于建筑物内的，需要空调、架空地板等特殊机房环境。IXP 是物理与虚拟相结合的室内基础设施。

历史上，IXP 又被称为网络接入点（NAP）、商业互联网交换点（CIXs）、城域交换（MAE）等。对 IXP 命名起源的了解可以解释为什么在美国 IXP 会使用 MAE-EAST 和 MAE-WEST 等名称，而在智利则使用 NAP. cl。互联网最初的 NAP 都在美国。

第一个商业性的 IXP 于 1993 年建立，当时美国国家科学基金会开始将 NSFNET 设施私有化，并且建立了最初的四个交换点，当时由四家公司来运营，分别为 Ameritech、MFS、Pacific Bell 和 Sprint。[8] 1994 年，伦敦互联网交换中心（LINX）建立，它最初的交换机已经成为伦敦科学博物馆里的一个展示品。经过 20 年的发展，这类交换点的数量从最初比较分散的几个发展到部署在全球范围内的 100 多个。

许多运营 IXP 的组织为非营利组织，其基本使命是推动信息交互不受限制。世界上最大的 IXP 之一（至少从峰值吞吐量上看），是位于法兰克福的德国商业互联网交换中心（DE-CIX）。DE-CIX 于 1995 年建立，由非营利组织"互联网产业协会"拥有。为了达到规模效应，DE-CIX 连接着 450 多个互联网服务商，包括内容分发网络、网站代理服务商以及互联网服务提供商等，例如，谷歌、Sprint、Level 3、Ustream 以及雅虎等都是通过 DE-CIX 互相连接的。[9] 一个 IXP 不一定在一个楼宇中，可以在一个城市或者一个地区不同的数据中心布置高速交换机，然后用高速光纤环将这些交换机连接起来。一个逻辑上的 IXP 可能在物理上是分布式的。例如，在法兰克福提供对等互连服务的 DE-CIX 连接着整个城市 10 多个数据中心。与此相类似，阿姆斯特丹的 IXP（AMS-IX）运营着阿姆斯特丹 8 个数据中心。

为了清晰描述出通过一个大型 IXP 实现连接的各类组织的类型，以下列出了部分连接到伦敦互联网交换中心的成员公司[10]：

- Facebook

- Google

- AboveNet

- AT&T Global Network Services

- BBC

- British Telecommunications

- Telecity Group UK

- UPC Broadband

- Clara Net

- Telstra International

- France Telecom

- Global Crossing

- Packet Clearing House

- Renesys

- RIPE NCC

- Akamai

- Cable & Wireless

- XO Communications

- Limelight Networks

- China Telecom

- Turk Telecom

- Tata Communications

连接 IXP 公司类别的多元化，进一步说明了互连互通的扁平性，直接连接到终端用户的内容服务提供商和"眼球企业"不再是互连层级的最底层，而是在交换点直接与网络运营商实现互连。对于一个带宽消耗庞大的业务，将信息复制到世界各地的服务器上比在部分节点上集中存储要有效得多。

为了成为 IXP 的成员，一个公司需要支付一定的会员费用，而且必须满足一定的技术水平、具有相关管理经验和必备的法律要求。比如，伦敦互联网交换中心要求具备会员资格的企业应该是法律上认可的机构或法人实体；具有 RIR 分配的 ASN；拥有连接到 LINX 传输路由器上的自治域；对等节点使用 BGP－4 协议。[11] IXP 收取的费用，包括进入 IXP 联盟的资格费用（比如，对于较大的 DE-CIX 企业成员每年约 2 500 欧元），以及私有互连和公共对等服务每月支付的常规性费用。

连接到一个 IXP 上的任一网络在技术上可以实现与该 IXP 连接的所有其他网络的互连，尽管它们没有义务这样做。除了与 IXP 的连接部署外，每个独立的网络可以选择与其他企业进行对等互连，可以相互不支付费用（比较典型的是两个规模类似的网络之间），也可以通过谈判达成费用协议，例如向一个网络收取流量交换费用。

全球互联网互连互通的经济学

互联网络运营商之间的协议是私有的契约安排。对互连进行监管的全球建议曾遇到过巨大的争议，因为这部分的互联网设施受市场驱动，双方自愿谈判达成合作意向。互连双方通过合同约定，业务提供商的网络之间通过高速光纤连接到共享的或者私有的交换设备上，实现信息的无缝流通。互连协议在历史上分为两个主要的私有合同类型：对等和传输。在21世纪初，这些协议变得非常复杂和混乱。[12]下面的章节将描述不同类型的互连协议，包括不涉及财务来往的对等互连协议以及需要经济补偿的互连协议。

免结算互连

完全对等的互连协议，通常被称为免结算互连，是指运营商实现互连时都不需要向对方支付费用，是相互都获益的一种协议安排。对于对等，最纯粹的理解是产生于一个网络上而终止于对等网络的信息交换。自愿的私有对等协议允许网络提供商共担交换节点的成本，而且做出可靠性和时延等服务质量承诺。此外，为了使信息能从一个骨干网交换到另一个网络，物理上的连接是必要的，而且交换需要使用通用的协议，比如 BGP-4。

Tier 1 网络运营商，通常与其他的 Tier 1 网络运营商对等互连，可到达互联网的任何地方，因此在理论上持有整个互联网路由表。规模较大的面向全球的网络运营商不是能够进行对等互连的唯一网络类型。任何两个 ISP 都可以通过谈判达成私有协议来实现互连和信息直接交换。

目前尚无标准的互连协议模式，有些互连通过正式的合同，有些互连仅仅是公司技术人员之间的口头协议。[13]正式的合同为数据包交换提供了实施条件，同时也规定了对等协议终止条件。

对等协议的达成具有明显的经济技术基础。网络运营商通常需要大量互连点以连接到全球互联网上，向其用户提供充足的服务和为其网络维持足够的冗余、网络容量和网络性能保障，但是一旦这些需求满足了，对于规模较大的公司来讲，为了最优化自身利益，希望免结算对等节点尽量少，而留出更多的空间给付费的传输互连协议。

AT&T 就是一个规模较大的网络提供商的例子，它与其他大规模运营商通过免结算对等协议实现互连。AT&T 制定了一套与其达成自愿同意免结算对等协议的管理要求。相应地，为与其他网络运营商对等互连，AT&T 网络需要包含多个自治域。这在一定程度上解释了为什么 AT&T 持续通过并购等方式在规模和地理范围上不断扩展其网络。例如，AT&T 的 AS7132 从前是与 SBC 互联网骨干网相连的。[14]AT&T 现在已经不再为那个系统接纳新的对等节点，但是下面的这些自治域仍然存在接纳新的对等节点的可能性[15]：

- AS7018：可用于在美国私有对等互连
- AS2685：可用于在加拿大境内区域内对等互连
- AS2686：可用于在欧洲、中东、非洲区域内对等互连
- AS2687：可用于在亚太地区区域内对等互连
- AS2688：可用于在拉丁美洲区域内对等互连

一个希望与 AT&T 网络对等互连网络提供商应该书面提交含有技术性细节的需求说明，包括：ASN 和网络服务的 IP 地址前缀清单；

网络的覆盖范围，即网络是全国性的还是区域性的；如果是区域性的，列出该网络所支持的国家；网络连接的 IXP 清单；网络承载的流量类型信息等。

例如，为了实现与 AT&T 的美国网络 AS7018 的连接，AT&T 列出了非常详细的对等连接要求，涉及技术细节、地理覆盖范围、在全球的连接情况、与其他网络运营商的组织关系等。表 5—1 对这些要求进行了总结。

表 5—1　　　　　　　　　　与 AS7018 对等互连需求清单

（一）IP 骨干网的技术方面需求	
1	骨干网传输速度原则上达到 OC192 （10Gbps） 以上
2	骨干网必须互连到位于 2 个不同大洲的非美国对等互连节点
3	网络必须同意在美国 3 个境内节点互连到 AT&T 上
4	互联点带宽必须至少达到 10Gbps
（二）运营和商业方面需求	
1	对等节点必须维持 7～24 个网络运营中心
2	对等节点必须同意合作解决安全攻击和运营问题
3	AS7018 的客户可以不同时是免结算对等节点
4	对等节点拥有者必须财务稳定
（三）业务流量需求	
1	从 AS7018 流入流出的美国平均流量在每个月最高峰时必须至少达到 7Gbps
2	对等网络和 AT&T 之间的流量比率必须平衡
3	对等节点间有一个较低的峰均比，峰均比不能超过 2:1
（四）路由需求	
1	对等节点必须在互联网节点公布一组几乎不变的路径
2	对等节点可以不公布第三方的路径，只公布对等节点和这些节点的客户的路径
3	对等节点必须不能有滥用行为，比如以广告为目的向目的地转发流量

很多网络运营商的对等互连要求并不对外公开，而是通过保密协议进行约定。那些决定公开它们要求的公司，其对等互连标准在很多方面与 AT&T 的非常相似，甚至使用非常相近的语言来描述。当然，每个网络运营商对等协议也不尽相同。

康卡斯特公司的免结算互连要求连接至少 4 个互相认可的互连点。同时，要求欲进行对等互连的候选者，在启动进一步的对等互连协议正式商业谈判之前，需要签署一份保密协议，而且在正式接受对等协议之前有 90 天的互连试行期。[16]

威瑞森公司运营多个自治域，包括 AS701（威瑞森商业——美国）、AS702（威瑞森商业——欧洲）和 AS703（威瑞森商业——亚太）。为了与威瑞森免结算对等互连，网络运营商必须"在以下 8 个地理区域拥有一个骨干节点：东北地区、中大西洋地区、东南地区、北部中央地区、西南中部地区、西北地区、中太平洋地区、西南地区"[17]。威瑞森还进一步要求申请免结算的网络运营商接受保密协议。

研究对比大量公开的对等协议策略有助于呈现全球范围内的对等协议的基本特征。无论潜在对等点是否有资格在申请节点符合标准需求的情况下成为免结算互连点，都无法保证任何对等点的需求都可以被接受。正如 AT&T 免结算对等点方案所述的"满足前面设立的总体原则并不是确保对等连接关系确立。AT&T 还将评估一系列经济因素，并保留与其他合格的申请者签署协议的权利"[18]。

事实上，一个规模较大的网络运营商出于自身利益考虑，通常不追求签署更多的免结算对等协议，因为每一个潜在的对等连接的合作者也同时可能是其潜在的（或者已经是）传输服务客户。这些客户通常是有偿互联网接入服务提供商。正如康卡斯特免结算互连策略所声明的："作为康卡斯特 IP 服务客户的网络（自治域）并不必然成为康卡斯特的免结算对等网络。"[19]另外一个现象是，一个网络运营商对另一个网络运营商的对等请求做出回应并不确保具有明确的时间表。达成对等协议的网络运营商，如果合同中双方约定的标准（如流量、服务质量）在运营中未得到满足，将保留在未来任何时间内终止该协议的权利。

内容分发网络和规模较大的内容公司同时也是互联网对等互连蓝图里主要的参与者之一。规模较大的内容服务提供商运营自己的自治域并参与对等互连协议。比如，谷歌管理着大量的 ASN，例如 SA6040、AS43515 和 AS3656 等。与传统网络运营商对等互连的内容分发网络有着非常复杂的对等协议安排，例如，因为来自 CDN 信息流的非对称性，有时候是签署基于结算的对等互连协议。

基于有偿结算的互连

有偿互连通常需要一个网络运营商向另外一个网络运营商支付费用。如果网络之间的业务流量是非对称的，即一个网络的负荷和另外一个网络的负荷不成比例，这种情况下互惠的对等互连在经济上不是最优的。因此，两个网络运营商通常会达成双边的流量交换协议，一方向另一方支付互连费用。不论是网络流量多的一方向流量少的一方付费，还是相反，在实践中都不是固定不变的，而是根据实际情况变化的。例如，与终端用户连接的移动网络或者家庭宽带网，试图要求引发用户下载内容的网络为流量较少的网络付费。不管私有的协议是如何协商的，这些为了对等互连制定的收费协议通常被称为有偿结算对等互连。

对等协议涉及产生于一个网络且终结于对等网络的信息交换，传输协议涉及一个网络向另一个网络付费以实现互连或者到达整个互联网（或者整个互联网的某个子网）。传输协议本质上来说是一个付费财务协议。通过传输协议收费的网络提供商需要执行两项职能，其一是向互联网发布付费网络控制的所有路由前缀。换言之，告诉全球互联网到哪里去定位这些路由前缀。另一个是交换所有来自或去往付费传输方的所有信息。这本质上是给互联网的剩余部分提供了一个网关。"完全传输"是指付费网络可达整个互联网的能力，这种能力要么是自身具备的，要么是通过购买其他提供商的传输服务实现的。"部分传输"是指对互联网某些区域的可达能力。事实上，这两种定义之间并不是严格区分的。传输协议有助于优化互联网拓扑结构和网络容量，因为其为规模较大的网络运营商在需求增长时及时扩容提供了有效的市场激励。

互联网交换中心的公共政策隐忧

互连互通协议对于私有化的互联网治理来说是一个不公开的领域。目前针对这一领域的法律法规、监管规则非常少，而且私有协议的透明度也较低。不像传统的电信网络，其互连发展过程受国家管制职能的严格控制，而互联网的互连发展很少受到政府的监管。

无论是经过私有的双边协议还是通过交换点，互联网核心部分的互连互通作为一个重要的技术性功能，将个体的、私有的运营网络连接到全球互联网。正如本部分所述，通过虚拟的或物理的网络设施，以及网络运营商、ISP、有线电视公司、大的内容服务提供商和 CDN 之间的市场协议，这种互连互通变得具有可行性。实现互连互通的技术性驱动因素包括交换和路由设备、ASN 统一虚拟资源分配，以及核心网络外部路由标准 BGP-4。实现互连互通的市场协议安排包括双边对等连接、有偿对等连接，以及完全或部分传输协议。

对互连互通的选择并不仅取决于技术和市场方面的协议安排，还包括各种公共利益。本部分描述了互联网核心部分几个公共利益关注点，包括：单一市场刺激与技术效率之间的优先级；IXP 的不均匀分布及其对新兴市场互连的挑战；因对等纠纷或政府管制等原因将互连点作为互联网服务中断或控制的环节。

市场激励与技术效率

互连是一个像谜一样的过程。企业在单个市场决策时自然而然地寻求个体利益最优化，并且确保技术冗余，当这些实现了个体利益最优化的网络相互连接时并不必然实现整体网络的最优化。

全球互连的整体蓝图并不是基于如何使用全球流量技术来优化互连点分布的自上而下的视图。单个网络运营商和内容分发商做出商业决策时以满足其客户的特定技术需求为目标，同时最小化它们所付出的互连成本，如果可能，也希望通过获取互连费用实现利润最优化。

主导网络运营商一旦通过建立充足的对等协议满足其客户可达互联网任何地方的服务要求，并且具有可接受的时延、冗余、足够低的数据交换成本时，它们就没有足够的动力增加对等协议。经济上，它们倾向于限制对等互连的政策，并且追求更多的网络传输协议以获得互连收益。

第一批全球性主导运营商对新兴网络运营商在对等互连中采取压制性政策时，它们通常宣称是为了发展市场，市场新进入者通常被其视为潜在客户。规模较大的网络运营商的商业模式是基于它们收取互连费用的能力而建立的。互连的稀缺性不仅影响了经济竞争和网络定价，同时意味着互联网的互连架构可以基于现有的价格策略运行，而不是整体的市场效率或者技术上的便利。这也对规模较大的内容分发网络在一些地区提供区域性服务造成了压制。

这种激励结构为规模较大的主导运营商尽可能多地连接小型和新兴运营商提供了激励，但是连接时是作为传输客户而不是免结算对等互连的伙伴。

这种现象表面上将提供大量的网络冗余和路由的技术多样性。但实际情况并非如此，尽管大型主导运营商在经济上有动力尽可能多地和新兴小规模网络提供商签订传输协议，而这些小的网络提供商得到的是相反的激励，即在满足可达性和网络冗余的情况下，尽量少地与需要有偿结算的运营商互连。

在传统的互联网互连的层级架构下，Tier 1 网络通常在网络的最顶层，但实际上并不总是如此。内容提供商和层级较低的网络运营商有时候使用对等规避技术，使得它们的网络节点尽可能多地对等互连（不需要结算费用），并且尽可能少地与 Tier 1 网络连接，以实现传输费用的最小化。互联网行业有时候将这个称为"闭环互联网"或者"闭环对等"。[20] 这里回忆一下 Tier 2 的定义，它是一个与其他的 Tier 2 网络提供商对等互连，并且通过购买 IP 传送到达全球互联网的某些部分。许多这样的网络提供商，如有线电视网络公司和中小型 ISP 接入商，在地理上位于网络边缘，即靠近互联网用户。这些网络拥有大量的互联网用户，因此有动力通过与 Tier 1 网络签署传输协议而实现其传输流量的最小化。

流量优化可能会促使 Tier 2 网络运营商跟多个 Tier 1 网络连接，但是 Tier 2 网络做出互连决定并不仅仅基于流量工程和最小跳数，同时也要考虑成本最小。例如，虽然它们更倾向于围绕 Tier 1 网络实现互连互通，而不是通过和其他小规模的网络对等互连来传送数据包。但是在实际中，根据数据包的目的地，通过与 Tier 2 网络连接的路由也有可能是最短路径。

互联网互连互通受传输成本的影响。Tier 2 网络通常尽可能多地与其他 Tier 2 网络实现免结算对等互连，同时尽可能少地与 Tier 1 网络提供商签署传输协议。实际上，互联网核心基础设施的网络设计是基于单个网络的商业模式最优化，而不是以全球网络冗余、效率和可靠性等整体技术价值观为原则。

新兴市场的网络互连挑战

本章已经解释了互联网交换点是什么，但是还没有提及它们在哪里部署。尽管 IXP 在全球范围内增长迅速，但由于所有的网络最初接入点都在美国，所以很多国家仍旧在其地域范围内没有 IXP。成百上千个 IXP 集中在一些特定地区，比如欧洲和北美。在没有 IXP 的国家，虽然通过双边协议两个运营商之间可以实现互连，但不是通过 IXP 实现的。由于在一个国家内连接着国内的网络运营商，因此 IXP 是一个国家的互联网关键基础设施，同时也是这个国家外部网络的信息网关。"缩小数字鸿沟"的努力只聚焦到最后一公里的接入或者海底光缆，而没有将注意力放在互联网核心部分的地缘政治上。

世界上一半的国家甚至没有运营一个简单的 IXP。图 5—2 是以非洲大陆为例，描述了隶属于联合国的非洲大陆约 61% 的国家与其邻近国家不使用 IXP，31% 的国家只使用 1 个简单的 IXP，仅有 4 个国家拥有 1 个以上 IXP。总体来讲，非洲国家的交换点数量少于 40 个。换个角度来说，澳大利亚、巴西、法国、德国、俄罗斯、英国以及美国每个国家都有 10 个以上 IXP。

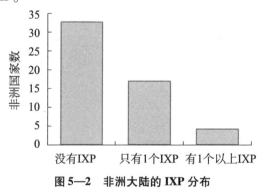

图 5—2　非洲大陆的 IXP 分布

资料来源：源于 2012 年 1 月 1 日之前的权威数据。

　　非洲铺设了与欧洲互连的海底光缆，大大完善了国际光纤骨干网，是非洲互联网发展的一大进步。但是，互联网协会区域发展执行官指出，绝大多数诸如此类的基础网络建设并没有使非洲各个国家互连，"尽管非洲国家的网络建设大量增加，但大多数邻近国家之间的数据互通是需要先连接到欧洲再连回非洲"[21]。这种 IXP 匮乏的状况不仅存在于非洲，世界近半数的国家都没有 IXP。一个不拥有 IXP 的国家往往会产生政治、技术、经济上的诸多问题。IXP 使国内外网络实现有效连接，而且它既是网络交换的起点也是终点。这种国内和地区间的互通并不是固定的，在一些情况下，信息的起点和终点并不完全是在国内网络之间传递，而是传递到邻近国家后再传回国内。当本地信息传递需要通过他国转接，将会降低技术效率并增加不必要的传输时延。

　　用国外的 IXP 在本地传输也会带来经济负担。据互联网协会统计，拥有 IXP 可以节省 20% 以上的话费并将本地传输速度提高数十倍。[22] 在国内建立 IXP 的一个好处就是提高市场的有效性，为该国互联网用户节省费用。IXP 使网络流量在本国内传输比经过周边国家中转更有效，国内传输是所有网络传输的重要组成部分。然而，通过 IXP 实现国内外的数据传输并不是技术问题或经济问题。

　　需要注意的是，拥有一个 IXP 并不意味着可实现国内传输和免结算对等互连。即便有些地方有多个 IXP 可供选择，但对等互连也是比较困难的，因为国家主导网络运营商会向其他网络运营商收取较高的传输费用。因此，在一些情况下，小企业会选择从欧洲连接网络而不是选择国内网络。

　　从政治的层面来说，一个国家应制定国家基础设施保护应急措施，应对国际网络或国外 IXP 连接中断所导致的没有 IXP 连接的突发情况。

国际电缆很容易被中断，有物理中断，比如一艘船抛锚就可以切断海底光缆；逻辑中断，比如国外 IXP 发生故障，或者因为制度层面上的中断，如一些国家因为政治因素等对依赖该国 IXP 的国家进行制裁。

这些网络中断，对于没有 IXP 的国家来说，不仅中断了该国网络运营商的流量，而且也切断了这些国家与外界的连通性。如果该国网络运营商之间没有互连，或者没有任何的双边互连协议，这种情况下的网络中断将使该国互联网陷入完全瘫痪。当然，例外的情况是一个国家只有一个网络运营商，造成这种状况不论是因为市场条件、国家大小还是国家控制着整个网络基础设施，其结果都是一样的，即互连中断不会对其国内通信产生影响。

将互连点作为互联网控制和中断节点

互连点可以是对互联网进行控制的节点。即便是一个互联网交换点中断都会引起国家经济的严重损失，国家网络安全部门有时也会忽略恐怖袭击或网络恶意攻击对互连点进行破坏的可能性。由于互连点汇聚了不同网络运营商的流量，所以这些节点可能成为政府流量审查和过滤的控制点。

互连中断将给用户带来严重损失。中断并不一定是由 IXP 的物理结构或协同攻击引起的，而是由对等或交互协议所引起。例如 2008 年的一次网络中断就是由 Cogent 和 Sprint 的互连纠纷引起的。[23] 它们是美国最大的两家互联网运营商。在它们实现网络直接互连之前，双方的网络流量需要经过第三方的网络中转。[24] Sprint 和 Cogent 于 2006 年 9 月签署了互连协议。之后，上述两个公司将其网络在全球范围内的 10 个城市进行了互连。

这两个公司对其签署的互连协议有着不同的看法。在这一案例中，互连试验期结束后，Sprint 向 Cogent 公司发出通告，告知其不满足 Sprint 的试验测试要求。据说存在的问题是 Cogent 公司的链路不能承载足够多的流量。[25]通常情况下，当有太多的流量以非对称的方式被传送时，如果其中一方负载过重，问题就会发生。在这种情况下，Sprint 想让 Cogent 作为它的传输客户来支付连接费用，而不是作为一个对等伙伴。但是 Cogent 拒绝支付 Sprint 给其开出的费用账单，因为它认为 Sprint 的做法违反了先前协议条款。于是，Sprint 便切断了与 Cogent 的 10 条链接。

断开两家公司之间的互连点将影响到用户。由对等协议争议产生的服务中断，与互联网设施破坏一样将产生严重的后果。正如媒体对中断所进行的描述，"瞬间，只通过 Sprint（如美国联邦法院系统）提供网页接入的用户将无法和只通过 Cogent（如许多大型法律公司）提供网页接入的用户实现通信，反之亦然"[26]。

上述纠纷所涉及的公司可能在互连中断之前已经修改了它们的路由表，目的是让各自网络上的用户能够通过一个备用的第三方路由到达对方。在密集的公众关注和媒体报道过后的第三天，Sprint 和 Cogent 两个公司之间又建立起了连接。这个故事本身比这里叙述的要复杂得多，但是在此举这个例子，有助于揭示对等连接争端给数字公共领域带来的直接负面影响。

绝大多数的数字公共领域都可以（或已经）在无预警征兆的情况下通过终止对等连接而受到破坏。终止对等连接最终会导致两家网络运营商之间无法互连互通，通常由以下几个原因导致：网络滥用，如过度使用对等连接方网络向第三方网络传送流量；因为业务需求或网络传输环境变化导致对等连接的两个网络流量交换比率不平衡；或一个提供对等互连服务的企业争夺另一个企业的客户，从而导致对等互连伙伴公司业务量降低。

提高政府干预点的协议安排和网络配置的透明度与公众监督力非常重要，其也是对互联网治理进行问责的关键领域。

与传统电信服务不同，对互联网的互连点鲜有市场监管，不论是在国家层面还是国际层面。市场力量外加反垄断监管，传统上被认为足以阻止骨干对等互连和传输协议方面的反竞争行为。[27]相反地，一些人已经对互联网骨干网缺乏竞争、被少数企业垄断，以及可能会对潜在竞争者产生不利影响的大型网络运营商之间的对等协议表示出担忧。[28]

是否在互联网互连引入政府管制的问题一直存在，不论是解决互连激励问题还是协调网络运营商之间流量交换的支付结构都涉及与管制有关的争议。正如欧盟委员会公布的一个研究案例：在 IP 互连的讨论中，一个重复的主题就是网络运营者在缺少监管的时候是否有动力实现互相连接。[29]第 10 章将会讨论一些有关互联网互连开放性的问题，以及关于在私有的互连市场引入监管的前景。

第6章

互联网接入和网络中立性

在许多国家，尤其是美国，"网络中立性"是互联网政策的公众关注焦点。甚至在深夜播出的脱口秀节目《乔恩·斯图尔特的每日秀》里，引用记者约翰·霍奇曼的调侃来表述这个话题，通过区分互联网像一辆垃圾车还是更像一堆管道来解释《网络中立性法案》。他的评论讽刺了把互联网描述为"一堆管道"的观点，这个观点源自参议员特德·史蒂文斯，特德是美国参议院商业委员会主席，他反对网络中立性立法。在节目中，主持人和嘉宾这样演绎网络中立性：

约翰·霍奇曼：基于网络中立性，无论全部网络数据包来自一家大公司还是只是一个公民，应以完全相同的方式来对待它们。

乔恩·斯图尔特：那么还有什么好辩论的呢？事实上这样似乎相当公平。

约翰·霍奇曼：没错，几乎太公平了。只是好像大公司没有得到任何好处。

理论上，网络中立性问题聚焦在互联网基础设施的一个局部环节——互联网接入的最后一公里。最终用户通过网络运营商直接接入互联网，"最后一公里"是这类通信方式的简称。"最后一公里"是用户接入互联网的最后一段或最后一站。网络中立，作为一项基础原则，主要关注的还是居民个人接入互联网的问题，而不是私营企业对互联网的接入。

网络中立的核心问题是解决一个网络运营商是否可以合法地对在其网络中传输的特定类型的流量进行优先处理或阻断。从实践的角度，含有特定内容的流量都可以被阻断、优先处理或延迟处理，如含有盗版电影、不文明举止、争议性演讲、政府批评性言论等的流量。同时，也可以针对特定的流量类型设置优先级策略，如语音或视频流量优先于文本信息进行处理，或高端用户流量优先于低端用户流量进行处理。此外，还可以针对特定的协议类型，如 P2P 文件分享协议或者 VoIP，特定的网站，如 YouTube、Netflix、Hulu，特定的应用，如 Skype、BitTorrent 客户端等进行流量优先级设置。

网络中立所具有的本地化、地域限定等特点使其明显区别于其他跨司法辖区的网络治理议题，而且网络中立比本地的范围更为宽泛，也更加具有虚拟性。从这个角度讲，网络中立是一个国家或区域性的问题，而不是全球性的互联网治理问题。最后一公里接入只是互联网基础设施这一巨大的生态系统中的一个组成部分。但是，由于最后一公里是协调个人用户和全球互联网的网络单元，因此成为决定个人接入互联网信息本质的关键点。在一些用户市场，网络中立仍然是不能提供多种用户选择的领域。在一些地区的宽度互联网接入市场甚至连一个备选提供商都没有；在另外的地区可能存在一个或者两个备选提供商，例如主导垄断的有线电视服务提供商和主导垄断的电信运营商。由于接入技术是决定个人用户接入全球互联网的瓶颈，而且网络中立逐渐成为互联网治理领域政策争议的中心，因此网络中立在本书中作为单独的章节出现。

最后一公里接入包含无线、固定无线和固定宽带等形式。"最后一公里"只是一种表达方式，其作为网络的最后一段可能长于也可能短于一公里。接入互联网最为常见的方式是通过无线网络，即允许用户通过 AT&T 或威瑞森等网络运营商提供的无线服务接入互联网。与蜂窝无线电话相联系的频率资源由政府机构进行分配，例如在美国，是由联邦通信委员会（FCC）分配的。用于移动通信的频率范围大致在 800MHz ～ 2GHz 之间。移动公司为了提供移动通信服务必须申请上述范围内的频率。由于用于移动通信服务的频率是有限的，因此节约频率资源是一项基本的系统设计要求。这种设计要求在移动电话系统基础设计时就进行了考虑，因此将地理面积分成了更小的区域，称为"蜂窝"。每个蜂窝有单独的天线，通常被称为基站，基站的信号传输功率尽可能低，仅需覆盖天线所服务的蜂窝面积。当用户移动范围超出了一个蜂窝的面积，无线设备则切换到使用不同频率的邻近的蜂窝。这种多蜂窝配置的目的是为了节省频率资源。当天线离得足够远、不产生信号干扰的情况下，同样的频率能被非相邻的蜂窝重复使用。这种频率复用的方式使服务提供商能够以相对少的信道向大量用户提供服务。

另外一种主要的无线互联网接入方式是通过固定无线技术，如卫星天线、WiMAX、Wi-Fi 等。无线保真是对遵守 IEEE 802.11 无线标准、使用的频率范围在 2.4GHz ～ 5GHz 之间的各类产品的通用名称。与无线通信中使用的频率不同，Wi-Fi 频率，至少在美国，属于非许可频率，即频率的申请使用不需要正式的许可证。Wi-Fi 虽然是无线方式，但并不意味着其可以完全自由地移动，即当某人使用的 Wi-Fi 设备由家里移动到车里时，并不意味着 Wi-Fi 路由器在没有人为干预的情况下也可以实现自动切换。

在家庭中的固定接入，最为普遍的连接方式是宽带电话，例如同轴电缆的接入方式，这种接入服务通常由传统有线电视公司或电信运营商提供；或者通过铜双绞线方式（例如数字用户线路）或者是光纤到户，这种接入方式通常与本地的 Wi-Fi 路由器提供固定无线接入。企业或其他机构如果需要更快的带宽连接，可以从电信运营商那里租用高速专线。例如，OC－48 等光纤专线可提供 2.488Gbps 的带宽（每秒 24.88 亿字节）。不同的技术为运营商提供了基于内容或基于其他特征对所传输流量进行差异化处理的机遇。

那些倡导网络中立管制的人希望合法地禁止互联网服务提供商对不同的内容、协议、网站或应用进行差异化处理。本章提供了 21 世纪以来网络歧视的一些典型案例，对网络中立管制的支持与反对的相关论点进行了解释，并且在全球化背景下描述了网络中立这一具有争议的互联网政策的发展历史和现状。

互联网接入歧视的四种情况

网络中立并不是一个理论问题。纵观近年来的发展历程，已经有一些网络运营商基于各种原因对流量进行区别对待的案例。本节提供了互联网接入歧视如何在实践中产生的一些例子，"歧视"在广义上被定义为阻止或者减慢流量。

流量限制、阻断和优化的技术

一个基本的技术问题是网络运营商是否有能力区分不同类型的流量。答案是肯定的。通过互联网发送的信息分割成被称为数据包的小单元，并通过路由器以最快速的路径传递到数据包的目的地。每一个数据包都有其独有的路径并且在端点被重新组装。路由器所要做的就是读取每个数据包的"数据头",即管理信息,例如附加到实际内容上的目的地和起始地的互联网地址。为了路由目的,通过中间节点查看每个数据包的"有效载荷"(即内容)是不必要的。此外,由于查看负载和数据包头中的内容对处理能力要求较高,因此通过中间节点查看数据包中的内容不仅是不必要的,而且难度较大。然而,网络计算能力的飞速发展已经突破了这一限制,并且使新的技术途径成为可能,例如深度数据包检测技术,网络运营商可以基于各种网络管理或安全原因的考虑使用它来检查数据包的内容,或者区别对待某些类型的流量、应用程序、协议、用户或内容。在有效载荷内容检测的基础上,通过对流量进行阻止或者节流,这在技术上已经变得可行。

负载内容不是网络运营商从技术上实施流量歧视的唯一特性。其他可能的变量包括协议类型、IP 地址、端口号和应用程序类型。例如,一个网络运营商可能对使用 BitTorrent 等特定协议的流量进行节流限制。运营商还可以阻止来自特定 IP 地址或去往特定 IP 地址的流量。运营商也可以基于端口号做出阻止或减慢流量的决定。传输层协议,例如传输控制协议,增加了 16 位源端口和目的地端口到互联网数据包头上。这个端口号与使用的协议类型和 IP 地址相关联。按照惯例以及互联网编码分配机构的建议,常见的端口包括端口号为 25 的电子邮件、端口号为 53 的 DNS 服务、端口号为 80 的 HTTP web 流量、端号为 20 或 21 的 FTP 流量。网络运营商可以使用数据头中包含的非加密信息来决定如何传送流量。运营商也有技术能力基于一个特定的应用程序来阻止流量。例如,移动服务提供商可以禁止来自 Skype 等语音应用的流量在其网络上传输。

通过经济视角,你可以想象一个企业为了推广其商业模式,会对与其服务直接竞争的流量进行限制,例如电信服务提供商阻止或减缓通过其网络传输的 Skype 等免费语音应用的使用，再如有线电视公司会限制与其核心节目竞争的在线视频网站的流量。从关注自由表达的立场来看，一个公司可能会封锁对其至关重要的内容，或者封锁对其商业模式不利的政治言论。接下来提供一些在实践中发生的网络流量分化的具体例子。

在无线网络下屏蔽有争议的言论

倡导组织可以实时获取大量支持者的一种方式是通过短信。任何手机用户都可以申请这类服务。倡导组织通常向其支持者提供一个短号码用于使用或者退出消息公告系统。短信尤其受倡导组织的青睐，倡导组织希望支持者采取一些直接的政治行动，例如联系国会。2007 年 9 月，一个堕胎权利组织，美国堕胎权行动联盟（NARAL）从威瑞森无线公司申请了一个信息短号码，使得其支持者可以订阅该联盟的消息应用程序以获取通知。威瑞森无线公司最初拒绝了该组织的请求，并认为该公司有权屏蔽有争议的或不合适的短信。[1]

《纽约时报》头版对此进行了报道，威瑞森无线公司收到了来自该联盟支持者的约 20 000 封邮件，最终改变了决定。这一逆转发生在事件发生后的 24 小时内。威瑞森无线公司的发言人称，公司拒绝发送堕胎权利组织信息的决定是错误的。[2]

尽管威瑞森无线公司拒绝传送这些短信的行为与言论自由的规范背道而驰，但是目前还不清楚这一行为是否是非法的。在美国法律制度下，像威瑞森这样的电信公司属于通信法案中的"公共运营商"，禁止对用户发言行为以及用户言论进行区别对待。然而，这一规定适用于传统语音服务，而非数据通信。如果没有网络中立规则，大多数通过互联网或移动数据网络传播的信息可以合法地被区别对待。正如宪法学者杰克·

巴金（Jack Bakin）所说："威瑞森无线公司与堕胎权行动联盟间的故事以及关于网络中立性的广泛讨论，是当代有关电信中私人权力辩论的一部分。"[3]

对文件共享协议进行流量限制

与美国堕胎权行动联盟争议案同一年，美国第二大有线电视提供商康卡斯特开始阻止特定的互联网协议，这似乎成为了一种普遍现象。[4]这种阻止行为面向使用 BT 和 Gnutella 协议的 P2P 文件共享网站，且还涉及歧视 Lotus Notes 的企业协作软件。[5]P2P 协议允许用户快速且直接地交换超大宽带视频文件。这些 P2P 文件共享协议通常被视为是非法下载的正版音乐和电影的代名词，但也被用于大型媒体的合法共享文件。

"新闻自由"和"公共知识"倡导组织向美国联邦通信委员会以及其他利益集团提出申请，在其请愿书中要求 FCC 进行宣告式判决。2005年，FCC 已经采纳了一项宽带互联网接入政策声明，该声明指出"消费者有权根据自己的选择访问合法的互联网内容""有权根据自己的选择运行应用程序、使用服务"[6]。请愿书认为，康卡斯特在其网络流量方面的干预措施违反了这项政策。康卡斯特为其行为辩护称，它必须减慢P2P 流量，以进行必要的、稀缺的宽带管理。为回应该请愿书，FCC 发布了一项指令，认为康卡斯特的实践不能构成合理的网络管理，责令其停止该行为并将其预计执行的各网络管理行为向公众披露。[7]康卡斯特遵守了这一规定，但是进行了上诉，认为 FCC 在康卡斯特的网络管理实践方面没有管辖权。2010 年，联邦法院裁定，FCC 没有管辖权。

对使用不限流量方案的高带宽消耗用户进行带宽限制

在某些情况下，网络运营商会为消耗了异常高宽带的客户降低网络接入速度。例如，AT&T 宣布要向使用无限数据资费方案的客户降低其使用速率。[8]这项政策专门面向 5% 的高数据使用率的 AT&T 客户。

那时，AT&T 公司的分级用户服务套餐拥有 1 500 万用户，这种分级订阅套餐以合同的形式详细说明了在一个付费周期中能被消费的数据量。AT&T 公司的公告未影响这些消费者。这种策略会影响那些拥有无限制数据套餐的消费者，通常这类消费者很早就是 AT&T 公司的用户了。

就像 AT&T 公司公告的那样："持有无限制数据套餐的智能手机消费者们经历了网速衰减，他们可能曾经在一个付费周期的使用量达到了前 5% 的最高数据量。"[9]公司建议，将在对这些使用了"特别大量数据"的用户们减小有效带宽之前，发出多个通知。不间断访问大量高带宽视频或者在一天中耗费数小时去使用带宽密集型的多媒体游戏的那些用户受到了影响。AT&T 公司的公告经过精心设计，在某种程度上鼓励用户们尽量使用 Wi-Fi 连接，避免使用 AT&T 公司的蜂窝电话网络提供的数据连接。如果拥有无限制数据套餐用户的使用模式位于蜂窝移动电话网络用户带宽消耗的前 5%，AT&T 公司就会建议限制这类用户的带宽。

在受影响用户的报告中，他们抱怨说，经历过像拨号网络那样慢的网络速率，下载一个网页耗费一分钟以上的时间，而不是一秒钟，并且他们的智能手机本质上退化到语音、文本短消息和电子邮件的程度。一位用户宣称："四年前，当你正在为无限制数据套餐做广告的时候，从未说明，如果在某一时刻使用这种无限制套餐，AT&T 公司会降低你的访问速度。"[10]AT&T 公司回应道，用户服务条款赋予公司有权在特定环境下限制用户的使用。AT&T 公司的一个无线客户协议的如下章节提供了一个例子，涉及了适用于限速情况的合约性语言。

> AT&T 公司用户服务条款 6.2 无线数据服务的目的是什么？

> 相应地，AT&T 公司保留如下权利：

> 针对 AT&T 认为采用任何禁止方式使用服务的行为，或对无线网络、服务级别产生不利影响的行为，以及阻碍了 AT&T 无线网络接入的行为，AT&T 无须通知用户就可以对任何人拒绝、中断、修改以及（或者）终止服务。

> 另外，保护 AT&T 无线网络免受伤害、容量减少或性能降低，这种保护措施可能会影响到合法数据流。[11]

打算逾越上述做法来挑战 AT&T 公司的用户们无法发起集体诉讼，因为用户合约条款接受个人仲裁但禁止集体诉讼。美国最高法院（第九巡回法庭）在 AT&T 移动有限公司上诉文森特和丽莎·康普塞西翁的案件判决①中支持了 AT&T，认可了用户合约的法律效力，禁止了集体诉讼。然而，一个客户把 AT&T 公司起诉至小案件法庭（small claims court）并赢得了 850 美元赔偿。[12] AT&T 公司提出的理由是，他们有合同所规定的权利，可以修改客户的网络性能，但法官的裁定指出，向用户销售了无限制数据套餐，然后故意降低同一用户的服务，这是不公平的。

经过公众抵制和争论之后，围绕着已订阅无限制套餐的智能手机用户的限速政策，AT&T 公司公开了用于澄清实际运营情况的一些参数设定。该公司确认，每当用户在一个计费周期内达到 3GB 的使用量时，无限制数据用户的带宽会变慢，并且限速之前会有文本短消息通知用户即

---

① 详情见 http：//www. supremecourt. gov/Search. aspx？ FileName =/docketfiles/09-893. htm。——译者注

将达到3GB。网速将在下一个计费周期恢复正常。

针对挑战传统电信运营模式的应用的阻断行动

语音通话就像其他互联网应用，声音信号被数字化，打散封装成数据包，并且经由视频或数据的传输线路和技术基础设施发送。IP网络上的语音传输依赖于技术标准VoIP标准（基于IP协议的语音标准）。VoIP把模拟波形转换成数字格式，把数字信号封装成数据包，并且把这些数据包用包交换方式在互联网上传输。VoIP标准包括信令协议，比如用于判定用户有效性、建立和终止一次通话的会话初始协议（SIP），还有传输协议，例如用于在端点之间传输数据包的实时传输协议（RTP）。包交换网络上的语音传输是重要的技术创新，不同于公共交换电话系统的传统电路交换方法，后者在发送者和接受者之间建立了一条端到端的专用路径并在一次通话期间保持固定的传输路径。

互联网上的语音服务通常由有线电视公司来提供[①]，作为高速互联网连接的独立付费服务和有线电视节目的订阅项。在任何固定互联网连接上传输的通话也能通过安装了VoIP软件的计算设备或智能手机上的某个应用程序来进行。这类移动通话方式绕过了蜂窝服务提供商的计费方案，并且只是类似于发邮件或访问网站的数据流量的一部分。即使这些语音服务使用了VoIP协议中的许多部分，客观上还是应该注意到其中的部分协议是专利性的。例如，如果没有用户必须为这种互联性支付额外费用，Skype应用程序不必与其他互联网服务上的语音提供互操作性和

---

① 在美国，互联网语音服务是由有线电视网运营企业来提供的。美国有线电视网运营商在语音服务和宽带服务业务领域的市场占有率达55%以上。美国三大有线电视网运营商是Cablevision、康卡斯特以及时代华纳。——译者注

兼容性。

　　从商业用户或个人公民的立场，互联网上的语音软件是吸引人的，因为它们省钱。商业信息技术的用户们选择性地把已有的不同语音和数据服务集成到单一的 IP 网络中，从服务和相关运营费用两方面节约成本。尤其是对于使用像 Skype 这类语音应用程序的人们，由于完全绕过了公共交换电话网络，用户们节约了相当可观的按月缴纳的费用。甚至选择了网络运营商提供的包月 VoIP 服务的那些用户，也实现了相当可观的成本节约，优于订阅传统电路交换语音服务。显然，从公共交换电话网络到互联网的这种语音传输方式的转变，对于传统的语音运营商而言，已经形成了对商业模式的巨大挑战。

　　因此，网络运营商有经济动机去阻断互联网上的语音传输，并保护它们存在已久的商业模式，这种商业模式通过语音付费方案获取利润。例如，像有线电视公司这样的网络运营商，向居民们和商业客户们出售互联网上的语音服务，这些网络运营商们可能有动机去阻碍用户使用基于宽带互联网连接发起免费互联网通话的计算机应用程序，这样用户就没有必要额外地订购单独的语音服务了。传统的固定电话服务提供商，比如电信公司，可能有动机去阻断它们的互联网接入用户去使用互联网语音应用程序，这些应用程序使用户们能摆脱对传统语音服务的依赖。同样，当它们的智能手机用户们使用像 Skype 这样的语音应用程序，移动电话公司会损失收益，因为它从根本上绕过了移动电话公司为移动网络盈利所依赖的付费方案。

　　自从引入了互联网电话应用程序，移动电话和电信运营商阻止 VoIP 应用程序接入的案例遍布全球。例如，德国电信公司的子公司 T-Mobile 通知称，它将在德国阻止 iPhone 的 Skype 通话。[13]这种封锁不会影响从智

159

能手机上经由 Wi-Fi 连接的 Skype 使用，但是，当电话在 T-Mobile 蜂窝网络上传输时会阻碍 Skype 使用。这种封锁的明显动机是利益保护，但是运营商也辩护道，这个屏蔽缓解了由额外语音流量造成的潜在的网络拥塞和性能衰减。

互联网治理与网络中立性之间的纠缠

网络中立性，作为一种原则，建议互联网提供商不应该对于特定互联网流量的传送服务，给予超越其他流量的优先待遇。网络中立性，如果由法律颁布，会从法律上禁止服务提供商在其流量上对某些流量行使差异化的待遇。虽然互联网接入的传统习惯上具有流量的平等待遇，但先前的例子表明歧视的确存在。虽然法律学者们通常自然地认为，网络中立性是一个同源的且不言而喻的原则，但这些例子在实际上提出了关于技术治理的更细节问题。移动电话服务运营商是否应该被允许使特定应用程序的分发优先于其他应用，要么为了保护它的商业模式，要么为了管理它自己网络上的带宽分配？有线电视公司是否应该被允许使源于一个竞争者网站的内容传输速度降低？服务提供商是否能为互联网接入服务不同层次的客户负载不同速率？一个更广泛的治理问题是，政府是否有义务或权力通过限制网络运营商的运营和商业选择去强迫实行网络中立性。

网络中立性辩论的结果，是私有企业存在很大风险。主流的互联网站点和门户，比如亚马逊、eBay、谷歌和雅虎等支持网络中立性，原因在于，如果网络运营商们企图向这些提供内容的公司收取额外费用，为了使用户充足地访问其网站，这些提供内容的公司会受到负面影响。

在《商业周刊》的采访中，一家大型美国电讯公司的 CEO 表达了一种倾向，即根据用户访问他们的内容站点所占用的带宽比例对内容公司收取费用，理由是："为何应该允许他们使用我的通道？"[14]

赞成网络中立性的其他类型公司，主要是那些直接同互联网服务提供商有一定竞争性的公司。例如，Skype 的拥有者微软公司已经提倡网络中立性，Vonage 公司和提供可替代 VoIP 服务的任何公司也是如此。类似地，像 Netflix 和 Hulu 这类公司，与传统的有线电视公司竞争提供视频服务，这些公司有明显的动机去支持非歧视性政策，即防止那些被它们威胁到商业模式的公司去阻止或削减它们的内容。

一些出色的互联网工程师，像万维网发明者蒂姆·伯纳斯·李爵士和 TCP/IP 创建者温顿·瑟夫，已经成为各类网络中立性原则的支持者，他们也是许多互联网倡议组的成员，比如电子前线基金会和公共知识组织（Public Knowledge）。反对网络中立性原则的机构主要是网络运营商，因为网络中立性的限制会指向它们。这些网络运营商包括移动电话服务运营商、电信公司和有线电视公司。自由市场技术和经济方法的支持者们，比如卡托研究所（the Cato Institute），通常也反对网络中立性原则，倾向于倡议基于市场的方法和最小化治理原则，它们认为最小化治理原则会减少经济有效性和创新性。

网络管理需求和网络中立性之间的紧张关系

律师与政客们激烈争辩的网络中立性问题，往往不能考虑到流量工程的要求。他们将这个话题赋予更多的政治属性，并把它包装到保守主义或自由主义之意识形态的一般政治框架内。在支持美国参议院所提的网络中立性问题时，民主党参议员把反对网络中立性的一类人和喜欢政府能够紧急援助大银行及其他金融机构的一类人联系起来。共和党参议员指责此话题是过分的官僚主义，并且是政府管理复杂化倾向的一部分。在这种语境下，政客们没有考虑工程限制和需求。

反对网络中立性原则扩大化的一种互联网治理与工程观点是，一些流量歧视的要求可以作为网络管理的必要部分。对于任何通信系统而言，实现服务质量（QoS）和可靠性的可接受级别是一种工程需求。传统的电信业测量标准之一是可靠性的"5 个 9"，意思是电话系统对于用户应该在 99.999% 的时间上是有效的。换算下来，每年只有不超过 5 分钟的通信中断。与之相比，一个有效级别为 99% 的系统，听起来它是足够的，但是相当于每年有大约 4 天通信中断，这对于大多数用户而言是完全无法接受的。设计精良的受控网络显示了高可靠性以及高性能，高可靠性意味着一个系统当某人需要它时是有效的，高性能意味着信息及时地以最小化信号衰减和信息损失被传输到目的地。互联网上传输的流式视频和语音需要两个 QoS 特征，这两个 QoS 特征能区分这些应用程序与像电子邮件和日常网页浏览这样的低带宽服务之间的差别。视频流和语音通话需要高带宽和低传输时延。

每个通信技术在信息传输的过程中都会产生时延。在分发电子邮件到收件箱时，人们感觉不到轻微时延。甚至在收到短消息和电子邮件时，人们很可能不会注意到一秒钟的时延。反之，在语音交谈过程中，一秒钟的时延就会令人苦恼。人们若体验过国际卫星通话的时延，会很容易理解此限制。传统电路交换电话网络上的语音交谈，如同所有通信传输，会产生极轻微的时延。传输语音通话或流媒体对互联网的底层包交换方法提出了特殊的工程挑战。

电子邮件和语音通话这类的应用程序有不同的传输特征。一次持续不断的语音交谈被认为是"同步的"，按字面可解释为"随时间推移"。传统电话系统针对语音通话中同步的、持续不断的本质而设计。如"电路交换"结构，它建立一种端到端的专用网络路径，此路径位于两个通话者之间，并且此路径在通话期间保持开放或专用。与同步流量相反，像发送电子邮件或下载文件之类的通信活动是"异步的"，字面上可理解为"不随时间推移"。例如，一条贯穿网络的专用路径不需要在某人撰写电子邮件期间保持开放。只有当传输电子邮件时，它才占用网络资源，尽管那时还未建立专用路径。当然，它被拆分成称作包的小块数据，沿着不同路径传输这些数据包，并在它们的目的地重新组装这些数据包。

这种包交换方法无疑触及了 QoS 挑战问题。[15]首先，少数数据包在沿路径传输期间会"丢失"，要么在网络容量上不堪重负时，要么当信号衰减到数据包丢失的程度时。当此情况发生时，网络告知数据包的发送设备要重新传输受影响的数据包。这种重新传输过程有两个特点，不会对异步信息产生不利影响，比如电子邮件，但是会影响实时的同步流量，比如语音。这些特点是，"剪除"（clipping），可理解为一种微小但明显的语音对话损失，还有"抖动"（jitter），可理解为数据包抵达时间的波动导致了通话质量降低。当数字化编码或解码音频信息时，在每一"跳"期间，即数据包通过每一个路由器时，数据包的重新传输也会引起时延。

一个人说话的时间点和另一个人听到此语音的时间点之间的时间差称作时延。反对网络中立性原则的一个观点是，因为网络时延会对语音通话产生更多不利影响，所以那些对时延不敏感的应用程序应该对语音通话给予传输优先权。

涉及网络歧视的另一个工程问题是，如何处理需要大量带宽的应用程序。只是提供一个"信封背面上"①的粗略描述来说明一个应用，比如用数据流传输电影需要多少带宽，考虑下面的例子。电影的每一帧（单个影像）用了512×512个像素，同时为每个像素分配了一个9位二进制码。因此，比特位（0或1）的位数表示一个单一帧刚好是512×512×9，或2 359 296位。假如在一部电影中每秒显示24帧，这样用户感觉到连续的运动视频，然后此电影的每一秒包含24×2 359 296，或56 623 104位。每秒的数据流是大量信息。压缩技术减少了传输或储存的数据量。网络也试图在视频流传输期间通过缓存信息来处理此问题，意味着在观看视频时会引起轻微时延，这样用户不会感觉到在数据包传输期间引入的任何时延。

带宽敏感型的应用程序和时延敏感型的应用程序造成了网络中立性进退两难的局面。如果一个用户正在以数据流方式占用大量带宽，消费像视频这样的信息，针对这种观点，即带宽消耗影响了其他用户的高品质体验，是否应该限制这种消费型的使用来确保其他用户得到更高性能？类似地，当在互联网上发送诸如语音通话之类的时间密集型信息时，这种依赖时延的流量是否应该优先于那些对时延、抖动和其他QoS特征不敏感的流量类型？这些流量工程问题为网络歧视问题提供了合理的案例，这类网络歧视问题依赖于平等地优先安排时间密集型信息，或者对支付了相同网络访问额度的那些人保证平等的带宽。

上述的网络歧视性实例指明，网络歧视性的争议性案例已经更加常见，不是基于此处描述的流量"类型"，而是基于流量的源头、流量的内容或者信息与某种流行商业模式竞争的程度。本节从流量工程的

---

① 指粗略计算。——译者注

视角解释了为何日常的网络管理操作需要一贯实施对数据包的歧视性
政策。

表达自由，创新，以及政府角色

美国宪法第一修正案的律师马文·阿莫里把网络中立性描述为"我们时代中最紧迫的第一修正案问题之一"[16]。网络中立性涉及第一修正案的价值观，原因在于它的基础性思想：在互联网上传输合法材料的任何人享有言论自由的权利。该思想防止为公民提供全球互联网接入网关的网络运营商们——比如有线电视公司和电信公司——审查在线材料。言论自由支持者争辩道，对于那些反过来赞成公司有能力去阻止家庭互联网通话而无视网络中立性原则的人而言，对中国审查境外互联网传输内容的批评是毫无根据的论点。颁布通用数据传输法则能在一定程度上限制电信运营商滥用控制其网络中传输合法信息的能力。网络中立性支持者们认为此原则是言论自由问题。数字空间是公共空间，而且网络中立性的最高理想是，私营企业使用户能访问公共数字空间，但是无法控制用户自主选择并传输的那些信息。相反，网络中立性原则的某些反对者争辩道，令人印象深刻的非歧视原则会侵犯网络运营商们的话语权自由，这种话语权使网络运营商们作为编辑者能控制在网络中承载的内容。

在实践与实现层面上，网络中立性问题不只是互联网自由的原则，关于此辩论就像芭芭拉·范·舍维克（Barbara van Schewick）描述的那样，"政府是否应该设置规则去限制这种干涉程度，即网络运营商们在网络中干涉这些应用与内容的程度"[17]。网络中立性是否意味着政府"管制了互联网"？约束互联网接入服务提供商的政府管理规定会对互联网的成功与发展产生影响，关注这类政府管理规定的人们通常也关注政府。

反之，网络中立性支持者把这些规则描述为，防止明显地改变已有的互联网工作方式。用户们传统上能通过互联网访问他们想要的任何信息。网络自由主义已有深远的历史渊源，网络自由主义提倡政府的互联网管理方法要保持互联网的自由，并且这种压力已经渗入到网络中立性的全球性辩论中。基本论点是，市场选择优于政府调控。

网络中立性支持者争辩道，互联网具有接入中立性的历史传统，对于创新和竞争而言，这事实上创造了公平竞争环境。人们只能推测，假如电信服务提供商经常以非中立方式来处理网站流量，在互联网应用和内容网站方面是否存在大量选择。相反，反对网络中立性的一个新论点所提出的问题是客观存在的，政府的规定和限制会防止网络运营商们差异化他们的服务，而某些应用类型的确需要更高的服务质量。限制网络运营商们以何种方式实现必要的高性能，潜在地会扼杀创新，这种创新针对新型带宽密集型应用实现高性能。认为对无线服务应免除网络中立性规定的人们经常引用此论点。无线服务，尤其是智能手机，是快速发展的创新领域，也是存在自然射频资源限制的一个领域。

网络中立性的非中立性问题

网络中立性是少数具有清晰的管辖权界限的互联网政策领域之一。互联网治理领域的大多数问题是与跨国主权管辖的复杂性密切交织的，原因在于陷于争议的技术、治理的问题是跨国界的。然而网络中立性是特定国家的政策选择问题，正如一千个莎士比亚就有一千个哈姆雷特，不同国家采取不同路径来看待和处理网络中立性问题。关于网络中立性的辩论在全世界各国都存在，但在美国，关于网络中立性的争论牵涉到网络中立对宪法第一修正案的影响，牵涉到如何重新定义互联网宽带的传输属性，牵涉到美国联邦通讯委员会的合理监管职权，以及无线和有线宽带是否应该区别对待。在美国，网络中立性已成为非常热门的互联网政策争论话题之一。说来话长，回溯到 2005 年，FCC 精心设计并出台了四条开放性互联网原则，用来促进宽带互联网的开放和自由可接入（逐字摘录自 FCC 的政策陈述）：

> ● 鼓励宽带部署，并保护和促进公共互联网的开放与互联之本性，赋予消费者访问他们自主选择的合法互联网内容的权利。
> ● 鼓励宽带部署，并保护和促进公共互联网的开放与互联之本性，赋予消费者在法律授权的范围内能自主选择运行应用和使用服务的权利。
> ● 鼓励宽带部署，并保护和促进公共互联网的开放与互联之本性，赋予消费者自主选择不损害网络的合法设备端。
> ● 鼓励宽带部署，并保护和促进公共互联网的开放与互联之本性，赋予消费者自主选择为其提供产品和服务的网络运营商、应用和服务提供商以及内容提供商。[18]

FCC 接下来出台了更加开放激进的网络中立规则，明确禁止封锁及不合理歧视，但这一政策遭遇到一系列的违宪司法审查。在美国和世界其他地方，网络中立性的问题始终悬而未决。

真理越辩越明，关于互联网治理自由化问题的商议旨在构建一个对话的框架，希望能够在媒体对话和公共意见讨论中逐渐解释表达得清晰有力。网络中立性问题也是如此。虽然网络中立性的目标实现对于互联网的未来至关重要，但由于它在修辞学意义上的表达框架和双方论点的僵持造成了非建设性的立场，削弱了网络中立性的论述效果，就像目前阐述的那样。

首先，"中立性"这一语词表达本身是有问题的。这个词隐含着一种客观存在的状态，在此状态中并不涉及偏向。它同时也指代一种不活跃程度。从治理角度看，网络中立性意味着政策制定者们通过立法限制网络运营商干涉其网络中数据包的传输。在这个意义上，网络中立性并非暗指政府在支持或者反对相关政策制定出台上的中立性。当然，"中立性"这个词蕴含着一种期望，不允许网络运营商设定某些规则优先安排特定数据包的传输。

这种根植于政策的期待主要源自技术的中立性要求。近期学术研究的一些新进展正在挑战"技术中立与科学中立"的概念，凸显出价值正在渗透形塑着技术演进，甚至影响着科学技术的终极追寻选择。中立性本身是一种价值判断。科学和技术的哲学家们审慎考量着在信息生产进程中客观性、中立性与常规化三者的关系。科学哲学家桑德拉·哈丁（Sandra Harding）解释道："中立性发挥作用并非是通过明确的指示，更多的是通过对过程和概念进行常规化、标准化时，将价值优先排序隐含进去。"[19]绝对的价值中立性是不可能的，因为中立性植根于一般规范价值。就像哈丁在工作中总结的那样："关键在于最大化文化的中立性，并不提及中立本身就是一种具有特定文化背景的价值。"[20]

对网络中立性辩论进行重构是有益的，它有助于澄清技术的非中立性，对网络管理及网络工程架构有更加可信明晰的理解，并实现对有线和无线技术采取逻辑一致的开发应用方法。审视这些价值需要摒弃中立观念，需要构建有形的文化框架来承载和体现这些价值与规范。就像本章所阐述的，网络中立性这一规范并非是中立的，而是代表了一系列价值。很多这一类价值已经在互联网体系结构建立的历史过程中被嵌入，例如关于由用户自由决定访问何种信息的规则设计，以及为新型信息产品的引入创造公平竞争环境等。本书贯穿体现了这种个人自由选择和经济公平竞争的价值观，尽管它们从外观上并未被纳入中立性的概念范畴。

网络中立性政策背后蕴含的是经济政治利益的激烈竞争，这一竞争存在于内容提供商与网络运营商之间、自由表达与市场主导之间。有线电视公司和无线通信公司在试图保护传统商业模式上具有同等重要的利益，内容提供商希望实现用户在没有网络服务提供商介入导致延迟或阻碍的情况下，自由下载、访问内容。

关于网络中立的一个未解决的问题是信息访问获取通过有线连接（例如，电缆，光纤，电缆与光纤的双绞线）和无线连接（蜂窝式移动电话）的非歧视应用，然而事实上已经存在着差别对待。传统观念上是存在着统一互联网，允许任何设备自由接入经由此访问任何内容。但是，FCC 选择性的互联网中立开放政策则提出对于有线接入方式的开放一致性并不要求适用于无线网络接入。对于无线网络，与有线网络的差别仅在于前者基于移动电话基站的无线通讯，而后者基于有线接入网的 Wi-Fi 接入服务。FCC 的无线指的是移动无线，而非固定无线。FCC 声称"是移动宽带决定着需要以何种方式在什么时间使用互联网进行特别考虑和差别对待"[21]。

FCC 列举了移动宽带区别于固定宽带的几项特征。一是移动宽带相对于传统的固定宽带处于发展初期阶段。固定宽带最早源自拨号网络，之后经历了数字用户线路（xDSL）、有线和光纤接入等发展阶段。而直到 21 世纪的前几年，移动宽带接入仍仅限于提供语音通话和文本短消息或简单网页访问等服务。因此移动宽带处于发展初期，且正在快速成长和发展更新中。二是移动宽带在部分地区更加多元便捷，当然这一情况从全球看情况可能并不一致。通常城市用户会有两个固定宽带用户服务可选：有线电视公司和电信公司。同时有三个或四个无线服务提供商，用户能选择这些无线提供商提供的服务。三是宽带移动网络的速度倾向于低于固定有线网络接入的速度，因此带来更强烈的对数据内容传输进行优先级排序的网络管理需求。

由于上述差异化特征，FCC 对于移动宽带提出的网络中立规则仅包括网络管理的封闭性要求，以及无障碍要求。即禁止无线宽带提供商阻碍语音或者视频等与无线服务提供商存在竞争关系的应用。

谷歌和威瑞森在 FCC 发布上述规则前，就联合提出了类似的政策建议，对无线接入和有线接入服务适用不同的网络中立性规则。"威瑞森—谷歌立法框架提议"建议，针对宽带互联网接入提供商提出了要求，涉及非歧视性要求、透明性、网络管理以及禁止阻碍用户访问合法内容。尽管威瑞森—谷歌提议似乎是一个关于网络中立性的强有力声明，但是它们的建议明确要求上述原则不应适用于无线宽带。此提议声明：

> 由于无线网络的这种唯一的技术上的和运行上的特征，以及无线宽带服务的竞争性的和仍然发展中的本质，此次只有透明性应适用于无线宽带服务。美国政府责任办公室每年会向国会报告无线宽带互联网接入服务的后续发展和产业健康合理发展情况。[22]

从治理的角度看，由私营企业提出的立法政策建议很大程度上是适合较大范围的产业发展叙事的，例如银行金融业及私营实体产业的政策制定领域。在制定信息通信行业的政府政策方面，私营主体应该扮演何种角色？在信息政策领域，私营企业直接参与了网络治理架构的决策，

决定着服务合约和条款内容,并在极大程度上影响着政府政策走向。从
网络中立性政策这一特定立场看,对于无线网络豁免条款是否会恰好导
致网络中立政策试图去限制和禁止的情形,即接入服务提供商以优先安
排传输为由向内容提供商收取费用,而非终端用户在网络对内容提供商
无歧视对待的前提下自由选择访问内容。无线接入网的新兴内容服务创
业者的成败,潜在地取决于是否有能力为优先安排内容传输买单,接入
服务提供商对这些创业者是否将给予优先权。不久之后无线宽带豁免于
网络中立性的政策效果如何,我们将拭目以待。

另外,绝大多数人对目前的网络中立规则表示不满。极少数人满足
于开放互联网规则的当前状态。哈佛大学法学院教授拉里·莱斯格
(Larry Lessig)指出:"决策者仍在使用 1980 年代的经济框架来论证这一
政策的有效性,过于自信而忽视这一政策的出台将允许网络基础设施的
所有者们继续施展网络管理控制权——准确地说,这正是谷歌和威瑞森
希望达到的政策效果。"[23]

卡托研究所信息政策研究主管吉姆·哈珀(Jim Harper)把威瑞
森—谷歌立法声明描述为"'规制俘获',政府机构落入了被管理企业的
规制俘获",并且建议"FCC 应当努力逃离这一影响"[24]。

一些人批评网络中立性远不足以保护互联网的传统开放性;另一些
人则认为网络中立规制政策是政府对互联网产业的过度干预,是在强调
一个本不存在的问题。鉴于各方对现行网络中立政策均感觉不满,恰恰
有可能是因为现行政策是基于各方利益均衡的妥协性规则。日常网络管
理实务需要对流量设定某种优先级安排,以确保内容数据传输的稳定性
和可靠性。此类优先权不是内容特定的。它可能是流量类型特定的,例
如把语音或视频的优先级安排在文本之上。但是,这种优先级安排不应

当是将一个语音内容优先于另一个语音之上。当前网络中立性的讨论还需要加强依据规则的实践行动的透明性，向着用户自由选择的方向再迈进一步。这场正在继续的战斗，还涉及三个领域：区别对待特定内容的前景性争论；区别对待移动无线宽带接入和有线宽带的合理性争议；政府在监管宽带互联网接入方面的角色定位。然而，在这场争议中有一点毋庸置疑，网络中立规则本身并不中立。

第 7 章

信息中介在公共政策中的角色

　　在 2012 年伦敦奥运会期间，推特暂停了英国《独立报》驻洛杉矶记者盖伊·亚当斯的个人账户，起因是其在个人推特账号上发布了对美国全国广播公司（NBC）赛事报道的批判。亚当斯在推特发布的信息中，对美国民众观看奥运会主要赛事的时间推后，以及 NBC 对赛事进行剪辑以增加悬念的做法表达了不满。他同时还公布了一名 NBC 行政主管的邮箱地址，以供民众投诉。推特声明，暂停这位记者的账号是应 NBC 的请求，由于他公布的 NBC 行政主管邮箱地址涉嫌披露他人隐私，这一行为违背了推特的使用条款。

　　推特关停记者账号的举动，在推特及其他社交媒体网站乃至记者界引起轩然大波。公众的失望情绪主要源自推特此举可能受到奥运期间它与 NBC 的交叉赞助商业关系的影响。[1]数日后，推特恢复了这位记者的账号。推特总顾问澄清了事件真相：推特的一名雇员先发现了这一侵犯性行为，然后建议 NBC 积极进行维权。他同时也表示："此举是不能被接受的，它影响了用户对我们的信任。不论用户是商业伙伴、社会名流还是普通民众，我们不应该也不能对信息内容做预先的审查和标记。"[2]

　　作为信息中介服务提供商，提供社交媒体与搜索引擎等服务的私营企业拥有不容小觑的权力。它们有权关闭个人账户或移除特定的内容，它们制定的终端用户协议确立了很多领域的政策规则，如个人隐私、言论自由以及网络暴力等。

对公民自由的私有化管制模式所引发的挑战在持续升级。在互联网诞生之初，诸如搜索引擎和社交媒体的中介服务并不存在，而在传统端到端的互联网技术架构原则下，智能组件①是被放置于网络端点而非中介节点。[3]在 1990 年代，谷歌、脸书、亚马逊、eBay、YouTube 和推特等数字化平台并不存在，而且网络也是不存在的。当时，互联网主要用作邮件发送、文件传递及讨论平台。1990 年代初期出现的网络及家庭互联网接入，以及由此引发的互联网用户和在线内容的激增，为进行内容索引和多途径内容整合的第三方机构提供了机遇。

互联网信息中介是协调数字内容与数字内容消费群体之间关系的第三方平台，同时数字内容消费群体也是数字内容的生产者。此类中介往往是营利性公司，它们并不实际提供信息内容，而是为内容提供方和内容消费方之间的信息交流和资金交易提供便利，而且它们最初的功能也不包括信息内容的基础性传输。基础设施中介（infrastructure intermediaries）将信息从 A 点传输至 B 点。传统的网络经营者是基础设施中介，此处不做详细展开，留待其他章节另行探讨。信息中介直接控制或分配内容，或在使用者及内容之间提供传输服务。事实上，这种区分并不绝对。典型的信息中介包括：

- 搜索引擎

- 社交网络平台

- 博客平台

- 内容汇总网址

- 信誉引擎

---

① 此处指互联网模拟人类智能的计算、识别及扩展性——译者注。

- 资金中介

- 传输中介

- 可信赖的中介

- 应用程序平台

- 地理位置性中介

- 广告营销中介

上述类型的服务主要为内容管理——分类、排序、聚合及分享——或为交易服务提供便利。通信专家塔尔顿·吉莱斯皮（Tarleton Gillespie）注意到此类公司通常以"平台"自居，而且"足够特殊到具备特定内涵，同时也因其模糊性可以在多场合为各类用户提供服务"[4]。一些公司仅提供单一类型的服务，如 Drudge Report 是新闻汇总网站。也有很多公司，尤其以谷歌为典型代表，同时提供多项功能，如内容汇总（YouTube，谷歌新闻，谷歌图书）、社交媒体（谷歌＋，Orkut）、博客平台（Blogger），以及谷歌搜索引擎。

为更好地理解未来可能出现的信息中介类型，有必要回顾一下此类网络公司迅速崛起的过程。谷歌声明其使命在于"组织全球的信息，使其在世界范围内可供获取及利用"[5]。虽然谷歌在 1998 年诞生之初的确以搜索业务起家，但谷歌显然不仅仅是搜索引擎公司。起先由于网站数量不多，谷歌、雅虎、百度和必应一类的搜索引擎几乎没有市场需求。1989 年在日内瓦的 CERN 高能物理实验室，英国计算机专家蒂姆·伯纳斯·李引进了信息分享超链接系统，以实现科研信息在全球科研机构服务器间的自由交换。这个建立在标准协议与超链接文本检索基础上的系统，即为万维网的前身。1992 年，蒂姆·伯纳斯·李追踪了少量但增长快速的网页服务器的在线快照。随着数量的增长，将这些网址进行分类、检索及定位的需求日益强烈。至今，搜索引擎能够做到用自动网络爬虫抓取用 HTML 等标记语言书写的网页信息，这种网络爬虫能浏览网页的内容、精准文字、标题、多媒体及元标签，然后将信息分类存储于海量的目录项之下。

内容聚合网站的发展同样不甘落后。这些中介像存储工具一样收集与呈现信息，尤其是用户所产生的内容，如 YouTube 视频或 Flickr 照片等。信息聚合还包括企业媒体内容聚合，如新闻聚合网站，以及类似 Hulu 的商业视频网站等。信息中介本身并不生产内容。它们或提供平台供他人发布内容，或从其他在线（偶尔还包括离线）空间收集内容，以一种有组织及可供检索的格式。它们在以下几个方面发挥着价值：提供方便可用的平台供网络用户上传及分享自己的信息，并使信息能够被检索和广泛获取；针对诸如新闻等海量信息提供分类及索引服务，为目标群体提供少量精准的信息；为商业媒体的供需双方提供实时消费平台。

内容中介已经成为威胁网络空间治理的重要主体。通过与用户的协议以及针对争议及非法内容做出的日常决策，此类公司已经在应对及决定当今社会最复杂的政策问题。它们在涉及网络暴力、线上骚扰的复杂问题中进行抉择，常常需要决定是否屏蔽涉及暴力倾向与宗教仇恨的内容。它们对来自全世界的披露用户信息的执法请求做出回应（或决定不回应）。

除了进行内容中介服务或行使策略功能，信息中介公司倚赖于收集汇总用户信息的商业模式，并经常与第三方广告营销公司分享此类信息。信息中介的隐私保护及信息收集的行为本身即为一种公共决策。它们遵守其所在地的法律规范，然而隐私法常常处于滞后的状态，或无法理解科技驱动下的信息收集新方式，因此需要信息中介进行政策决策。

信息中介在控制在线信息流动及用户获取信息的范围方面掌握了大量实权，与此同时，它们往往对流经其平台的信息享有豁免权。豁免权的程度因法域不同而有所变化，并且受到一定限制与约束。然而在不少民主社群中，社会规范往往倾向于豁免信息中介对于流经其平台的信息的法律责任。此种认为进行内容操作、分类、检索的信息中介商不必负责的理念模式，构成了创新和更广泛获取知识的重要驱动力。倘若搜索引擎会因搜索结果链接的网页内容而遭到起诉，将会有极少的网址能够出现在搜索结果之中。倘若信息存储商会因其存储的内容而遭遇侵犯版权或诽谤起诉，信息聚合服务将乏人问津。虽然如此，豁免权的适用仍然需满足一定的前提。例如，在知识产权侵权领域的豁免需要以履行通知删除程序为前提，相关内容将于下一章详细探讨。

下文将探讨信息中介商如何行使几类监管职能，包括：表达自由的私法化、个人隐私权的建构，以及对网络暴力及其他形式的名誉权损害的裁定。

表达自由的私法化

作为私营企业的信息中介商日益成为网络表达自由的仲裁人。对表达自由的仲裁表现为多种形式。信息聚合商和其他平台服务商往往接连不断地收到来自政府的内容审查请求，无论出于政治、执法还是其他原因。私营企业应政府的要求移除用户内容的行为被称作授权审查，相关内容将在第 9 章详细探讨。此外，私营企业还基于其他原因选择移除或屏蔽特定内容，如避免公司的名誉损害，或基于用户协议的价值导向与条款规定。表达自由的私营企业管辖还表现为，信息中介商所控制的平台（例如苹果应用商店）能够决定用户获取应用程序及软件的范围。最后，传输及金融服务中介商有权停止向其认为有争议或违背其用户协议的客户或网站提供服务。下文将阐述私营企业，而非（或非单纯）法律、规范或政府，是如何决定公共领域的表达自由的。

自由裁量的审查

一起对美国驻利比亚城市班加西外交使团的恐怖袭击致使美国驻利比亚大使克里斯·史蒂文斯及其他 3 名美国人身亡。[6]在这起事件的同时，伊斯兰世界正在因 YouTube 上发布的一则视频进行广泛抗议。这则视频是一部名为《穆斯林的无知》的低成本独立制作电影，它的内容激怒了伊斯兰世界，并引发其大规模骚乱。谷歌透明度报告显示，在暴力骚乱发生后，谷歌收到了来自世界 20 个国家的调查该视频的请求，其中 17 个国家请求谷歌移除相关视频。谷歌对此表示拒绝。美国政府敦促谷歌重新审查 YouTube 上的视频剪辑，评估这些政府的干预是否违背了该公司的网络社区准则。谷歌认为，此视频剪辑并不构成对其准则的违反，因此谷歌拒绝移除该电影，虽然对其在埃及和利比亚地区的观看采取了临时性的屏蔽措施。[7]早在 2007 年，谷歌便在其官方博客上表明对言论自由与争议内容的立场，摘录如下：

> 在谷歌，我们所做的一切都倾向于保护网民的言论自由。我们相信，更多的信息往往意味着更多的选择和更大的自由，个人也能够由此拥有更强大的力量。然而我们同时也应当承认，言论自由无法做到，也不应当是漫无边界的。划清其界限是一项艰难的任务。对于像谷歌这样业务遍及全球一百多个国家——每个国家都有不同的法律和习俗——的公司而言，我们每天都在面临着这样的挑战。[8]

在某些情况下，信息中介商会选择遵守各国的相关法律，诸如在德国采取措施屏蔽与纳粹有关的内容。而在其他时候，如谷歌的政策所言，公司"面临着一些国家法律和缺乏民主精神的程序严重违背公司原则的状况，因而我们无法遵守，或者无法做到牺牲用户的利益"[9]。

尽管公司需要遵守其营业地的法律规范，然而公司接到的政府请求与其所真正执行的数量之间存在相当大的落差。这一落差揭示出私营企业在公共政策领域扮演的自由裁量角色。《穆斯林的无知》的例子凸显了公司在协调经常相互冲突的自身原则、政府请求、公众认知以及言论自由与公共安全方面所面临的严峻挑战。

作为私营企业的信息中介商在进行审查（无论是应政府请求还是因违反公司原则）或履行执法的请求时，都发挥了治理方面的职能。它们在运用自由裁量拒绝执行审查请求时，体现出了更加重要的治理权力。

对应用程序的审查

私营企业进行审查的自由裁量并不仅仅针对特定的内容，有时还针对控制争议内容入口的应用程序。在个人电脑时代，用户通常选择在电脑上安装应用程序以获取其想要的内容。在智能电话和平板时代，情况则发生了变化。正如乔纳森·齐特林（Jonathan Zittrain）在《互联网的未来及如何阻止》一书中所言，"这些科技可以让外围商家建构其上，正如个人电脑所发挥的功能一样，然而控制力和不可预知性都会大大增强。这就是 iPhone 2.0：iPod 必须经由苹果来获取其需要的第三方软件"[10]。在苹果应用商店中，苹果对于第三方开发的应用程序具有极大的裁量权限。对于针对安卓或脸书等其他平台所设计的应用程序而言，情况同样如此。私营企业通过决定在线应用程序商店中纳入和排除哪些应用程序来发挥控制力。当公司决定在其线上商店屏蔽或移除某个应用程序时，其产生的效果不仅是屏蔽或移除该程序本身，此程序所指向的内容也附带受到影响。私营企业屏蔽某个程序有充分合理的理由和动机：抑制竞争对手受欢迎程度的反不正当竞争因素；应用程序可能引发信息安全及运行故障的技术因素；或应用程序可能引发暴力或偏见的社会因素。

在上线每个应用程序前，苹果公司都会对其进行审查。它同时发布了《应用程序商店审查准则》，规定了特定的技术限制，例如程序大小的上限、界面设计特征等，同时做出了社会政策方面的限制，内容广泛，涵盖诽谤、侵犯性内容及隐私等。其中很多条款的解释具有极大的主观性，因此给公司对一款应用程序是否合理的评定留出了广泛的自由裁量空间。

在应用程序被收录于在线商店之后，基于用户投诉、政府请求或争议回应，信息中介服务商仍有权进行自由裁量。例如苹果决定在其在线商店移除一款与真主党有关的应用程序。反诽谤联盟（Anti-Defamation League）褒奖了苹果公司此举，声称："我们乐见苹果公司从其应用商店中移除这款程序的举动，对其在确保恐怖组织无法连接到苹果用户方面所做的努力表示赞赏。"[11]

公司在对发布于其平台上的应用程序进行筛选的过程中，在对允许发布何种应用程序以及对是否要移除已经发布的应用程序的决策中，行使了充分的自由裁量权。由于政府机构对于言论的范围限制受到相应法律的约束（如美国的宪法第一修正案），因此，相对而言，私营企业能够免于此类限制。

对网站的传输屏蔽及资金屏蔽

新闻和资讯在线存储商维基解密曝光了美国的外交电报，引发了关于信息中介商的极大争议。在此次被称为"密电门"的事件中，大量关注集中在维基解密所曝光的内容和数据上，涉及国家安全、外交官保护以及在数字时代如何定义新闻自由等问题。例如，针对维基解密的所作所为与《纽约时报》的作为的性质是否有所不同，以及是否可以对此主张新闻自由等问题，媒体一直争论不休。

虽然信息内容方面的争议至关重要，然而另一层面的论述体现在互联网基础架构的管理与裁量问题上。为维基解密提供免费 DNS 服务的机构 EveryDNS，决定中断对其的服务，从而从源头上阻断了维基解密的在线功能。EveryDNS 称，维基解密的网站受到了广泛的拒绝服务攻击，关停对维基解密的服务符合 EveryDNS 自身的使用政策，其目的是避免 DDoS 攻击波及其他用户。亚马逊同样也引用了自身的服务条款，以证实停止对维基解密提供服务的正当性，因为维基解密网站上的内容会为用户带来隐患。[12]EveryDNS 公司也专门发表声明，称其所做的决定并未受到政府屏蔽维基解密的压力："有报道称政府责成我们拒绝为维基解密提供服务，这种说法是不实的。"[13]尽管维基解密能够迅速依托 wikileaks. ch 重现在线内容，然而这个例子为我们敲响了警钟，在决定谁被允许提供线上服务的问题上，实际控制权来自私营企业的决定而非政府的公权力。

资金中介商在阻断维基解密资金流方面同样做出了私营企业主导的决策。[14]例如，PayPal 称，其永久封锁了维基解密所使用的账户，因 PayPal 使用条款中规定禁止为从事非法行为的网站提供支付服务。PayPal 总监指出，公司的此项决定是在美国国务院声明指出维基解密对文件的处理行为违反美国法律之后做出的。[15]该总监同时称 PayPal 并未收到任何政府机构的指令，其做法是出于对用户使用协议的考量。

在信息社会，阻断网站访问或截断其资金流是至为重要的权力。在线行为存在着集中的控制点，而这些控制点掌握在私营业者手中。

中介化的隐私治理

买一枚钻戒作为圣诞礼物曾是一件很简单的事，而马萨诸塞州一名居民在线上商城 Overstock. com 为其妻子购买一枚钻戒后，他的脸书个人主页上突然出现一则消息，内容是他"在 Overstock. com 网站购买了一枚14k 白金、0.2 克拉的钻戒"[16]。他的此次消费在连同他妻子在内的脸书好友圈中被公之于众，预先策划的惊喜泡汤，他的处境也十分尴尬。其他脸书用户也察觉到，他们诸如买电影票和观看视频的消费记录也出现在他们的个人主页上。

经营社交网站的公司为用户提供免费的服务，同时依托在线广告营销获取利润。广告营销的成功取决于挖掘潜在用户的能力，这种能力是基于对个人基本数据、消费能力及个人偏好数据的掌握。在线行销系统功能的发挥建立在理解用户信息基础之上，其信息来源为搜索引擎、社交媒体平台等信息中介商所收集的信息。

圣诞礼物的乌龙源自脸书协同 44 家合作机构发起的名为"灯塔"（Beacon）的活动。灯塔旨在通过"社交营销"的模式盈利。"社交营销"的理念认为，人们的购买行为能够影响其周围通过社交网络平台所连接的他人。脸书的合作伙伴多为在线交易或信息网站行业的龙头，包括 Blockbuster、CBS Interactive、eBay、Fandango、NyTimes. com、Yelp 以及 the Wedding Channel 等。[17]当脸书用户在其中一家合作网站上消费时，此行为会触发灯塔脚本（主要为一串计算机指令）而导致特定的操作行为，诸如将此项交易告知脸书。能够触发此类指令的行为包括发表评论、提交意见、发出订单或浏览网页等。用户电脑中的"cookies"能够辨识脸书用户的身份。cookies 是用户访问网站时产生于网站服务器和浏览器之间的小型文本文件。举例而言，访问脸书的行为能够使用户电脑终端产生一串特殊符号，这串符号能够帮助辨识用户的脸书成员身份。一旦在合作商家网站上活动的用户被辨识为脸书用户，脸书便在用户的电脑上启动弹幕，告知用户有关其行为的信息将被发送到脸书主页。此种方式特殊之处在于，即便用户当时并未开启脸书网页，脸书也能够通过第三方网站与用户进行互动。

在影响用户购物决策的因素中，信任度、社交性和信誉都发挥着至关重要的作用。社交营销背后的理念是希望通过用户社交圈内的他人的购物行为影响用户自身的购物决策。脸书为用户提供了退出此项新功能的隐私设置，然而其机制是"择出"而并非"择入"。除非用户主动选择退出，否则灯塔功能将一直保持活跃，因此，其默认设置是信息的公开而不是隐私的保护。此外，脸书似乎并未提供一个整体的择出方式。脸书用户必须在每个合作网站上单独进行退出的操作。由此引发的问题是，用户在使用合作商家网站功能时很可能忘记在每个网站上均单独点击退出，在很多时候由于网页加载缓慢等技术问题，用户甚至没有看到择出的选项。

在将近一个月的争论后，脸书创始人马克·扎克伯格发表公开道歉，承认脸书发布的灯塔功能"很糟糕"，并称其已将灯塔的隐私设置更改为择入机制，并为用户提供可以一键退出灯塔全部活动的选项。[18]因灯塔遭遇负面影响的脸书用户并未因此善罢甘休，他们随后发起了针对脸书及其合作商家的集体诉讼。[19]灯塔诉讼直到 2009 年 9 月才平息，脸书同意拿出 950 万美元的经费用于在线隐私保护，同时关停灯塔的全部业务。

上述典型案例，牵涉出信息中介商在制定隐私政策中的角色这一更宽泛的问题：公开权与隐私权具有何种紧张关系；用户的哪些信息可以被收集及如何被披露；是否存在有关透明度的合理标准；不同国家的法律对于线上活动与个人隐私问题如何适用；何为提供免费服务的平台的必要盈利模式；在抵制网络平台的争议性隐私设置时用户及法律团体具备哪些权力。

信息中介服务商在提供服务的同时也带来了隐私隐患，各类用户数据在幕后被收集与分享。其他场合中，用户主动提供有关自身及他人的数据，同时抱有这些数据仅在其朋友圈范围内分享的预期。诸多类似脸书的分享平台要求进行实名认证，而不允许使用匿名或化名的交流方式。

一些社交媒体如 Foursquare 能够透露用户的位置信息，以及用户正在做何事。获取用户的地理位置信息几乎不存在任何技术障碍，无论通过 GPS、Wi-Fi 定位，还是蜂窝三角网定位均可轻易获取，与此同时，此项定位功能正日益与其他功能衔接。一些应用程序对个人隐私造成了过分的侵犯，例如名为"我身边的女孩"（Girls around Me）的应用程序能利用地理位置信息和社交信息定位周围的女性，让人不堪其扰。

网站展示或分享信息的方式，以及信息呈现方式的改变，同样对隐私状况造成影响。脸书的灯塔事件即证实了服务的改变会影响社交媒体平台的隐私状况。另一个例子是脸书改由按时间顺序呈现用户个人主页上的活动内容。用户的信息并未改变，然而用户及其既往信息呈现方式的不同，同样引发了信息公开状况的改变。隐私政策的内容还涉及隐私状况改变时需要用户做出明示还是默示的同意，以及哪种方式应当成为默认设置。

个人信息披露

信息中介商的另一种隐私治理模式为，在政府请求提供用户信息时，公司在决定是否回应的过程中体现的守门人角色。用户在社交网站上传个人信息时，通常抱有一定的隐私期待，即信息只被其个人社交圈中的朋友所见。在 YouTube 上观看视频貌似是私人行为，在卧室中上网搜索近期诊断状况相关的医疗信息同样看似是私人行为，然而在屏幕的背后，提供中介平台服务的公司会接到政府机构及执法机关的请求，要求其提供有关个人及其网络活动的信息。

由于信息中介商接到的提供用户信息的请求数量激增以及法律风险的巨大压力，中介商不得不对何种信息应当披露进行逐一审查。

美国宪法第四修正案规定："每个公民均有权使其人身、住宅、文档及所有财产免于无理的搜查与扣押，搜索令的签发必须具备合理的事由。"在网络治理的全球化困境中，界分此类权利比线下世界艰难百倍。对于何以构成有效或合法要求的判断，决定权往往在接到这些请求的公司手中。随着经济和社会生活日益向网络空间转移，私营企业收到的针对其用户信息披露处置的请求数量也与日俱增。

谷歌透明度报告发布了其接到的政府获取用户数据请求的情况。在 6 个月中，谷歌接到美国政府获取信息的请求涉及 12 243 个用户或账号，执行了其中的 93%；接到来自俄罗斯当局的请求涉及 65 个用户或账号，无一执行；接到德国当局的获取用户信息的请求涉及 2 027 个用户或账号，执行了其中的 45%。[20]同其他信息中介商一样，谷歌面临处理与日俱增的请求的状况，并且必须对每项请求的执行程度做出抉择。正如谷歌所总结的："我们所接到的涉及刑事调查的获取用户信息的请求逐年递增。"[21]

为在线广告营销而披露信息

几乎所有的中介服务商均倚赖于在线营销作为其部分或全部收入来源的经营模式。在线营销具有多种形式。一些广告是类似 Craigslist 的分类资源，或 YouTube 上看似娱乐、实为广告的"广告娱乐"视频。当今在线广告营销渠道分为场景、行为、位置和社交四大类型，其均需收集有关个人或交换内容的信息。四类渠道均需要进行不同程度的信息存储与聚合，同时收集不同类型的个人信息。

场景营销的含义为，根据广告投放位置周边的不同场景提供针对性的促销产品。例如，对于"二手教材"的场景式营销广告可能在探讨大学生新学期课表的邮件周边出现。泳装的促销广告可能与社交媒体上发布的将去夏威夷度假家庭的信息同时出现。此种营销方式即是针对特殊场景中的信息内容进行的广告投放。

行为营销模式投放广告的依据为用户行为，如访问的网址、广告的更换与点击次数，或者近期的在线消费类型。此类营销模式是最常规的方式，通过对于用户信息的持续和跨平台的收集、聚合及留存，得出衡量用户消费偏好的依据。

位置营销的内涵为，依据用户的地理位置向其手机或固定网络设备投放广告。地理位置信息可以轻而易举地获取，例如用户的 IP 地址可以透露其大体地理位置，具备 GPS 功能的手机可以对用户进行精准定位，

Wi-Fi 链接能对用户的位置进行粗略定位，其原理同蜂窝三角网定位相似。拥有广泛可得的地理位置信息，向用户发送周边饭店的广告毫无技术障碍。

最后，社交营销是利用用户通过社交网络平台自发取得联络的人或社会关系来投放广告，其并非真正意义上的广告，而是个人发布的有关偏好或购买记录的信息，正如上文所举的脸书推出的灯塔的案例。

无论用户是否觉察到后台的数据分析及被追踪的程度，现实是人人都处在不同程度的追踪之中。根据信息中介商透露的消息，收集的信息类型涉及电话号码、IP 地址、追踪性 cookies、第三方 cookies 以及硬件设备识别码等。鉴于数据追踪的复杂性和普遍性，用户的择出操作也变得十分困难。正如一组隐私研究人员所总结的："广告商使得人们在线上追踪面前无可遁形。他们如此热衷于个性化行销，以至于忽略了用户有权对此加以拒绝。"[22]

个人信息的留存及汇总为每个用户建立了关于其偏好与个性的档案。这个不断扩张的商业领域引发了诸多互联网治理问题，包括企业责任、用户的选择权，以及政府在协调公民自由的保护和促进商业发展二者关系中的角色与定位。

信誉管理

在网络暴力、线上骚扰及名誉损害等问题上，信息中介服务商无疑处于第一线。在巴西等国家，攻击性言论受到法律的严令禁止，此类限制常常是依据宪法的规定。与此同时，在美国等国家，言论自由受到严格的保护。除诽谤外，对于线上骚扰、网络暴力、发表攻击性言论等行为几乎没有法律规定。在网络世界，信息中介商被夹在中间，每天都面临着基于名誉损害或骚扰信息等原因移除相关内容或关闭用户账号的请求。

有关线上信誉的问题，存在着不同的治理领域。一种涉及如何处理损害名誉并且可能给个人带来危险的线上信息。另一种则涉及诸如 Yelp和 Angie's List 等线上信誉中介商的公共政策角色。这些中介商在技术设计方面做出决策，并制定用户政策，其后果可能对公司造成经济影响或对个人造成社会影响。在其平台中产生争议或矛盾时，它们还需要做出裁决。下文将介绍私营企业在保护个人在社交网站上的名誉以及运营信誉系统中的治理责任。

经济信誉体系的社会现状

线上信誉评级体系提供了多源头的产品服务评级渠道。专家评鉴作为产品质量的仲裁者曾占据了几近垄断的地位。这些专家扮演了介于市场与产品之间的中介者角色。任何一条对于产品或餐厅的负面评价都会严重影响市场消费。尽管有时不排除被操纵的可能，线上信誉评级系统依然为产品服务的评级提供了更加民主和开放的途径。很多信息中介商将提供信誉评级作为专门业务。例如，成立于 2004 年的 Yelp 对饭店、汽车修理工及发型师等提供本地化的第一手评价与评级。此外，那些非评级服务网站也支撑着信誉体系的建立。例如，Amazon. com 允许公众对书籍和商品进行评级，并发表公开点评。每个在亚马逊购买书籍的人都会留意到每本书的星号评级（从一颗星到五颗星）。eBay 在其网站内也建立了类似的评级体系，供交易双方对与其在交易中进行合作的卖家或买家进行评价。

信誉评级平台承担了类似行政机构的监管责任。为促进评价的公平与民主性，诸如为避免自我评价和恶意操纵评级等情况，它们应当如何设置必要的程序性条件？举例而言，有些机构运用技术手段屏蔽同一设备发出的多重评价；有些机构要求使用者通过实名认证；有些要求具备正式的会员资格（通常缴纳一定费用或免费），以屏蔽肆意毁谤他人产品服务或张贴无关内容的评级"蟑螂"。其他方面的疑虑包含系统中的贿赂或偏见问题：评级网站应当运用何种算法计算评级，广告赞助与网站呈现出的评级和排名有无实质关联？

信誉评级平台有时会扮演仲裁者的角色，例如在有关负面评价的争议出现时，或社会争议在网站上泛滥时。一名与家人购买婚纱的同性恋女生在 Yelp 上发表评论称，新泽西一家婚纱商店拒绝卖裙子给她。这家商店的 Yelp 网页立即充斥了对这起拒卖婚纱事件的负面评论。在众多诸如此类的信誉评级管制事件中，中介商必须决定是否及如何对此加以干预，可能的依据为中介商自身的服务条款。在这起事件中，Yelp 选择了删除这些评价，认为其不具有相关性，并非针对与商家交易的直接经验而做出。

线上骚扰及网络暴力

一名美国女孩发现她的 4 个同学专门建了一个脸书群组用来嘲笑她，对此她向脸书提起诉讼，并请求 300 万美元的损害赔偿。社交媒体平台成为了恃强凌弱的新土壤。这些平台提升了在线骚扰的概率，因为不同于在围墙外大喊，网络留言能够被更广泛的群体看到，并且除非社交网络经营者主动删除，否则该留言将在网络空间永久存储。尽管世界上越来越多的法律禁止网络暴力，但法律在保护人们免于此类遭遇的过程中往往显得力不从心。

信息中介商在处理骚扰问题中的责任依据不同的法律规定而有所不同。在美国，包括脸书等社交媒体在内的互联网服务商，在网络暴力及骚扰问题中几乎可以全部免责。此项免责权来自《文明通信法案》（Communications Decency Act，CDA）的规定。《文明通信法案》于1996年通过，修订了同年颁布的《通信法》（Telecommunications Act），旨在治理网络猥亵问题。美国联邦最高法院在里诺诉美国公民自由联盟案中推翻了《文明通信法案》中部分所谓的猥亵条款，裁定该类条款因触犯言论自由而违宪。然而《文明通信法案》第 230 条作为影响力最大的条款之一备受瞩目，它使中介商免予因用户的线上行为而承担责任。根据该条款，中介商在法律上不应被视为其网络上出现的信息的"发布者或发言者"。《文明通信法案》第 230 条也保护此类服务提供商免于所谓的"好撒玛利亚人"责任，当它们选择限制某些内容的获取或提供让他人限制内容获取的机制时：

> 任何互动式计算机服务的提供商或用户，均不应当被视为由其他信息内容提供商提供信息的发布者或发言者……若信息被提供商或用户认为是淫秽、下流、色情、肮脏、过度暴力、骚扰或其他方面有伤风化的，那任何善意地限制此类信息获取的交互式计算机服务提供商或用户都应当免责，不论此类信息是否受到宪法保护。[23]

社交媒体公司需要制定政策及用户服务条款，以应对攻击性言论、网络暴力以及在线骚扰等问题。例如，Facebook 的权责声明包含以下条款：“用户不应发布有关仇恨言论，恐吓、色情、暴力煽动性内容，或包含裸体、图解式或无故的暴力内容。”[24] 而信息中介商如何接受投诉及应对移除仇恨言论或骚扰内容的请求，因社会风俗和法律的变化而显得十分棘手和具有挑战性，其中涉及保护言论自由与提升用户服务体验的两难抉择。

私主体治理的共同社会责任

信息中介商在不同市场和社会力量的交互中处于中间协调者的地位。它们通过提升信息交换的效率以及为人际往来提供社会资源，以产生重要的网络的外部效应，创造经济或文化价值。它们协调物品和信息供需间的市场交换，同时通过信息交互服务获取利润。此类功能注定其要为实物产品以及社会资本的交换承担监管责任。其责任还包含决定诸如自由隐私、信誉及言论等自由权利的行使要件。

私营企业在履行协调线上言论自由和文明规范的义务方面，面临着空前严峻的挑战。私营企业对当然权利问题做出决策的复杂程度反映出一个现实，即不同的社会存在不同的言论管制性法律。虽然有些信息内容的类型几乎为所有社会群体所不容，诸如儿童色情文学，然而在另一些情况下，一个群体中完美定义的言论类型在另一个群体中却被禁止。对于公司而言，在其价值与国家法律或规范中间做出协调是极富挑战性的，原因在于它们自身并未发布信息内容，而是仅仅作为信息的存储者与管理者，为信息内容提供载体。

从技术角度而言，搜索引擎（如谷歌、百度、雅虎、必应）、社交媒体网站（如推特、脸书、Orkut、LinkedIn）及内容汇聚网站（如脸书、YouTube、维基百科、Flickr）均有能力直接删除信息、个人或社会媒体联系。而从政策的角度审视，此类介入行为具有高度的争议性和场景依赖性，或者简单而言，是逐渐发展演化的。无论在介入言论自由的协调还是决定隐私及信誉保护的前提方面，私营中介商无疑都在行使着超越国家边界的网络空间治理权，这一权利远比民族国家本身所具有的治理权限更广，影响更深远。

第 8 章

互联网治理架构及知识产权

ABC 公司电视台报道了美国唱片业协会（RIAA）对一名患有胰腺炎的少女提起诉讼的新闻事件。[1] 这起针对盗版的起诉指控这名少女在网上违法上传了十首歌曲。对于此类诉讼，被指控的个人在法院做出判决前只有数天的准备时间。这名少女常常进出医院，联邦法官判其败诉，并处 8 000 美元的罚款。忧心忡忡的女孩和她的母亲辩解，称她从未违法分享音乐，受指控的账户是由她的父亲注册的，其后立即就搬离了她们的住处。这名女孩尚无工作能力，而她母亲只领最低工薪。即便这名女孩有能力应诉，她和她母亲也极有可能无法支付昂贵的诉讼费用。

起诉一名患病女孩在公关方面造成的恶劣影响，是对特定个人执行版权侵权的途径引发的挑战。移除特定在线内容的尝试会带来公共关系的困境，尤为臭名昭著的是环球唱片请求 YouTube 移除一名母亲发布的视频，视频中她的婴儿正在伴着歌手普瑞斯的《我们尽情去狂欢》（Let's Go Crazy）歌曲跳舞。

在版权保护的执法方式上，信息内容服务商在一定程度上已经将关注点由起诉侵权主体及请求移除内容，转向借助互联网技术架构和中介技术来间接实现目的。所谓"三振出局"的法律规定（又称"逐级响应"）即为向技术架构转向的例证。在三振出局路径形成的过程中，若用户连续违反版权保护法律，服务提供商及信息中介商有义务切断其网络连接，或采取诸如屏蔽其进入特定网站、门户及协议的多种手段。此外，搜索引擎也将盗版的因素纳入决定搜索结果排名次序的算法当中。

互联网域名系统（DNS）同样成为实现知识产权（IPR）保护执法的基础架构性工具。DNS 一直在发挥着特定的技术功能，即在人们用于请求网址的数字域名与计算机用于定位被请求网址的数字 IP 地址之间进行转换。DNS 早已被广泛应用于版权保护领域，其方式为：通过修改域名与数字 IP 之间的解析对应关系，屏蔽被认定为非法出售或泄露知识产权的网站入口。

版权或许是最常见的在线知识产权问题，关于违法在线分享音乐和电影问题一直争议不断。版权是原始作品创造者享有的一系列权利，作品的类型涵盖歌曲、照片、书籍、电影或电脑程序等。享有版权的作品的所有权人拥有在特定时期内控制作品的使用及传播的权利，特定时期（通常在美国）可以指作者去世 70 年之内。超过此时期后，作品的所有权则归公众所有。对版权及其他形式的知识产权加以保护的目的是，在确保创造者及开发者因其原始作品受到补偿的同时，鼓励新的创造性作品的创作及知识的开发。

域名系统的屏蔽通常是指对违法传播受版权保护内容的网站进行拦截，这项技术在应对构成商标和专利侵权的网站时同样适用。仿冒的奢侈品或体育队服在网络上的销售严重侵犯了商标权人的利益。其他网站可能成为侵犯专利权的基地，例如销售无照或仿冒的制药产品。虽然违法仿冒奢侈品或盗版电影的网站是域名屏蔽的主要目标，然而伴随而来的问题是，若受屏蔽的网站同时包含其他内容，诸如论坛、网络索引或搜索工具等，屏蔽操作可能对言论自由造成附带性损害。在美国，域名拦截由美国移民与海关执法局（ICE）执行，它是隶属国土安全部的一个调查执法机构。立法层面始终在朝着扩张政府权力、私营内容提供商通过 DNS 来实现更广泛的知识产权保护执法的方向发展。

　　本章审视了互联网技术架构如何影响知识产权执法，以及其在政府监管领域的应用。此外，还探究了知识产权与互联网治理的关联，剖析知识产权如何嵌入到互联网治理的技术当中，而非被技术所影响。部分嵌入的内容包括关于域名的商标权争议，建构在互联网标准基础上的专利，以及信息中介技术中的商业秘密保护等。

盗版及执法的技术塑形

　　近一个世纪以来，音乐通过将机械声波转换为模拟电子声波的方式被录制，机械声波是由声音源引发的空气分子的物理震动，而电子声波的变化随机械声波而呈现持续和相关性。在这种类似的状况下，对享有版权的媒体内容进行保护显得较为容易。进行存储需要依托一个物理媒体（诸如一张唱片），且不存在复制和传播此媒介的简单途径。互联网作为一个完全独立的系统介入，主要处理数字字母内容的电子化交换。音乐和视频制作与传播体系完全同原初的数字字母互联网应用相脱节。

　　多媒体内容的电子化以及使其传播便利化的互联网改革深刻打破了知识产权的平衡。电子处理能力的提高及互联网带宽的扩展，从根本上改变了声音和视频的录制及传播方式。1965 年，英特尔创始人戈登·摩尔（Gordon Moore）大胆预言，植在一张芯片上的晶体管数量反映出芯片处理能力的潜在增长。这个预言被称为"摩尔定律"，现在的内容是集成电路上可容纳的元器件的数目每 18 个月便会增加一倍。此预言经历时间的考验后已被证实。

　　录制及传播一首 MP3 歌曲所必需的技术过程，对于大多数音乐消费者而言是不可见的。首先，经由名为"脉冲编码调制"的三步过程，模拟语音信号被转化为数字信号。首先在非连续的时间段将音频信号录制下来；随后将每段录制的音频经数字化处理，使其转化为特定的数值；接下来将每个数值转码为代表该数值的二进制编码。通过以上方式，任何被录制的音频都能够被转化为一系列二进制编码。这种以数字化的方式呈现多媒体内容的技术使得媒体内容的再现变得轻而易举。模拟信号在传输时，信号的强度随时间的推移而降低，因而每次对模拟信号进行重现或复制时，都加重了波形信号的失真，引发误差或质量的下降。相较而言，数字信号的复制能够几近完美地再现原始的内容，因为阈值探测器只需要侦测出脉冲的存在（1）或不存在（0），再依此再现信号。

多媒体的数字化方便了多媒体内容的复制，同时数字处理能力的提高也推动了信息内容的无限量存储及处理。带宽的扩展方便了内容的传送，视频、音频和图像的标准编码格式（分别为 MPEG、MP3、JPEG）也使得设备间的格式兼容成为可能。P2P 文件分享的应用也为较大媒体文件的交换提供了有效的传播模式。就技术角度而言，数字化内容的获取、复制、存储、传播及清除均较为便利。然而这仅仅是技术层面的考量。就内容产业的商业模式而言，情况则大有不同。

在新闻企业、出版行业以及包括音乐和电影生产的文化产业，电子内容的低成本和易传播动摇了其传统的媒体传播模式。抛却如何定义隐私、文化交融、媒体模式的改革等问题不谈，数字化的失控构成了主流媒体产业的主要经济困扰。

美国唱片业协会指出，在文件分享网站 Napster 诞生后的十年，仅美国的音乐销售行业就缩减了近50%，由146亿美元降至77亿美元。[2] 美国贸易代表办公室（USTR）就知识产权保护问题发表名为"特别 301"的年度报告。数字"301"指代美国 1974 年《贸易法》第 301 条，其内容要求美国贸易代表办公室列出未能提供充分的知识产权保护的国家。"特别 301"报告就 USTR 认为在知识产权保护和执法方面不够完善的国家列出"观察名单"，并且可以敦促美国就此采取诸如贸易制裁的行动。例如，一份"特别 301"报告指出："网络盗版成为同诸多国家进行贸易往来的主要障碍，包括巴西、加拿大、中国、印度、意大利、俄罗斯、西班牙及乌克兰。"[3]

　　鉴于此，知识产权保护相关的法律及国际条约日益提升对盗版及违法文件传输的打击力度。一些法律学者将此称为"第二次圈地运动"，以公有土地转化成为私人财产的英国"第一次圈地运动"类比当今知识产权保护扩张的现状。[4]

　　换个角度而言，有些人将数字盗版视为全球性的盗版问题。社会科学研究协会（SSRC）一篇题为"发展中国家的盗版问题"的报告指出："在巴西、俄罗斯和南非，以当地的收入水平为基准，CD、DVD 或微软办公软件的价格是美国或欧盟的 5 ~ 10 倍。"[5] 就生产角度而言，盗版现象会带来经济冲击，缩减企业的利润，并遏制文化艺术生产与创新的动力。然而从消费尤其从发展中国家的消费角度而言，盗版为广泛的群体提供了获取从电影到软件的多媒体的渠道。

　　法律对于享有版权或其他受保护内容采取严格保护的此种路径，并未约束到人们在日常生活中对其的违法使用，如在网上上传照片、分享音乐，或未经同意在 YouTube 上发布享有版权的视频等。对于大部分青年而言，新闻、视频及音乐的即时和免费分享行为是约定俗成的社会规则。

版权保护在个人层面上的执行，并未对这一不断演进的社会规则造成太大影响。若有，针对个人的执法将是浪费劳力的，并会引发媒体产业新的公共关系危机。无论存在多少起阻止违法文件传播的成功案例，仅有的几起针对老人、死者、十二岁少年的案件都足以引发公关危机。

移除违法在线内容的做法十分常见，其操作通常由诸如社交媒体平台或内容服务网站等信息中介商进行。在美国，根据1998年入法的《数字千年版权法案》（DMCA）512条（d）款，这些中介商适用避风港条款，该条款能够保护它们在特定条件下免于为知识产权侵权承担责任。其中一项条件为"通知删除机制"，其内容规定，中介服务商接到来自版权所有者的侵权通知之后，依其投诉移除相关内容。若侵权主体屡教不改，作为中介服务商的私营企业还将注销其账号。如谷歌的服务条款规定："若侵犯版权行为累计三次，YouTube将注销您所有的账号，移除您上传的全部视频，并永久拒绝您日后对YouTube账户的再次申请。"[6]

信息中介商在移除在线盗版内容的执行方面发挥了至关重要的作用。在很多国家，行使上述职能可能出于法律的要求，可能出于用户服务条款的规定，并且为其移除知识产权侵权内容的程度所证实。推特的服务协议规定：

> 针对违法内容，我们保留在未经通知的前提下将其删除的权利，删除行为由我们独立做出，并不为此承担责任。若用户被确认为屡次侵权，推特还将注销其账号。[7]

用户协议中关于移除账户权利的规定，扩张了信息中介商对特定内容进行操作的权力，在认定用户行为是否构成反复侵权的问题上，更加退回到日益扩大的自由裁量权限。然而通常而言，预先进行内容审查并移除相关内容并非中介商的义务，而是应由认为遭到侵权的版权所有者发起，并由其请求中介商删除。表 8—1 的内容取自推特透明度报告，其显示了推特在 6 个月内接到删除请求的数量。值得注意的是，推特在此期间仅接受了其中 38% 的移除请求。由此可见，在决定是否移除被请求删除的内容方面，推特承担了部分的公共治理责任。

表 8—1　　　　推特在 6 个月内因侵犯知识产权而移除相关内容的情况

月份	知识产权侵权移除告知	移除内容情况所占百分比（%）	受影响的用户或账户数量	被移除的推文数量
1 月	437	57	788	782
2 月	414	42	723	649
3 月	382	53	1 307	1 139
4 月	700	30	1 056	994
5 月	970	26	1 129	1 016
6 月	475	47	871	695
总计	3 378	38	5 874	5 275

资料来源：推特透明度报告。

谷歌服务条款中涉及版权的相关规定，同《数字千年版权法案》基于相类似的出发点，并同样致力于迅速移除侵权内容的执行请求。因此，中介服务商可以适用避风港条款，免于承担法律责任，并省去对可能侵犯版权的内容进行预先审查的人力消耗。谷歌服务条款规定："我们根据《数字千年版权法案》的程序，对认为侵犯版权的通知做出回应，并移除屡次侵权的账号。"[8]

谷歌透明度报告提供了大量关于其收到的移除盗版内容请求的信息。随着时间的推移，谷歌每个月收到的请求数量急剧增长。2012 年 9 月，谷歌共收到 6 514 751 个盗版内容移除请求。[9] 而仅在此前的一年，此项数值还不到 100 000。在前述一个月内接到的超过 600 万的内容移除请求中，仅仅出自 2 000 多个版权所有者，包括 NBC 环球、微软等大型公司及美国唱片业协会。其中许多请求指向专门提供媒体文件 P2P 分享或下载的网站链接。例如，谷歌透明度报告指出，其曾在一个月内收到 28 421 个移除网站 TorrentHound 上的网址链接的请求。

其他请求涉及将特定受版权保护的内容在内容经营网站（如 You-Tube）上移除。通知删除程序的操作步骤如下：内容服务网站收到来自版权所有人的移除内容（如一则视频）请求后，将相应内容移除。该视频的发布者有权提交一份取消通知，作为其在作伪证便受到处罚的前提下，对该内容的移除理由不充分的声明。该取消通知可以作为诉讼的邀请，版权所有人可以在两周内提起诉讼。如若未提起诉讼，则此视频可以继续保留。

一种更为技术化的版权执法方式，是将数字化文件与内容提供商的版权文件数据库进行自动化比对。谷歌平台能够将视频进行预先移除，若该视频与其数据库中的内容 ID 匹配一致。内容提供商可以为受版权保护的内容提供一个电子标签。例如，谷歌可以自动识别 YouTube 的标签，若与已存储的内容构成重复，则对其进行自动删除。此种机制化的途径不需要人工的介入、看管或监控，因此无法以合理使用作为合法免责事由，如低级模仿或教育视频等。尽管存在一系列问题，例如无法排除合理使用的情形，这种知识产权的执行方式至少对特定内容适用。下文将讨论在内容管理方面对基础架构的更深层利用，在此路径下，违背知识产权法的行为可能导致用户整个网络链接（而非诸如 YouTube 账号等特定内容）以及整个网站（而非网站上的特定内容）的截断。

作为知识产权法执法代理的基础设施

数字内容产业和执法已经将关注的重点由个人或内容层次的执行转向通过中介基础设施的操作。下文将介绍三种以基础设施为依托的版权执行方式：通过搜索引擎排名对版权侵权网站进行惩戒；移除反复侵权行为人账号的三振出局路径；运用域名系统对在线版权侵权者执行域名查封处罚。

搜索引擎算法与版权执行

在搜索引擎借以决定如何对搜索结果进行排序及呈现的算法中，有时纳入了版权侵权的因素。例如，谷歌将盗版行为纳入其搜索结果排名："收到大量移除通知的网站可能在我们的搜索结果中排名靠后。"[10] 网站是否反复违反版权法属于谷歌搜索结果排名算法中 200 多个"信号"之一。

谷歌资深副总裁阿米特·辛格尔（Amit Singhal）在 2012 年称："我们现在每天收到的版权移除通知比 2009 年全年还要多，仅在过去的 30 天就有超过 430 万个网址。"[11] 搜索引擎服务提供商尚未解决的问题是，对于反复侵权的网站，将其链接从搜索结果中移除还是延后排名。无论如何，搜索引擎作为内容的聚合要塞，将一直是知识产权执法或任何形式的内容过滤授权的核心。

切断或延缓个人网络访问的三振出局法律

"逐级响应"的途径用以应对非法文件分享问题，其方式是通过切断侵权用户的网络连接，或减缓网速、屏蔽特定服务准入等其他措施。根据相应情况，逐级响应的途径亦称为"三振出局"或"六振出局"策略。在此体系中，网络服务商承担了知识产权法执法的义务。这种执行方式最初针对的是通过对等网络分享电影音乐的行为。

在用户访问涉及侵权的网站时，用户网络访问被切断后会受到一系列警告。以下例子概括了逐级响应机制的运作方式。在连入对等网络后，内容所有者或作为代表的内容所有者能够查明内容非法分享者的 IP 地址。内容所有者或代表可以由此通知与此 IP 地址相应的互联网服务提供商。ISP 向侵权网址所连接的用户发出警告邮件。若在同一线路发生第二次侵权行为，则发送认证邮件。第三次发生侵权行为，则 ISP 将停止向此用户提供网络访问服务。

逐级响应策略的具体实现方式因国别而有所差异，关注版权侵权问题的媒体内容产业大力推动并支持这一执法方式在各国得到适用。法国推出的颇具争议的 HADOPI 法案[12]包含了三振出局的相关规定。法国宪法委员会以违宪为由推翻了该法案，然而立法机构又推出了一部类似的法规，仅是增加法律审查条款和程序。与此相似，英国的《数字经济法案》同样引进了知识产权执法的三振出局政策。[13]

在美国，美国电影协会（MPAA）和唱片业协会联合协助成立了美国版权信息中心（CCI）[14]，它是网络服务商的联盟，成员包括 AT&T、Cablevision、康卡斯特、时代华纳有线以及威瑞森等。CCI 是为阻止网络 P2P 文件分享中的盗版行为而建立的应急处置体系。同其他的逐级响应项目类似，它们的共同目的为，当网络服务提供商控制下的 IP 地址被指控与盗版行为有牵连时，内容所有者（尤其是内容所有者的代表机构）可以通知相应的服务提供商，后者可以根据 IP 地址及特定的日期、时间来确定参与活动的用户账户。在对用户发出一系列警告之后，网络服务商可以采取一定措施，如减缓网速或切断连接等。

此类方兴未艾的逐级响应路径在全球范围内引发了诸多问题，涉及言论自由、法定诉讼程序、用户自证清白的负担、此类措施的长远功能、切断用户整体网络连接的可能性，以及网络服务商在进行此操作中的负担。网络服务商必须安排相关人员负责与对其发出盗版通知的内容所有人进行联络。此外，还应配备人员来负责公司对用户发出通知及警告。公司还须聘请律师来处理法律上复杂的问题及灰色地带，以及对被停止服务用户的起诉进行回应。网络服务商所付出的经济代价实质上最终体现在用户使用服务费用的提高上。

联合国在其发布的一份关于人权与言论自由的报告中，旗帜鲜明地表达了对"逐级响应"路径的反对，认为其以侵犯知识产权为名阻断了用户同互联网的联系。联合国特别报告员"对违反知识产权法的用户采取切断网络措施的提议感到震惊。知识产权法还包括建立在'逐级响应'理念基础上的法律制度，其规定对版权侵权者采取一系列惩罚措施，导致其无法接入互联网"[15]。这种借助基础设施执行版权的路径争议点颇多，并且正在不断地演变之中。

借助域名系统执行知识产权保护

知识产权所有人及执行机构均将域名系统视为屏蔽受版权保护内容及盗版产品在线交易的互联网控制节点。域名系统的干预方式为查封已注册的域名，或将链接由侵权网站转向其他网站，此种行为通常须有执法机构的授权。在用户看来，此种干预的结果是网站消失了。然而实际上，包含违法内容的服务器并未被真正清除，其内容也未被改动。真实情况是，通往网站的路由被屏蔽了，其效果类似于在通讯录中删除了一个特定的人名。对于重新链接网站的情况，地址解析过程并未将其指向原始的位置，而是将 IP 地址分配给了另一个网站。

美国移民与海关执法局（ICE）通过地址重新链接的方式执行对域名的查封。ICE 作为拥有两万名雇员及 60 亿美元经费的机构，其对跨境事务的执法权限相当广泛，涉及儿童跨境拐卖、枪支弹药、毒品及走私等。[16] 上述许多活动原本只在现实空间或通过发送物流的方式进行，在当今则广泛通过互联网进行交易，也由此扩张了 ICE 的执法范围。

ICE 的调查行动导致了成百上千的域名地址被查封，这些网站或出售仿冒商品、非法传播电影与电视节目，或非法提供按次付费的活动入口，如体育赛事等。[17] 其中一些被调查的网站实际上并未窝藏盗版物品，但提供了指向这些物品的网站索引或链接地址。ICE 通过查封域名来抵制盗版及仿冒的执法行动，最初始于 2010 年 6 月发起的名为"我们网站的行动"。ICE 向公众宣布："作为'我们网站的行动'的第一弹，ICE 执行了大量的域名查封，这些域名指向的网站非法提供首映电影，通常在影院首映后的数小时即对外发布。"[18]

ICE 的调查一旦认定某网站构成非法提供侵犯版权或商标权的商品，并且未经权利所有人的同意，ICE 即向联邦助理法官提出申请，请求其签署对相关网站域名的刑事查封令。在"我们网站的行动"中，ICE 在纽约南区联邦地方法院申请查封了 9 个域名。部分 ICE 查封的首批网站主要有：

- tvshack. net
- movies-links. tv
- filespump. com

- now-movies. com

- planetmoviez. com

- thepiratecity. org

- zml. com

另一起大规模的查封行动发生在此后的第五个月。[19] 在此次被 Eric Holder 检察长称为"镇压网络星期一"的执法行动期间，共计有 82 个域名被查封。从政府发布的 ICE 查封名单中可明显地看出，被查封的网站主要涉及仿冒产品的非法出售，如体育器材、名牌鞋包、运动装备，或出售盗版数字内容，如音乐、软件、盒装整套 DVD。以下仅列举一小部分被查封的域名：

- louisvuittonoutletstore4u. com

- burberryoutlet-us. com

- rapgodfathers. com

- dajaz1. com

- dvdsuperdeal. com

- coachoutletfactory. com

- torrent-finder. com[20]

当网民进入被查封的网站时，将跳到含有三个图标的网页（即联邦司法部、国家知识产权协调中心及国土安全部的标志）。每个被查封的网站还会显示以下声明："经国土安全部调查，并依据美国联邦地区法院搜索令，该域名已被 ICE 封杀。"网页上还包含对相关刑事处罚的警告，即：对首次侵犯知识产权行为最高判处 5 年监禁并处 25 万美元罚金；对于走私经营仿冒产品，最高将处以 10 年监禁并处 200 万美元罚金。据美国政府统计，2010 年查封的域名使得近 3 000 万网民拥有了跳到此政府查封说明网站的经历。[21]

其他轮的查封风波的主要对象为对享有版权的体育赛事及按次付费网络赛事的点播网站。可以看出，所有的顶级域名（.org，.com，.net等）似乎均由美国机构经营，如由 VeriSign 等。事实上，据 ICE 表示："ICE 调查及检举人决定是否查封的依据之一便是此域名是否……在美国注册……即便网站本身是在海外经营的。"[22]法院做出判决后，通常由本地的域名管理机构加以执行，它们只需将域名重新定位到含有查封通知和警告的不同服务器的网页上。

此项互联网治理机制名曰"查封"，但其过程通常包括"重定向"或"重赋值"。其中之一也是最主要的途径是，执法机构授权对域名映射对应的 IP 地址进行官方权威匹配的域名管理机构来执行重定向操作，如 VerSign 等。执法机构联系域名注册机构，指示其按照要求将目标网站对应的域名解析到其他 IP 地址即可。域名注册管理机构掌控有某一顶级域名资源的数字解析过程，并且将通用数字地址统筹分配给所有的域名服务器，进而使得某一通用的域名地址偏离原本映射的目标网站，而指向政府预设好的网站。另一种方案是，执法机构与分配域名的域名注册代理机构接洽，如与 Go Daddy，要求后者将整体域名的分配由侵权主体转移到政府部门。若域名注册管理机构或域名注册代理机构均处于某国司法管辖权内，那么以上两种选择皆是可行的。

若盗版网站的域名在国外注册，或顶级域名对应的域名管理、登记机构在国外，政府机构便几乎无法对域名重定向或转移行使管辖权。跨境执法的复杂性和不确定性决定着公共政策和立法更倾向于通过境内的域名系统服务器来执行域名查封。SOPA/PIPA 即采取了加重国内域名注册管理机构和代理机构对侵权救济的连带责任，增加不允许其为国外相关责任网站提供技术服务（如接入、域名注册代理、域名登记、域名解析）等条款来强化知识产权保护规则的执法，这一做法在美国国内引发巨大争议。①

通过域名系统重定向进行知识产权执法的方式，揭示出大量的技术难题，特别是查封行为是否由递归服务器执行的问题。从技术角度而言，使用另外一个非过滤的服务器，或快速在另一域名中注册该网址，即可轻易避开这个难题。将大型技术系统及集群技术超出其原始设计目的而使用，往往会引发难以预料的效果。域名系统最初并非为知识产权的执行或其他形式的内容审查而设计。与域名系统映射到原始网站不同，域名的解析过程可能因地而异，从而改变互联网的广泛一致性。每天发生的域名劫持事件数以亿计，集中批量处理所提供的广泛一致性能够对此进行有效治理。差异化的解析过程的建立将如何影响其操作效率，我们不得而知。与此相关的疑虑是此种路径将如何影响域名系统的安全性，尤其是影响域名系统安全扩展协议的使用效果。

另一些人对域名查封如何影响网络言论自由的未来表示担忧。[23]两个

---

① 2011 年美国国会众议院和参院就网络盗版问题起草了两份类似法案，众议院版本称作《网络反盗版法案》（SOPA），参议院版本称作《保护知识产权法案》（PIPA），两份法案目的基本相同，那就是禁止从美国国内访问提供盗版内容的外国网站，并禁止从美国向这些网站提供任何形式的资金和技术支持。SOPA 的主要内容是，采取更严厉的措施打击互联网盗版。具体来说，就是以下四条：

（1）美国政府在得到法院禁令后，可以命令网络广告提供商（比如 DoubleClick）和在线支付提供商（比如 PayPal）停止向侵权网站提供服务。

（2）美国政府还可以命令搜索引擎（比如谷歌）不得显示侵权网站的内容，以及命令电信服务商屏蔽侵权网站。

（3）在 6 个月内获取（包括转帖和上传）盗版材料累计 10 次者，最高可判处 5 年有期徒刑。

（4）如果互联网服务提供商事先采取防盗版措施，可免除侵权责任；如果明知有人利用该服务进行盗版活动，却不加以制止，将加重惩罚。

以上四条措施并非是通过打击盗版者来防止盗版，而是通过扩大连带责任来防止盗版。——译者注

被查封的网站 RapGodFathers 和 OnSmash 曾是很受欢迎的 hip-hop 音乐网站。在一份对 ICE 查封做出回应的声明中，RapGodFathers 表示："在网站全部存续期间内，我们一直严格遵守《数字千年版权法案》的全部规定，但在美国，人们在被证明清白前显然是有罪的。"[24] 对于 RapGodFathers 而言，不仅仅是指向网站的域名被查封，实际上网站的服务器也遭到了查封。而 OnSmash 被查封的对象仅是指向服务器的域名。据称，OnSmash. com 的创始人凯文·霍夫曼（Kevin Hofman）表示，其网站所发布的大部分内容，包括新歌曲及视频，均是经由唱片公司及创作者自己提供的。[25]

对盗版网站在本地进行屏蔽的路径受到推崇的部分原因在于，经由不同的顶级域名、注册商与注册机构，被查封的网站可以迅速重整旗鼓，重操旧业。举例而言，Puerto 80 是两个被查封的网站 rojadirecta. com 和 rojadirecta. org 的注册人。Puerto 80 是一家在西班牙之外经营的西班牙私营企业。Rojadirecta 因此依然可以通过在 URL 栏中输入 209. 44. 113. 146 的 IP 地址，或通过 rojadirecta. es 的新域名来访问。该网站原本是作为关于体育及其他内容的讨论版而经营，同时提供体育赛事链接。Rojadirecta 将其链接索引功能类比于搜索引擎所发挥的功能，并进一步辩称，提供索引的行为并不构成对版权的侵犯，因为此域名和经营的网站仅提供对相关内容的"非侵权性利用"，如论坛或提供授权体育直播网址的链接。

虽然查封的行动能立即将特定网站从线上移除，然而服务器本身、服务器同互联网的物理及视觉连接，乃至服务器所包含的内容均并未受到影响。除域名以外，物理层面、连接层面、机构层面的整体架构均安然无恙。因此，将服务器重新上线并非难事，通过注册新的域名，通常在其他国家注册，或使用其他的顶级域名就能够实现，如使用国家和地区顶级域名而非 . com 或 . net 等地理顶级域名。对网站 Rojadirecta 而言，其侵权的内容在他处网站上，因此，查封行为并未移除任何侵权内容，而仅仅影响了指向侵权内容的部分链接。

与此同时，规避域名系统查封的技术也浮出水面。MafiaaFire Redirector 是一个较早出现的例子，它是一款供自由下载的软件，可以配合 Mozilla Firefox 浏览器或谷歌 Chrome 浏览器使用，能够使网络用户重新访问域名被政府查封的网站。它使用一款能够为浏览器提供附加功能的插件，其原理类似于 Flash Player 为浏览器增加视频浏览功能。MafiaaFire 的设计者用这款插件来直接应对域名的查封。

当用户在地址栏中输入一个被查封的域名时，该插件自动将用户导向指向目标网站的另外一个域名。为保持该软件的有效性，被查封的域名及它们的新域名必须时时更新。MafiaaFire 允许域名所有者注册一个账户，并申请一个不同于被查封域名的新地址。这种路径很容易带来意料之外的新问题，诸如垃圾网站经营者可能将有效或未被查封的域名导向垃圾网站或恶意软件的网址。MafiaaFire 希望预先阻止此类未预期的后果，因而尝试对每个申请者确实拥有该域名进行验证，其做法是通过提出验证问题，检查每个更新链接，并提供表格以供用户报告问题。

此路径无疑增加了政府域名查封的执法难度，因此，美国国土安全部约谈 Mozilla 并要求其移除 MafiaaFire 这款可下载插件。[26] Mozilla 并未配合此要求，与此同时，为帮助公司评估国土安全部的要求是否合理，Mozilla 向国土安全部提出诸多问题作为回应：是否有法院裁定 MafiaaFire 在任何方面构成违法；是否有法院确切裁定被 MafiaaFire 重新链接的被查封的域名构成盗版侵权或在任何方面构成违法；若法院裁定 MafiaaFire 的行为合法，是否存在对 MafiaaFire（或域名所有人）的保护措施；是否有版权所有人发出《数字千年版权法案》所规定的内容移除通知；是否有域名所有者预先被告知查封行为？[27]同其他通过基础设施进行内容执法的方案类似，通过域名系统执行知识产权保护的方案，更加凸显了互联网治理技术中的价值冲突，法律执行与言论自由的冲突，以及私营企业在互联网治理中所扮演的独特角色。

互联网治理架构中的知识产权

前述内容探讨了内容服务提供商及执法机构如何借力互联网技术及中介服务商执行版权和商标权法规则。知识产权法的发展演进也同样嵌入到互联网中介技术本身的变革进程中。这些被内嵌的知识产权与互联网技术架构存在着紧密的关联，互联网用户及开发商的权利同样如此。下文将运用三个例子来阐释互联网治理架构与知识产权的关联：域名商标权争议、嵌入式专利标准，以及商业秘密在搜索引擎等信息内容中介商内的使用。

域名商标权争议的全球治理体系

娱乐明星麦当娜注册了"Madonna"商标用以提供娱乐产品及服务。[28]依据美国专利及商标局（USPTO）的定义，商标是"用以将一个实体生产的产品或服务同其他实体相区分"的符号、设计、单词、短语或上述的结合。[29]版权保护的客体是诸如歌曲等的原始创作，而商标权的设计则是为了保护诸如品牌名称及 logo 等内容。举例而言，耐克的标志附着于耐克公司的所有产品之中，其构成注册商标，拥有禁止他人将此标志用于非耐克产品的排他性法律效力。商标权的设计目的不仅在于品牌的保护，同样在于对用户的保护。用户对于品牌的认同为产品质量提供一定的保障。

商标属于同国内法相对应的信息政策范畴，不同的国家存在着不同的商标注册体系。鉴于域名能够在世界任意地点建立或获取，因而在互联网环境中，域名商标的保护要求基于国际组织和私营企业利益博弈的背景，建立超越国界的互联网全球规范。

域名商标的争议是伴随万维网的发展而产生的。举例而言，在 1998 年，一家成人娱乐网站的经营者在登记局 Pro Domains 处以 2 万美元购买了 madonna. com 的域名；同时在突尼斯也注册了"Madonna"商标。根据此案的相关法律文件记载，此人将 Madonna. com 的网站用于经营成人娱乐入口，并发布暴露的两性照片。网站还声明 madonna. com 与天主教堂、麦当娜大学、麦当娜医院及歌手麦当娜并不存在合作或授权关系。[30] 到 1999 年，此人将暴露的照片从网站上移除，但仍然保有此域名，网站运营仅靠前述的声明而维系。此人也曾注册其他与商标或企业相关的域名，诸如 wallstreetjournal. com 等。

借用网络治理的术语而言，存在很多不同形式的恶意域名商标抢注侵权。在麦当娜的例子中，此行为被称为"网络蟑螂"，通常体现为故意将属于他人的商标注册为域名，或意图出售争议域名以获取利润。网络蟑螂的另一种表现形式为通过程序自动识别过期的域名。域名所有者有时在域名过期后，忘记在特定期限内对其进行续期。网络蟑螂通过注册过期域名，利用了域名失效的时机，甚至可能冒用身份，以向域名注册者索取经济利益。

另一种恶意抢注行为是域名蓄意混淆，通过蓄意混淆，使得注册的域名与商标所有人的标志几近相同，仅存在一个微小的拼写差异。另外一种手段为在另外一个顶级域名系统中注册域名。例如，依然是 madonna.com 的注册者在 1990 年代经营了一个名为"whitehouse.com"（极易与"whitehouse.gov"混淆）的成人娱乐网站。

在 madonna.com 争议发生之时，正值 ICANN 有关域名商标争议的仲裁机制建立不久。明星麦当娜向前述域名注册正式提起诉讼。在接到起诉后不久，域名注册者便联系麦当娜康复医院，并将域名移转给该医院。根据争议解决流程，明星麦当娜需要证明以下内容：一，注册的域名同她的商标相同或易混淆；二，注册者对此域名并不享有合法权益；三，此域名的注册及使用是出于恶意。由三名成员组成的世界知识产权组织仲裁小组做出了有利于明星麦当娜的裁决，并将此争议性域名 madonna.com 转移给她。

各国的商标注册系统间并不存在直接联系。商标权是以国家为单位并由政府机构进行管理，而与此同时，域名注册系统是由私营企业进行管理，并且未对商标权问题加以预先考虑。毫无疑问，商标权的争议已经泛滥，并体现为域名管理结构方面的关键性政策争议。在网络兴起后不久，就引发了关于如何对侵犯商标权的域名注册提供合适的法律救济的争议，以及域名注册者应当对侵权行为承担何种责任。此为互联网治理领域的一大难题。依据商标法的规定，只要作为不同的产品服务类别注册，两个注册商标相同的现象是允许存在的。例如，"商标名"牌巧克力与"商标名"牌肥皂作为不同类别的注册商标，可以有效地并存。这一点完全无法套用在互联网环境中，在互联网中每个域名（如 www.brandname.com）必须是全球唯一的。

就域名商标权的争议解决而言，国家法并非一直有效。这是由于管辖权规则的复杂性，例如商标注册地、服务提供地、商标侵权主体所在地不同引发的管辖权冲突。作为企业的在线标识及商业符号，域名具有极大的商业价值。然而由于其取得基于先到先得的原则，导致了商标的法定所有权人并不能自动获得相应域名的局面。所有权的取得需要以注册为前提。在商标权争议解决中，传统的法律干预显得过于繁复，无法适应互联网的高速发展和创新的步伐。

ICANN 的统一域名争议解决策略（UDRP）如今成为域名领域的商标权保护机制。然而，同 ICANN 的其他许多行动一样，其本身便颇具争议。此政策的设计是为了解决与商标权相关的域名争议，并适用于所有的通用顶级域名。所有经 ICANN 授权的通用顶级域名注册者均同意遵守此政策。实际上，这项政策适用于登记者与注册者之间，在域名注册流程中以合同条款的形式被遵守。注册者在申请域名时，必须证明其选择的域名没有侵犯第三方的权益，并且必须同意若第三方就该域名存在争议时以仲裁的方式解决。

通常而言，争议解决方式为和解、法院判决或者仲裁，此后域名登记者将删除或转移有争议的域名。然而，如果争议被认定为"注册滥用"，如 madonna. com 的例子，则可以选择通过快捷的方式解决，即向"被认可的仲裁机构"申请仲裁。

当商标持有者认为有人将其商标非法用于域名中时，该持有者可以选择在具备管辖权的合适的法院向域名注册者提起诉讼，或以更快捷的方式，向经 ICANN 认证的其中一个仲裁机构申请仲裁，这些机构是域名商标管理的核心机构。ICANN 发布了经认可的仲裁机构官方名单：

- 亚洲域名争议解决中心

- 国家仲裁论坛

- 世界知识产权组织（WIPO）

- 捷克仲裁法院互联网争议仲裁中心

一个组织若想成为可供选择的（非诉讼）仲裁机构，可向 ICANN 提交申请。申请材料应当包括申请者的资质背景、一份至少 20 人的专门小组委员名单及其资历、上述成员的遴选标准、除 ICANN 规则外的一系列补充规则以及其他信息。根据 ICANN 的规定，专门小组委员应当为有此意向的"具备相当资历的中立人员"，并且最好来自不同的国家。争议将由这些列在每个仲裁机构名单中的"独立专门小组委员"来进行仲裁。

直观而言，在 UDRP 颁布后的前 11 年内，WIPO 仲裁中心每年收到约 2 000 起案件，绝大部分的仲裁结果导致注册者域名的删除或转移。

当申请人选择通过提交仲裁机构解决争议时，其应选择由一人还是三人组成专家组（选择单名成员时费用相对低），并指明其针对哪个域名与商标申请仲裁。同麦当娜案的状况一样，申请人还需对以下问题做出说明：

> 被申请仲裁人域名何以与申请仲裁人享有权利的商品商标或服务商标相同或混淆性相似；对该域名并不享有权利或合法利益的原因；对该域名的注册和使用具有恶意的原因。[31]

在对投诉书进行审查后，仲裁机构会向相应的域名注册人发出通知，后者必须在 20 天内向仲裁机构做出回应，针对每一项问题进行答辩，并说明继续持有该争议性域名的理由。其后由一人或三人专家组做出裁决，并于 14 天内向仲裁机构提交裁决结果。若裁决结果对商标权人有利，则由负责该域名注册的注册商来执行裁决结果，即撤销或转移注册人的域名。

在肯定其效率的同时，UDRP 遭到非议也折射出自身的一些局限。[32] UDRP 不具有基于国际组织授权的合法性，不同于其他那些经由各国国内法体系碰撞博弈形成的国际规范而具有稳固的实体和程序正当性。然而，倘若通过此方式，规范化的争议解决机制的出台及应用将必定旷日持久。经由美国商务部提议，以及 WIPO 推荐的程序，UDRP 得以迅速推广。[33] 另有批评针对仲裁机构，认为商标权人能够收买仲裁机构，并使后者做出有利的裁决。

相对而言，UDRP 仍然是商标管理领域尚未成熟且不断演变的体系。虽然其构成及操作备受争议，然而相比于法院诉讼尤其是跨国诉讼而言，UDRP 仍然不失为更加快捷和费用更低的全球性商标争议解决机制。其有趣之处还在于，它是一个经全球认同的超越传统政府的治理体系。

嵌入式专利标准

互联网的发展创新，要求产品研发人员遵循的互联网协议或标准，同基于同一协议的其他产品保持通用性。构成互联网协作基础的既往标准（如 TCP/IP）通常被认为是"开放式标准"，能够最大限度地推动创新。原因在于，诸如 IETF 及 W3C 等标准制定机构允许任何主体参与标准的制定过程，将标准向全社会公开发布，免费提供标准的书面文件，并且使得企业可以将标准运用于产品当中而无须支付费用。

不难得出推论，假使企业必须为其产品研发所必要的标准支付不菲的专利使用费，互联网是否还能够像如今这样迅猛地发展与不断地创新。

在有关全球互联网治理政策的争论中，嵌入互联网信息交互标准的专利使用费日益提升引发了严重疑虑。专利属于知识产权的一种，是政府授权的能够在特定期限内阻止他人创造、出售或使用特定的发明的权利。美国政府对公开发布后的发明授予了 20 年的专利权。为获得专利权，发明必须具备"新颖性、非显而易见性、充分的阐述及启用，以及发明者必须以清晰明确的条款提出权利要求"[34]。

对于嵌入式专利标准的担忧部分源自互联网日常使用所必需的技术标准使得知识产权法面临更加复杂的局面。复杂性的其中一个表现是，建立互联网相关标准的大量标准制定机构各自要遵守迥异本国的知识产权规则体系。除此之外，每一个联网设备都要遵守成百上千个标准。[35]智能手机就是其中之一，因其功能可以使自身与大量远程设备相连。这些功能包括打电话、视频会议、下载视频文件、听音乐、使用 GPS 定位，以及连接任意数量的网络，含 GSM 及 Wi-Fi 等。很多嵌入式标准需要缴纳专利使用费，这意味着要在其产品中使用标准，设备生产厂商必须支付费用。这种现象将会对创新、经济竞争及终端用户承担费用等问题造成不利影响。[36]

在很多民主国家，政府作为互联网及其他商品服务的大型用户，其采购政策中对于基于技术标准的知识产权均有特定的要求。例如，美国联邦政府的政策中，特别提及基于技术标准的知识产权状况，规定知识产权所有人均同意将其以"非歧视、免专利费或以合理的费用提供给所有利益相关者"。[37]美国对于基于技术标准的知识产权提出此项要求，其目的在于在尊重知识产权所有人合法权益的同时，推动这些知识产权被合理非歧视（RAND）地授权给希望使用这些标准的主体。在印度等其他国家，政府被要求对于免专利费标准的许可予以优先考虑。[38]此种对免费标准的优惠政策被称为"开放标准"政策，虽然开放标准同时指代标准的其他特征，例如标准制定的参与主体。开放标准政策的出发点在于，推动营造公平竞争与创新的经济环境，同时避免被供应商套牢或对单一产品或服务供应商的过分依赖。

商业秘密与网络架构

商业秘密在知识产权法中是独立于版权、商标权及专利权的领域，然其同样直接涉及互联网治理架构问题，尤其在对信息进行分类与组织的算法技术方面。谈及商业秘密，很容易让人联想到可口可乐的配方，商业秘密的保护能够保护企业使用的方法、技术及配方，同时相较于无法获得受保护的商业秘密的竞争者而言，能够为企业提供比较优势。在全球治理的层面，世界贸易组织（WTO）签署的《与贸易有关的知识产权协议》（TRIPS）对于商业秘密的保护标准达成了最基本的国际共识。商业秘密的保护与专利不同。专利在特定期限后会失效，并且在其他人独立发现或发明出已申请专利的对象时，法律仍然对专利权人予以保护。

搜索引擎算法属于互联网治理架构的领域，其受到商业秘密的保护，同时在透明度价值及公平待遇等方面引发了公共政策的争议。搜索引擎的搜索结果排名远非中立和缺乏参与，其中包括了研发及操作人员的价值权衡及编排。一个网站在搜索结果中如何（及是否）被呈现及如何排序，存在着一定的策略争议。国家授权搜索引擎企业实施内容审查应当在何种程度上实施？搜索引擎是否会对与自身其他业务存在竞争关系的网站不利？[39]由于搜索引擎究竟如何通过算法对在线内容进行分类及排序的问题引发了广泛的社会关注，由此产生了增强信息编排方式透明度的呼声，以及透明公开的要求是否应当写入法律规定的讨论。[40]商业秘密为搜索引擎业者提供了拒绝披露算法细节的保护伞，尤其是在诉讼过程中。[41]虽然从公平及责任的角度而言，增强透明度具备合理性，然其可能引发超出预期的后果，诸如妨碍企业保持其竞争性优势，由此限制其后续创新，并打击后来者的积极性。另外一个可能性后果是助长搜索结果的作弊行为。商业秘密保护加剧了对商业模式保护与公共责任承担二者间价值平衡的复杂程度。

第 9 章

互联网治理中的黑色艺术

由政府引发的互联网服务中断，例如持续数天的埃及互联网服务中断事件，是互联网发展历史上令人震惊的政治事件。在此类事件中当地居民无法接入互联网或使用移动电话，彼此之间以及与外界的数字化通信被阻断。当时由胡斯尼·穆巴拉克政权下令在政治骚乱以及群众抗议示威期间实行通信中断。此次通信中断引起了全球关注，但遗憾的是与技术发展相对立的极权和专制事件时有发生。埃及事件后不久，利比亚人民同样也经历了互联网服务中断，而且也是在政治骚乱中由政府当局下令实施的。缅甸政府也曾实施过互联网中断，主要是阻止当地居民和新闻媒体访问被政府禁止的相关内容，如侵犯人权以及政府对抗议群众采取暴力行动的图片和相关报道。[1] 2005 年，尼泊尔政府在国王宣布戒严期间也采取过类似的互联网中断行动。[2] 2009 年，在伊朗具有争议性的总统选举后发生的抗议活动中，政府有选择地中断了一些互联网应用，包括谷歌的 YouTube 网站。谷歌在其公开发布的透明性报告中详细记录了发生在伊朗的此次目的明显的网络中断事件。

大多数具有民主正义感的人都对此类由政府管理机构触发的通信中断事件感到难以接受，并且对与此相关的社交言论自由表示担忧。但是，这些事件也引发了一些问题，例如：在什么情况下政府对通信的介入是允许的或是可取的？产业界在遵循或者拒绝政府命令时应遵循的原则是什么？如果公共管理机构得知一起有预谋的恐怖袭击正在通过移动电话进行安排协调，许多人也许认为这种情况下中断目标地区的移动通信是正义的行为，并且不需要考虑由此造成的自由表达以及经济利益损失。那么，究竟在什么情况下，政府应该（或者可以）出于国家安全或者执法的目的对通信进行干预呢？

在埃及互联网中断事件的同一年，美国旧金山也发生过一起类似的服务中断。湾区快运（BART），一个由政府运营的交通系统，为阻止站内的一起抗议行动而关闭了其站内移动通信服务近三个小时。此次事件缘起那年初夏两名 BART 警察在其站内开枪打死了一个 45 岁的无家可归的人。[3] 警察坚持认为此人携带武器[4]，而目击者则说没有。此次枪击事件被认为是种族歧视，因为两名 BART 警察是白种人，而无家可归者是非裔美国人。

此次移动通信中断事件之前就已经发生过一起抗议。几名示威者围堵火车车门，另一名示威者则爬上火车顶部进行抗议。[5] 这次抗议行动导致一个站点被迫关闭和 96 趟 BART 列车晚点。[6] 在上述枪击、示威以及抗议活动的压力下，BART 管理层决定暂时关闭其站内所有移动通信服务。[7]

服务中断一方面阻止了抗议者之间的通信，但是也同时阻止了其他人的通信服务，当地所有居民都无法使用手机发信息或打电话。BART的决定在公众中引发了轩然大波，因为许多人认为这是有意的服务中断，有违宪法第一修正案。之后对 BART 的抗议接踵而至。一些公众利益保护团体向美国联邦通讯委员会请愿，要求宣布 BATR 的服务中断行为违反了国家通信法。[8] 一些黑客集体对 BART 的服务器进行渗透，获取其客户个人信息，并将这些个人信息发布在网上。上述事件使互联网治理的难题集中爆发：安全、黑客攻击、言论自由、隐私保护、法律实施的目标以及集结权等。

　　基础设施可以通过不同机制进行干预。虽然技术在不同的情境以及不同的方式下具有政治性，但是互联网治理的一些机制在其实施之初就使互联网的自由陷入了两难境地。本章将着重讨论四个互联网治理机制：一是深度包检测，一种流量控制技术，能对互联网上传输的内容包进行检测、分析并做出不同的策略处置。二是讨论用于阻断连接的终止开关方式，主要解释对内容或接入进行干预的九种不同方式。三是讨论授权审查机制，即政府直接通过信息中介商将在线信息进行阻断或过滤。四是讨论由拒绝服务攻击所引发的言论自由问题，拒绝服务攻击可直接用来有针对性地与民间团体进行对抗，以及用大量垃圾流量对网站进行攻击进而遏制言论自由。

深度包检测：是"智能策略执行"还是"隐私消失"？

　　将深度包检测技术引入互联网治理架构中代表着互联网治理的重大变革，犹如人们可以想象的一种"开闸放水"式的潜在治理方式。

　　纵观互联网发展史，网络设备通常与内容无关或者说是内容中立的。路由器本身对其所传输的内容包是不可知的，并且也不会对其所传输的任何一个数据包采取路由策略（例如跳数量最小化等）。计算设备与所传输的内容既没有利害关系也不会对携带不同内容信息的数据包区别对待。每一个通过互联网进行传输的数据包包含包头和负载两部分。网络设备通过读取数据包头中的路由和地址头信息将内容传送到目的地，通常不会进入内容包中对其进行检测、读取，甚至是操纵内容或与第三方分享。包头包含所交换内容的管理和路由信息，负载包含真正的内容，这些内容不论是 YouTube 网站上的视频、电子邮件还是计算机病毒，都是无差别的。

深度包检测（DPI）方法源自特定的历史环境。在流量大多数是文本信息的时代，所有内容被认为是同质的。基于文本信息的应用，例如电子邮件、文档传输以及网络即时通信等，对带宽消耗较低，与后来出现的音视频等多媒体应用有着明显区别。当时也没有流量控制技术可以对任何数据包进行优先处理。电子邮件或者文档传输过程中的一些轻度时延对接收者来说是难以察觉的。一些时延敏感型应用，如互联网语音通话，则提出了一些性能要求，进而需要将网络时延的敏性感最小化。由于不同应用对网络时延的敏感性具有差异，因此，优先处理某些数据包具有技术上的合理性。

正如前文所讨论的，对端点设备进行智能化而不是对媒体资源付诸实施，是互联网工程师所坚持的一种哲学和技术价值观。然而，仅仅在路由机制中对网络所承载的内容不进行干预并不是真正的网络中立。

对整个互联网中传输的内容进行检测，技术上直到近几年才成为可能，因为实现这一功能需要非常快的处理速度和大量计算资源。大多数的互联网流量是信息内容本身，即负载，只有少部分是数据包头中的地址信息。互联网服务提供商和信息中介商通常是根据数据包头信息确定数据包路由、进行统计分析、实施日常网络管理和进行流量优化。计算机处理能力的增强使得人们对数据包中的信息内容，即负载进行检测成为可能，同时也为 DPI 技术的引入奠定了基础。

基于流量管理和安全考虑的深度包检测技术

不可知论的神话在 21 世纪早期就已被打破。网络设备可以基于性别、内容、应用类型、协议类型等因素对数据包进行优先处理、阻断或过滤。智能化以各种方式被引入到网络架构中，而深度包检测就是网络优化升级中出现的一种智能化技术。

互联网运营商通常使用 DPI 技术对其所传输的数据信息进行检测，但同时尽量以满足基本的安全及流量管理功能为限。DPI 可以对每个数据包进行扫描，分析数据包的特征，并且能实时执行阻断、优先处理或节流等控制策略。在这个意义上，DPI 是将有限的带宽资源分配给不同数据包的一种技术，通过 DPI 的决策机制实现稀缺资源的优化配置。如前述提到的，那些倡导真正网络中立的人甚至要求通过立法禁止这种层面上的基于流量控制的网络优先级管理。

打一个比方，一个邮递员在递送信件时通常只考虑目的地地址、合适的邮费以及天气等环境因素。但有了 DPI 技术，正如本德拉斯（Ben-drath）和穆勒所做的生动描述，一个邮递员"打开所有的包裹和信件，阅读其中的内容，并与非法内容数据库进行比对，如果发现匹配的非法内容，则将其复印并送到警察局，如果发现被禁止或有违道德伦理的信件则将其销毁，之后邮递员将自己公司的包裹或者信件送上最快的运输车，同时将竞争对手的包裹或信件送到又慢又廉价的分包商那里"[9]。这就是 DPI 的技术原理。

DPI 能够细察到数据包的全部内容，包括负载和包头。通常，DPI 作为一种软件能力已经被集成到防火墙、路由器和其他的一些网络设备中（有些价值数十万美元），甚至还被嵌入到操作系统中。研发这些复杂设备的企业（例如 Procera 和 Radisys）将这些功能固化到其产品中，例如"智能策略执行""安全智能""流量智能""流量重组"或"服务优化"等。集成了 DPI 技术的产品具有非常强大的功能，其检测能力可能高于 100 万条并行线路。

DPI 的出现提高了网络运营商的运营效率,例如使网络运营商对其网络流量的管理更加有效。DPI 具有两项显著的流量管理功能,其中之一是基于不同流量、应用或协议对网络性能的不同要求在传输中设置优先级或其他策略。例如,由于用户对语音时延非常敏感,因此可以将语音流量的优先级设置为高于文本流量。如果是在无线网络中,仅靠增加带宽来提升用户体验是远远不够的,因此 DPI 技术的采用非常必要。

不论网络运营商针对流量管理采取什么策略,都可以在深度包检测等检测技术范围内实现。对网络流量采取优先级策略并不是技术本身决定的,而是由使用该技术的网络运营商决定。一般情况下,对流量划分优先级策略是根据传输的流量类型确定的,而不是应用中的实际内容。对于一些签名应用协议 DPI 也能识别,这些流量包括 P2P 流量(例如 BitTorrent 协议)、web 流量(例如 HTTP)、文档传输流量(例如 FTP),或者邮件流量(例如 SMTP)等。DPI 还能够执行更加常规和深入的技术性信息优先级处理。例如,如果被检测的流量是视频,DPI 还能够判定视频是否来源于 YouTube 等特定的数据库。

网络安全保障是 DPI 的另一项流量管理功能。病毒以及未知代码通常夹杂在通过互联网传输的合法流量中。由于 DPI 可以检测与恶意代码相关的比特序列,因此通过检测数据包中的内容就可以识别病毒。事实上,政府更为感兴趣的是,当用户的计算机感染病毒时,促使网络运营商告知用户。政府还能够授权网络运营商通过 DPI 实现对用户流量内容的检测。

DPI 服务于政治和经济的合理性——竞争、广告和审查

DPI 技术的用途远多于网络运营商从应用角度提出的安全保障和流

量管理两项功能。本书持续关注的是对于内容的控制方式，目前已经发展到凭借互联网治理的技术架构来实现互联网治理的阶段。DPI 技术的出现就是这种转变的典型案例。DPI 还可被用作内容审查或者与网络运营商主要业务产生竞争的流量过滤。有线电视公司和网络运营商既提供内容也提供接入服务。DPI 可以帮助网络运营商优先传输自有业务流量，或者延迟传送与其自有业务竞争的内容。被广泛接受的 DPI 使用范围还包括欧洲运营商采用的广告策略，美国运营商通过 DPI 实现的基于客户喜好或互联网交易行为进行的精准市场营销等其他一些领域。

执法机构和情报机构承认在信息搜集、禁止儿童色情以及知识产权保护方面 DPI 是一种利器。媒体产业也将 DPI 视为检测非法传输电影、视频游戏等受知识产权保护内容的有效方法。这种在内容层面的盗版检测能力技术上较为复杂。例如，一个电影样本在传输中被检测到，DPI 技术就难以判断这一媒体内容是合法购买的，是在公平使用条款下的合法使用，还是非法下载的。更加现实的情况是，版权所有者会要求网络运营商阻止 BitTorrent 等文件分享协议，因为基于这些协议传输的很多内容都是盗版的。DPI 对于想实施监控或审查的政府来说是一个技术上非常有效的工具，并且在一些国际场景中也适用，例如一些强权政府对居民接入或分享信息能力进行严格控制。伊朗和其他一些采用高压内容政策的国家据称已经采用了 DPI 技术。[10]

治理中的平衡

DPI 技术的两项内在的能力，即检测能力和对信息操纵的能力，引发了大相径庭的价值观问题。多数人对 DPI 的信息操纵和优先级区分能力表示担忧。这一担忧与网络中立问题密切相关，例如在康卡斯特使用

DPI 检测技术对 BitTorrent 流量进行限制的事件中，那些网络中立支持群体和法学教授对康卡斯特限流行为的指责主要聚焦于其有违基本平等原则、经济自由和言论自由。

另一方面，对限流措施的顾虑源自如何通过使用 DPI 技术来实现限流目的。这一顾虑主要是考虑到在内容传输过程中使用检测技术侵犯了个人隐私。从价值立场看，这一顾虑与来自网络中立的反对截然不同，网络中立主要考虑的是限流措施对不同的数据包进行了区别对待。总之，我们关注的是这些限流措施可能引起的激冷效应将直接损害言论自由。

出于外部内容管控目的而对所传输的信息进行检测和操纵引起了一系列政策问题：对个人发送和接收的信息进行检测在什么程度上算是保留了个人隐私？激冷效应下的信息披露是否影响了个人在线自由？消费者应该期待什么样合理的私人活动透明性？网络运营商优先传输自己内容的合法性是否与网络中立相抵触？来自执法机构或媒体内容公司等第三方的各类内容管控要求是否使私营企业的运营负担不断加重？如何在机械的执法环境中保护合法交易或公平使用受版权保护的内容？

DPI 是一项革命性的技术，其对在线内容的流量管控能力创造了史无前例的可能性。DPI 技术已经被网络运营商常规性使用，同时 DPI 也使基础设施管理和互联网治理中几乎没有透明性可言。当网络运营商在自己的网络中监测或优先处理某些特定类型的流量时，没有第三方可以系统感知到这种流量干预。DPI 也是截至目前鲜有媒体关注、公众议论或引发政策讨论的领域。全球范围内，对运营商使用深度包检测技术进行网络管理、安全保障以及禁止保留或分享传输数据等实践几乎没有任何限制。不论是关注还是限制 DPI，一些政府确实在使用 DPI 实现自身的一些目的。不论 DPI 是否用于网络管理、安全保障以及版权保护或在线广告，其始终是一种需要大规模审查和监测的监控式流量干预，而这种干预方式是其他互联网治理方式无法实现的。使用 DPI 技术对个人权利和经济竞争影响深远。

终止开关的技术剖析

互联网终止开关（kill-switch）不会是只有一个，而是有很多个。大量的基础设施汇聚点为政府或其他参与方提供了终止通信网络的可能性。基于包交换的互联网底层设计使网络本身不太可能遭遇大规模的系统性崩溃。冷战期间通信网络能够幸存更加强化了基于包交换的互联网技术架构。[11]通过互联网传输的信息被分解成数据包的形式，数据包中包含了真实的信息内容，同时一些管理信息存储在数据包头中。路由器读取每个数据包头中的目的地地址信息，并基于路由算法中的一些因素，如延时最少、跳数最小、经过的路由器数量均衡等，决定如何以最便捷的方式为数据包选择路由。当数据包到达目的地后，再以正确的顺序进行重新组合。

这种包交换方式，从历史发展角度看，彻底颠覆了传统电话网络中的电路交换方式。电路交换是通过网络在发起者和接收者之间建立一种物理的端到端（电路）路径，并且在整个呼叫进行期间一直保持这一路径。电路交换方式在本质上是集中和分级的方式，与包交换中网络节点在网状网络中广泛分布的方式明显不同。这种包交换架构中节点呈分布式、网状的设计特点在一定程度上是考虑到其遭受物理攻击后幸存节点可持续工作的安全需求。互联网底层的分布式、网状架构为大规模的网络破坏提供了保护，而传统的交换节点集中、分级组织的网络架构则容易遭受大规模破坏。

尽管互联网交换基础设施在技术上呈现分布式的特点，然而仍然存在引起网络破坏的一些薄弱点。这些控制点有几种分类方式，表9—1提供了一个详细的分类说明，阐述了可引发互联网破坏的九类汇聚点。

表9—1　　　　　　　　　　可导致互联网破坏的控制点类型

制度层破坏				
ISP 服务中断（BGP/DNS）		移动服务中断		
应用层阻断				
社交媒体站点	电子邮件	SMS	Web	Skype
与内容相关的阻断				
搜索关键词	用户生成内容	新闻媒体	社交媒体内容	
网络管理层破坏				
网络性能调控	DDoS 攻击	时延	DPI 过滤	
协议层阻断				
BitTorrent	VoIP	SMTP	HTTP	IPv6	FTP
金融和交易服务中断				
信用卡交易	在线支付服务	其他交易类服务		
域名系统				
DNS 过滤	托管服务	注册管理	注册服务	
交换层基础设施				
路由器设施	互联网交换点	网络交换机		
物理基础设施				
海底光缆	电源系统	跨国骨干网	外部基础设施	

每种方式都将导致不同程度的网络破坏，其影响范围和程度可以从轻微的目标内容阻断到灾难性的网络崩溃并对社会经济活动产生深远影响。最为常见的对信息流进行干预的方式就是对特定内容进行过滤，例如阻止网站上的一篇新闻报道或删除社交媒体页面。与特定内容相关的政治言论和经济活动可以被完全过滤，但是网站及其与互联网的连接依然存在，与管控内容无关的金融交易也可以正常进行。

根据不同等级，对整个互联网而不是站点中特定内容的干预将带来负面的经济社会影响，这些方式包括终止金融或交易类业务、DNS 过滤、破坏网络管理等。当维基解密公布了具有敏感内容的美国外交电报后，一些金融服务机构，如 PayPal、MasterCard、Visa 等都选择终止向维基解密网站提供相关的资金融通服务。这是典型的针对特定网站的经济中断案例，虽然发生在一个高度政治化的背景下。IP 地址阻断和 DNS 过滤有些相似，都是针对一个网站的。如以前章节所讨论的，DNS 过滤能通过域名劫持或域名注册管理机构的 DNS 重定向来实现。网络管理和安全层面的破坏与针对特定网站的破坏类似。例如，DDoS 攻击通常针对一个特定的网站，用足以切断该网站信息流和相关交易的大量请求对其进行攻击。通过 DPI 技术对流量进行阻断或者限制也会对一个网站产生类似的破坏。

更加普遍的破坏方式是针对特定业务的，例如对于应用或协议层的阻断。阻断特定的协议就能阻断基于该协议的全部业务。阻断 FTP 就能阻止使用该协议的文档下载；阻断 P2P 协议就能禁止与受版权保护媒体非法分享相关的应用；阻断 SMTP 就能禁止电子邮件服务；阻断 VoIP 则将影响 Skype 之类的语音业务。这些针对各类网络服务的破坏将会通过这些网络服务承载的交易行为而产生巨大的经济和政治影响，虽然这种破坏方式通常并不是切断整个网络服务。应用层阻断产生的影响与针对特定服务的阻断类似，例如禁止使用推特业务。

除了具有广泛影响的接入层破坏外，互连互通和基础设施破坏也可以产生非常严重的灾难性后果。在物理设施层，通常物理线路会预留大量冗余，并且物理设备在地理位置上是分散分布的。但是仍然存在一些汇聚点，例如维持网络设备和服务器持续运转的电网就是这样一个具有脆弱性的物理设施汇聚点。人为或者非人为的电网破坏将导致互联网几乎无法接入，基于互联网的经济社会活动也将无法进行。作为互联网全球骨干网的跨洋光缆系统也是一个类似的薄弱点。大部分的国际通信是通过海底光缆而不是卫星实现的，而海底光缆系统位于海底，容易遭受各种自然或人为破坏，自身具有物理上的脆弱性。而且海底光缆又是和一个国家境内的陆地通信系统实现连接的连接点，因此其还具有汇聚的脆弱性。船锚等有时会破坏海底光缆，地震、海啸、火山喷发、冰山等自然灾害也会对海底光缆造成破坏。

2006 年发生在恒春的 7.1 级地震袭击了中国台湾沿海，导致 9 条光缆破损，对互联网海底光缆设施来说是一个灾难性事件。[12] 这次自然灾害对通信系统造成的冲击带来了巨大损失，互联网和电话服务中断，包括金融市场在内的关键信息基础设施被迫中断。中国台湾最大的电信服务商"中华电信"宣称此次事件影响了其通往中国香港、马来西亚、新加坡和泰国的 98% 的通信业务。[13] 中国电信的国际海底光缆也因此出现故障，其中包括 FLAG 北亚光纤环路，导致亚洲和美国之间通信中断。

大规模跨洋光缆破坏主要来自自然灾害，但是由于这些链路本身也是光缆进出一个国家的汇聚点，所以其也有可能会遭到人为破坏，特别是有些国家政府希望切断其国内与外界的通信时。这种灾难性的通信中断主要为了阻止国内人民和媒体与外界的通信以及所有全球性电子交易。

被称为终止开关的最有效方式是制度上的。政府如果想阻止人们接入互联网，则可要求互联网服务商关闭网络。从网络运营商声明以及 2011 年埃及互联网灾难事件期间的系列服务中断事件可以看到，这似乎已经成为埃及政府的常规策略。当时并不是所有主要埃及网络服务商同时中断服务，而是存在时间上的先后顺序，因为如人们所想象的，政府官员需要逐一电话命令各服务提供商。埃及互联网事件也影响到了互联网服务商，因为它们也是听从政府指挥并通过一系列的私有制度安排来提供移动通信和互联网接入服务的。互联网服务商终止其网络服务的最有效方式是同时中断内部路由协议和外部路由协议，如边界网关协议。内部路由协议主要决定其自治域中的流量路由，而外部路由协议是用来告知外部世界的互联网地址前缀集，即引导用户找到网站和使用服务的标识集。通过终止这两类路由协议即可使互联网彻底消失。

埃及的互联网中断事件并不是瞬间发生的。1 月 25 日，当地居民发现无法使用推特等应用，之后 1 月 27 日，居民才感觉到几乎整个网络都不能使用了。这些可让外界感知到的网络中断主要是由于每个网络运营商的边界网关协议路由突然瘫痪。例如，Renesys 对整个事件的时间序列进行了分析，埃及电信在 22∶12 关闭服务；Raya 是 22∶13；Link Egrpt 是 22∶17；Etisalat Misr 是 22∶19；埃及互联网公司是 22∶25。[14] 在这次互联网中断事件中，不仅企业内部网络连接被中断，而且如埃及当地居民所推测的，不同企业的网间通信也被中断了。

BGPmon 制作了一个非常具有启发意义的表格，对比了通过边界网关协议通告的互联网地址前缀在 1 月 27 日与之前一个星期的区别。在一些情况下，网络与外界的连接彻底消失了，例如沃达丰早前宣布了 41 个互联网地址前缀，但是在 1 月 27 日又宣布所有这些 IP 地址集在之前就不能通过其网络接入（ASN 36935）。[15]

在埃及法律的强制要求下，沃达丰被迫终止网络服务。沃达丰的新闻报道描述了私营企业是如何在政府的指导下终止服务的。沃达丰在 2011 年 1 月 28 日发布了如下新闻报道：

> 政府通知所有埃及互联网服务商在规定地区暂停所有业务。根

据埃及立法，政府机关有权力发布这样的命令，我们必须遵守。埃及政府将通过合法程序对此事进行解释。[16]

之后几天，沃达丰宣布可以恢复互联网服务，并将"积极说服政府向我们的顾客尽快重新开放 SMS 服务"[17]。沃达丰认为它没有其他可选择的合法方式，只能遵守政府提出的终止服务要求。这种制度上的中断服务方式需要付出较高的社会经济成本，因为其灾难性地彻底切断了通信网络以及基于通信网络的所有经济活动。

以上论述说明，虽然"终止开关"有些用词不当，但事实上确实存在大量的可引发网络崩溃和中断的汇聚节点。一些对内容和互联网接入采取强硬管制措施的国家通常几种方式同时使用而不仅仅使用其中一种。

授权审查

政府如果想阻断或移除互联网内容，通常不会亲自执行，除非想要屏蔽的内容托管在政府的网络服务器中，但是这种情况很少见。实际的做法是，政府机构和法庭通过托管或接入这些信息的私营企业，要求其阻断或移除这些内容，至少是可以令受该国法律约束的企业或个人执行这些要求。然而，这些企业也并不是被动、机械地执行法院或政府机构提出的要求，而是通过积极衡量和裁定后决定哪些政府要求必须遵守、哪些可以拒绝。

政府内容移除请求和国家法律

国家要求移除在线内容通常是为了推动本国法律的遵守执行，涉及的范围包括诽谤、国家机密、仇视攻击性言论、亵渎、儿童保护、色情、隐私、侮辱国家统治者以及在选举和竞选资助法律框架下的各种政治言论限制等。此外，政府为了平息政治叛乱和压制媒体也会寻求在线内容审查。

私营企业回应政府要求时会经历困难和复杂的决策过程。每个国家都有其独特的法律和监管政策框架，所以确保每个诉求的独立合法性是一项难以驾驭的任务。在一些国家，包括奥地利、比利时、德国和以色列，都颁布法律禁止传播纳粹相关内容以及对纳粹浩劫进行否认。荷兰法律禁止包括仇视攻击性言论在内的任何可能造成种族、宗教、性取向或残疾人歧视的言论。美国法律对言论自由给予最大限度保护，甚至对在巴西等国家被法律禁止的仇视攻击性言论也给予保护。泰国法律严厉禁止针对其国王的批评性言论。关于这项法律规定严厉性的一个例证是，一个泰国人因为向一名政府官员发送了四条有关泰国皇室家族的文本消息而被判入狱 20 年。[18]法律根据国别而体现出巨大差异，相应地，政府对私营企业提出的在线内容移除要求也存在巨大差异。

谷歌透明性报告呈现了政府向信息中介提出的请求类型，虽然全面性有待商榷，但有助于理解不同的请求类型。每 6 个月，谷歌主动发布其收到的来自政府和其他机构的内容移除请求的类型及相关数据。这些内容移除请求的目标包括博客网站上的文章、YouTube 网站上的视频、Orkut 等社交媒体上的帖子、谷歌搜索链接以及街景、谷歌地图、谷歌地球、谷歌＋、谷歌 Groups、谷歌 AdWords 等其他在线服务中的图片和数据信息。

2011 年 7—12 月，巴西发出的内容移除请求数量最多，为 194 个，其中包含的细项数量为 554 个；美国的内容移除请求数量为 187 个，细项总计 6 192 个。关注特定国家的数据有助于理解来自政府的内容移除请求的类型。例如，图 9—1 形象描述了美国政府内容移除请求理由的分布情况（图中数据指的是请求数量，不是细项）。这些请求大多数与诽谤或隐私和安全相关。即使来自民主社会的请求也不尽相同，它们都是每个社会主流价值观的体现。例如，同期来自巴西的 194 个请求中，如图 9—2 所示，大多数属于诽谤和人身攻击。

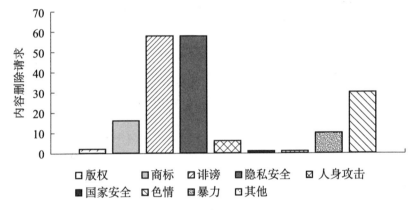

图 9—1　6 个月内谷歌接到美国政府的内容删除请求类型示意图

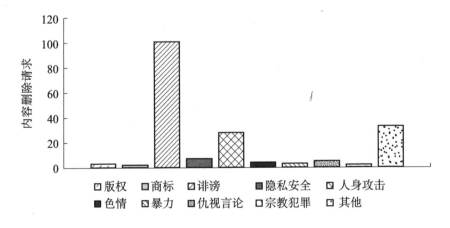

图 9—2　6 个月内谷歌接到巴西政府的内容删除请求类型示意图

此外，还有一些因素能够对这些信息和数据进行补充说明。例如，在以前章节中讨论过，谷歌收到许多有关违反版权和商标权的内容移除请求，而这些请求通常来自私营企业而不是政府，所以这些有关版权的移除请求没有包括在政府数据中。同样，有关儿童色情的移除请求数量也是不全面的，因为谷歌会对来自各方的请求都做出快速回应。报告中所分享的数据没有体现很多情况下谷歌处理的内容移除，例如用户举报的服务侵权问题在谷歌各类在线服务中都存在，如博客等诸多业务平台中的仇恨言论。这些请求不是来自政府或法庭，而是来自谷歌自己的政策，正如在第7章中所分析的信息中介商的公共政策角色。更为明显地，内容移除请求的统计数据没有体现来自政府的网络中断和服务限制。例如，在图9—1和图9—2中所描述的时间段内，谷歌的所有产品和服务在利比亚是无法使用的。

政府发出的信息移除要求其实远远超出了遵守国家法律或与诽谤、公众礼仪、隐私保护等相关的范围。政府对内容的干预已经明显进入了政治言论领域。谷歌从2010年开始发布这些数据时就对互联网自由进行了评估，并对普遍存在的政府对政治内容审查的行为提出了警告：

> 这是我们第五次数据发布。如前几次一样，我们依然被要求删除政治言论。我们对此提出警告，不仅因为言论自由受到严重挑战，而且因为这些请求删除对象来自不应该受到怀疑的国家——西方民主社会本来不应该受到审查。[19]

例如，谷歌指出了其拒绝的请求：西班牙政府要求其删除搜索结果中与某政府官员有关的270个新闻或博客链接；一个波兰公共机构要求其删除搜索结果中含有对该机构批评内容的网址等。

谷歌自愿发表这些与政府移除请求有关的不甚全面的数据，在宣扬透明和公开的民主价值观方面相对于其他媒体公司发挥了更加重要的作用。一个令人遗憾的问题是：那些民主政府为什么没能公开有关内容移除请求的数据？

私营企业对政府请求的审查裁决

在在线公共服务领域，私营公司更多地承担了仲裁员的角色，它们面对政府压力自行决定什么应该审查、什么不应该审查。如果没有私营企业执行政府审查请求相关数据的公布，围绕删除请求的公私关系将很难表述。私营企业是对政府权力起监督作用还是仅仅作为执行政府请求的调和力量？或是介于两者之间？回顾谷歌提供的有关政府移除请求的有限数据披露，全球范围内谷歌执行了65%的法院请求和47%的非正式政府请求。换一种方式说，谷歌拒绝了35%的法院命令和53%的非正式请求。表9—2列举了在一些国家政府请求执行情况的分解数据。

表9—2 　　　　　　　　谷歌遵守政府内容移除请求的数据分解

国家	完全或部分遵守移除请求的比例
巴西	54
加拿大	63
德国	77
印度	29
巴基斯坦	50
西班牙	37
泰国	100
土耳其	56
英国	55
美国	42

通过考察企业已经删除或拒绝删除的具体案例，可以对信息中介治理有更为深入的理解。非常明显，每个例子都存在于不同的环境、国家法律框架和文化氛围中。表9—3提供了谷歌遵守和拒绝的具有代表性的政府内容移除请求案例。[20]

表9—3　　　　　　　谷歌遵守或拒绝的政府内容移除请求

法律或文化领域	请求国家和时间	政府请求和谷歌回应
冒犯君主法	泰国 2012 年	泰国政府要求删除 14 个涉嫌侮辱君主的 YouTube 视频，谷歌对其中 3 个做出了限制
诽谤	美国 2012 年	根据美国政府要求，谷歌删除了涉嫌对某人及其家庭进行诽谤的 1 110 个相关项目
人身攻击	巴西 2012 年	谷歌遵守法庭命令，删除了 860 个 Orkut 涉嫌人身攻击的个人资料
政府评论	越南 2010 年	谷歌拒绝了越南政府的搜索结果移除请求。越南政府要求谷歌移除含有特定词语的、对其前领袖进行直言不讳评论的相关搜索结果
政治暴力	美国 2011 年	谷歌拒绝了一家当地执法机构要求其删除 YouTube 中与警察暴力相关的视频
隐私	西班牙 2011 年	西班牙数据保护机构要求移除 270 个相关搜索链接，这些链接涉及个人及公众数据，以及 3 个博客和 3 个视频。谷歌拒绝了这一请求

私营企业移除在线内容的决定，无论是政府授权的还是企业自愿执行的，通常受几个因素影响。其中一个因素是公司自身的服务条款框架，该框架是企业价值的表达和用户契约机制。全球公共关系是另一个考虑因素。私营中介必须在删除多数用户不接受的内容和拒绝政府不合理审查之间实现最佳平衡。全球各个市场在道德标准、宗教信仰、政治观点和发展历史等方面具有广泛差异，因此在这些差异中寻求平衡非常困难。私营企业向目的国家提供服务和产品时必须考虑当地法律，开展经营活动时要服从该国管制法律。公布透明性数据是作为个体的企业在与政府

斡旋时一个非常微妙的权力应用。

在一些情境中，由于司法管辖的局限性，私营企业对政府提出的内容移除请求几乎没有自由裁量权。

虽然私营信息中介公司在特定的国家开展运营，但是它们的业务范围具有全球性。它们在数字化的公众领域协调政府、居民以及所有与通信相关领域的各种关系。不论私营企业是"政府权力的监督者"，还是"一支强大的自由力量"，或者是两者之间的某个位置，这主要决定于私营企业所处的情境和特定的环境。谷歌透明度报告中所发布的数据显示了政府要求和企业回应之间的显著差异，进而引出了对互联网治理自由化这一主题的支持。

拒绝服务攻击作为人权压制工具

分布式拒绝服务软件是以流量压制为主要目的的典型技术手段。第4章中对 DDoS 攻击技术进行了阐释，该技术劫持计算机并且同时触发大量请求使目标计算机陷入瘫痪。虽然这些技术经常以对抗政府或主流社会力量的政治运动等反动形式出现，但这些技术同样可以作为政府对抗人民的力量。不论哪种方式，都是通过限制言论自由而对压制对象产生威慑。在一些国家，政府使用 DDoS 技术压制非主流媒体、民间杂志以及一些人权机构。例如，在美国的一个中文网站经常被 DDoS 攻击搞得间歇性瘫痪。

缓解这些攻击的应对策略又导致两难困境。对于人权组织以及一些非主流媒体来说，抵御 DDoS 攻击的有效策略就是将其站点内容托管在更加专业的信息中介企业，例如存储在谷歌的博客平台，因为依托这些专业平台抵御 DDoS 攻击相对于将全部内容存储在自己站点来说更有效。然而具有讽刺意味的是，这些大型的信息中介企业在帮助提升安全能力的同时也演变成一个新的制度性控制点，即政府可对这些企业实施授权审查。

在数字化环境中重新思考言论自由

试图对思想传播进行控制和压制是封闭社会的一个显著标志。审查制度一直以来是禁止有损于统治阶级信息扩散的主要工具。历史的长河里政府并不是压制信息传播的唯一力量。几个世纪以前，罗马天主教堂一直保持着禁书清单，包括约翰尼斯·开普勒等天文学家的科学著作。

正如曼纽尔·卡斯特尔（Manuel Castells）所阐述的："在整个历史发展阶段，信息通信是行使权力和对抗权力的根本力量，并主导了社会变革。"[21]当下，这一斗争已经进入在线环境，并越来越多地通过基础设施和互联网治理相关的技术体现出来。那些希望对信息内容进行审查的人倾向于采用 DPI、DNS、互连协议、信息系统等互联网治理工具。这一现象为数字化环境中的异议本质提供了深入分析的视角。

言论自由不仅仅是内容的自由表达，还包括自由使用技术工具以及规避信息控制。反对政府政策的异议表达从历史上看包括新闻、传单以及被政府压制的文学著作等信息扩散途径。现阶段则需要技术工具技术性地规避审查或创造自由表达的情境。例如抵抗 DDoS 攻击的安全措施可有效确保言论自由。由于互联网内容层下的技术架构对互联网用户是不可见的，因此人们很容易认为表达自由就只是内容的自由传播和流动。在互联网治理情境中，表达自由不仅仅指自由发言和信息自由流动，由于网络架构中包含着控制点，因此两者之间还存在差距。避开控制点不仅仅要求借助技术工具和创新性平台实现内容的自由生产、发布和分享。硬件和软件治理都与自由表达密切相关，如果不关注互联网治理政策，个人在互联网上的自由将无法维持。

第 10 章

互联网治理和互联网自由

互联网是受到管制的。互联网治理的控制点既不是法律控制点，也不会限定在一个国家范围内。它们通常是由多种因素决定和展现的，包括网络架构设计理念、全球性互联网治理机构的决策、私营企业的策略、与国家法律体系常态化对抗中的所有全球性获胜方、政府间条约，以及区域文化理念等。本书已经阐述了上百种互联网治理实践中采用的控制手段。这些控制手段中有一些是虚拟的，对互联网公众不可见，例如关键互联网资源分配和协议。此外，基础设施也是重要的控制手段，例如网络互连和互联网接入的最后一公里。最后，还有一些治理形式与互联网用户密切相关，例如社交媒体公司制定的隐私保护策略。所有这些功能相互协调，共同保证互联网运营。

互联网治理是反映全球权力斗争的一个具有争议性的领域。作为 21 世纪的一个现实，互联网治理已经超出了治理功能本身。互联网治理技术被认为功能强大到可以实现内容流控制，例如可作为知识产权强制执法工具。而且，互联网治理技术还可以用作审查、监控、终止开关干预，以及通过诸如 DDoS 攻击等以体现政治主张等。

互联网治理也是不断演变的。未来几年将不得不面对许多新出现的管理问题。本章作为最后一章，将呈现部分公开的治理领域并解释其中的关键问题。许多议题对互联网技术架构的稳定性和个人自由造成了威胁，其危害程度将取决于它们是如何得到解决的。这些关注的问题是否得到解决将直接影响匿名、安全和言论自由等方面的个人权利和自由。这些问题在根本上具有共同点，即都需要面对以下问题：在国家治理和跨国界治理模式之间应该实现什么样的平衡？在判定是文化表达还是政治交流时企业应承担什么样合适的社会责任？维持互联网创新和商业模式的营利性与个人匿名和知识获取之间应实现什么样的最佳平衡？

互联网治理已经走到了十字路口，但是与互联网治理和互联网自由相关的很多问题尚未解决：在互联网互连点试图引入政府管制；多利益相关方治理和政府控制之间不断升级的紧张关系；被称作浮士德交易的在线广告中，用户以隐私换取免费互联网产品；互联网技术架构发展趋势与在线匿名逐渐偏离；互联网互操作性不断受到侵蚀；将 DNS 作为互联网主要内容控制机制。

对互联网互连实施公共治理的国际压力

早在 1990 年代，伴随着互联网骨干网的商业化发展，要求互联网互连实施直接政府管制的呼声就已经出现。那些互连管制支持者提出了各种理由，例如通过管制可以提高全球连接点的网络速度，或建立网络运营商之间流量对等交换结构等。尽管存在这些争议，互联网互连仍然成为互联网中自由化程度最高的领域。网络运营商通过谈判达成的双边互联网协议或互联网交换点共享协议都是自由的协议安排。互联网是自成体系的自由网络生态系统。从历史上看，对这些协议的事前或事后管制只有在反垄断或协议难以达成一致、产生法律纠纷的情况下才会发生。

在自由化过程中，基础设施互连引发了一系列公众利益问题，许多问题已经在本书中进行了讨论。共享互连点有可能成为政府监控、审查以及采取集中式互联网中断策略的中心控制节点。遍布全球的 IXPs，当它们快速增长时，不对称地向发达国家集中，引起了新兴市场对互连平等性的担忧。从单个市场看，有利的方面是提升了技术效率，而不利的方面是全球性的主导运营商并不情愿与新进入者解决对等问题。因此，政策制定者不断质疑在没有监管约束的前提下网络运营商是否有足够的互连动力。

对互联网互连进行管制，通常主要解决补偿和定价两个问题。例如，欧洲电信网络运营商协会（ENTO）在 2012 年国际电信联盟的国际电信世界峰会（WCIT）召开之前提交了一项议案，提出了三个有关互联网互连的全球政策建议：扩展国际电信规则（ITRs）以包括互联网连接；民族国家应成为互联网互连的组成部分以促进互联网发展；在"发送方付费"原则下希望对服务提供商进行补偿。

ITRs 是一个国际条约，可追溯到 1980 年代，主要解决了电信运营商跨境运营问题。该条约主要用来指引传统基于电路交换的语音流量如何实现国际交换。该条约下的电信运营商大多是国有企业或垄断及寡头垄断的国家私营企业。ITRs 受联合国的专业分支机构——国际电信联盟监管。

ETNO 提出的互连政策建议在世界峰会中未获得通过，因为其有可能将互联网治理引向更加模糊和不确定的方向。电信运营商关心"通过流量传送从内容服务商那里获得公平的补偿"，并且非常关注联合国成员国促进"国际 IP 互连发展"的政策走向。[1]ENTO 提议将传统电信管制哲学注入互联网的互连互通。民族国家对互连节点的管制对其自身来说是一个重要转变，但是将 ITRs 扩展至互联网将使互联网互连在某种程度上置于联合国的管辖下。ITU 在促进知识获取和缩小数字鸿沟方面做了大量工作，但是联合国成员国提出的对互联网基础设施的监管起因于俄罗斯等国家对在线自由表达进行限制而带来的不良影响。一个公开的疑问是：这些影响对全球互连点意味着什么？

对互连的全球性讨论也引起了在国际互连中"发送方网络付费"的相关讨论。"发送方网络付费"的概念起源于传统的通信方式，即在以语音为主的国际呼叫中付费的义务主要由呼叫发起者和发起方网络承担。将这一方式移植到互联网的互连中，Netflix 和 Hulu 以及 BBC、CNN 等大型内容服务商将支付内容传输费用。实践中，如果一个在南非的用户选择从 YouTube 的服务器下载视频，谷歌将被迫向南非当地的运营商支付费用，因为是当地的运营商承担了向内容请求用户传送内容的任务。

正如民主与技术中心（CDT）所建议的，这种转变将促使互联网的运作方式发生根本性变革，并且将增加互联网接入成本，阻止发展中国家和地区的人们获取知识，降低互联网经济发展速度。[2] 如果内容服务商对每次用户的内容请求都付费，那么可以设想这些内容服务商由于额外的价格负担将倾向于内容封锁，而且也很难吸引新的内容服务商进入市场，特别是在新兴市场。内容发送方付费的价格结构对内容创新和知识获取都将产生重要影响。

此外，这种形式的互连价格管制同样也会对互联网基础设施产生直接影响。包括 IXPs 在内的互连点是网络运营商和内容服务商实施新的价格策略最为可行的环节。在实行内容发送方付费的地区，内容服务企业的数量将减少，同时那些本地网站的盈利能力也将减弱，并且新的共享互连点的发展也会受到阻碍。这些关于互连的经济和技术约束可能影响新兴市场的人力资本素质。而且由于网络直连的激励减弱，多数内容获取需要从国外转接，这种方式不利于网络流量优化，同时由于媒体内容并非源自本地市场而增加了内容传递时延。

互联网互连由于承载着巨大的公众利益，成为互联网治理自由化过程中的关键部分，其对知识获取、公共数字领域参与、实现互联网增长和经济竞争的最佳效益，以及维持互联网的普遍性而非制造割据等，都是至关重要的。由于内容服务商、主导电信运营商以及政府等相关方都对互连的商业模式表示关注，而且政府对互连的货币化形式尤为关注，因此互连监管以及政府关于价格结构的监管建议将有可能成为未来互联网管制的中心议题。

"多利益相关方主义" 规则

正如本书所试图解释的，互联网治理不是一个单独的体系，不是可以将钥匙从一个团体传递到另一个团体的具有明显区隔的体系。互联网治理是跨领域的、集管理和运营为一身的多层系统，涉及标准制定、网络安全、互连协议等方方面面。因此，诸如"谁将控制互联网，联合国还是其他机构"等提问是没有任何意义的。合适正确的问题应该是"在每个特定情境中如何决定什么是最有效的治理形式"。在私营企业、国际协调治理机构、政府以及民间团体等各方不断变化的权利平衡点充分体现了当代互联网治理的特点。这种权利平衡通常被称作"多利益相关方主义"。

多利益相关方主义本身不是一个普遍适用的价值观，它是在一个特定情境中"决定采用什么必要的管理形式"时应运而生的一个理念，这样对理解多利益相关方的概念非常重要。互联网治理中的一些领域应该受到国家政府或国际条约的监管；而其他一些领域应该通过私营部门或非营利组织进行有效管理。在这些情况下，透明性和可问责性是这些群体制定合理的互联网公共政策时需要考虑的因素。

还有一些互联网治理领域要求多利益主体共同直接参与。在这些情况下，各种问题通常归结为一点，即如何在国家管制和自由治理之间实现恰当的平衡。这是一个在许多领域都有争议的问题，围绕 ICANN 职能的政治权力分配中也存在这样的争议，虽然这种争议可能有助于维持关键互联网资源治理的现状。在 ICANN 的资助下实施的关键互联网资源分配职能虽然范围较窄，但却是互联网治理的重要组成部分，例如 IP 地址监管以及与 DNS 相关的系列职能，这些职能都是互联网治理中最为核心的部分。由于 ICANN 履行的这些职能的重要性和公开性，该机构从其产生之初就备受关注。

有三个基本的讨论可以概括关于 ICANN 的程序性的和管辖权的权力斗争。第一个是关于问责性和程序的一般性批判。ICANN 已经采取了一系列的以多利益相关方原则为基础的参与式的治理结构，其中有一些被互联网治理专家认为太过分散难以实现有效和充分的问责。[3] 第二个关键性讨论起源于 ICANN 与美国商务部的历史联系而引起的国际质疑。尽管 ICANN 已经从美国单边监管走向更加国际化的治理结构，但是承担着最为关键的互联网治理职责的 IANA 职能仍然与美国商务部存在合同关系。十多年来，联合国成员国就终止 ICANN 与美国的行政管理关系已经施加了各种压力。这种努力具有较长的历史，其中最为突出的成果就是 2005 年出自联合国互联网治理工作组的一份参考建议，在该文件中呼呼消除美国对域名和 IP 地址的霸权。联合国对互联网治理的定义是："互联网治理是政府、私营机构和民间团体各自角色的发展和应用，它们共享原则、理念、规则、决策流程和程序，共同塑造了互联网的使用和进步。"[4] 在这个对多利益相关方的定义中，政府处于名单的突出位置。

第三个讨论是对第二个讨论的回应，受到私营产业、技术专家和美国政策制定者的关注，主要讨论了联合国将取得某些互联网关键领域的监管权。这些利益相关者重点强调采取多利益相关方模式而不是中央集权化的协调是出于治理需要。例如，2009 年美国政府与 ICANN 签署的"承诺确认申明"强调私营部门主导的多利益相关方模式："美国商务部确认其承诺，即在 DNS 技术协调过程中遵循多利益相关方、私营机构主导、自上而下的政策制定模式以维护全球互联网用户利益。通过自由化的协调过程，其政策输出通常反映公众利益，能最好地灵活应对互联网及互联网用户不断变化的需求。"[5]

所有这些关注所包含的基本原则就是多利益相关方治理，尽管多利益相关方模式有三种形式，即广泛分布、政府主导、私营机构主导。互联网的多利益相关方模式已经被联合国、政治领袖、咨询机构以及一些学者接纳，成为互联网治理的共识，他们中的一些人已经参与了联合国信息社会世界峰会（WSIS）进程、关于互联网治理的联合国工作组（WGIG）、互联网治理论坛（IGF）以及一系列始于希腊雅典的互联网治理国际会议。

2011 年在法国多维尔召开的 G8[6] 会议上，各国领袖就一些基本原则达成一致，"包括自由、尊重隐私和知识产权、多利益相关方治理、网络安全以及防止犯罪等，这些原则共同支撑，实现互联网的繁荣"[7]。多利益相关方治理的倡导者，虽然并不完全支持用这种治理模式替代民主国家治理，但是他们已经表示在互联网等跨境环境中这种治理模式是必要的，而且多利益相关方模式也是促进民主进程的动力。在我们既相互连接也相对独立的世界中，"多利益相关方治理能强化民主，丰富现有的代表性框架，赋予公民权利"[8]。

虽然我们承认多利益相关方原则有其积极作用，但是我们仍然有理由警惕隐藏在其治理框架下的执行过程和底层议程。多利益相关方及其具有的时代意义已经将这一概念提升为一种价值观，并且也阻止了对这一概念是否被混淆的批判性追问。多利益相关方模式奉行"广泛代表性的、自上而下的"模式，不仅仅是作为政治权力斗争的一种特殊的管理功能。例如，在国际讨论中，多利益相关方模式作为一种代理形式，起源于对美国政府和 ICANN 间固有紧密关联的担忧。联合国呼吁美国消除对互联网根区的控制，而美国则坚持其提出的政策建议。联合国互联网治理论坛就是为了打破联合国和美国之间的这一僵局而出现的。IGF 的目的是为各个利益相关方之间的对话创造一个正式的场合。[9]IGF 对互联网治理的讨论有很多重点，又似乎超出了 IGF 作为一个非互联网治理实体考虑的范畴，因为 IGF 的系列会议中都没有政策制定权。即使作为一个全球性的议题讨论场合，也有些人批评 IGF 有意回避政府审查、知识产权保护等颇具争议的议题。[10]真正的互联网治理实践体现在私营机构决策、各国政府的互联网政策以及 IGF 对话机制之外的机构中。IGF 对多利益相关方的讨论重点已经与互联网治理中真正践行的多利益相关方模式几乎没有任何关联了。

对多利益相关方机制的另一方面的担忧是其内在的集中化风险。为了更加有效，多利益相关方模式倾向于集中式的治理过程，要求存在组织机构、程序机制甚至是组织层级以确保所有利益相关方都能够发声。谁应该作为监管方或者执行者？互联网的成功源于传统的自下而上的参与方式，而且在互联网发展历史上没有一个实体能够控制整个互联网。多利益相关方执行中隐含的假设就是政府集权，因为政府有必要的合法性通过制定和遵循规则流程推动和强化多利益相关方模式。有关合法性问题在互联网治理中引发了巨大的倒退，因为其必须建立一个多利益相关方模式的协调执行机构。当多利益相关方模式在互联网政策制定中提升私营产业的角色时，同样也会引发合法性问题。

　　一个有关多利益相关方治理的类似的讨论是"依照谁的民主价值"。多利益相关方模式追求促进民主，但是这可能引发可接受的各种民主价值观的角逐。需要紧急澄清的是，多利益相关方从本源上看是关注民族国家政府的传统治理。多利益相关方模式，如上述讨论的，是一种代理形式，主要用于努力限制美国政府在互联网域名和 IP 地址分配等主要互联网治理职能中的权力。这一努力实质上体现了多个政府共同分享权力而不是一个政府独享权力的愿望。由此带来的风险是民主社会的角色、跨国企业的全力参与以及新的全球性的制度形式的贡献有可能会被忽略。

　　互联网治理中的多利益相关方模式是最为分散和通用意义上的非集中化和多样性，可以避免那些形式化的多利益相关方机制陷阱，具有讽刺意味的是，恰是这些机制在政府控制互联网治理和集权中发挥着至关重要的作用，正如本书所阐释的政府对互联网进行控制的多种方式。正是这种非集中、分布式的权力平衡才有可能对互联网的回弹性、稳定性和适应性负责。自上而下、强制接受的多利益相关方模式与真正意义的多利益相关方模式的差距在实践中不断显现。

在线广告是一种浮士德交易，用隐私交换免费互联网物品

对互联网隐私的关注遍布互联网治理的许多领域，包括协议设计、社交媒体的隐私政策，以及 ISP 的深度包检测实践等。在线广告模式可能成为一个更大的隐私困境。

不管人们是否这样认为，支撑着许多互联网产业的商业模式被认为是用户放弃了个人隐私以交换免费信息和软件。[11]个人在生成和传播信息方面的物质和资金上的障碍引发了对自由表达和创新的巨大需求。[12]但是实现这一切新的美好图景的前提也正是维持免费软件平台所必须支付的对价，即日益扩张的在线广告产业。

不论是新闻文章还是在线视频，这些数字化的信息基本上都是免费的。这种对知识和娱乐信息免费获取的趋势创造了新的互联网产业，即便是这种具有破坏性的趋势已经侵蚀了主导媒体力量的收入现金流。虽然金钱在不同的参与方中流入流出，但是这种交换围绕的是在线广告收益的获取方式，而不是为了获取信息和对信息产品进行支付。学者和政策制定者已经将注意力转向这些新的市场机制和消费者对免费信息的期望是如何挑战传统媒体商业模式的。对免费数字内容使用带来的具有变革性的经济和社会影响的关注聚焦已经远远超越了对于消费购买软件转向完全免费这一转型的关注程度。

消费者已经非常习惯于免费社交媒体应用，他们在使用这些软件程序时甚至不需要注册就可免费使用。那些在"免费软件运动"中所倡导的理念是自由，而非真正的免费。实践中软件使用确实是免费的。公众

使用 Orkut、推特等社交媒体平台或互联网搜索引擎雅虎、谷歌、必应等都不需要付费。将一个视频添加到 YouTube 等平台的信息库中不属于市场交换；电子邮件软件和存储都是免费的；在线 GPS 地图也能够免费下载。软件从有价到免费的变革正如免费信息的演进一样具有创新性。这种变革并不意味着软件市场已经被全部侵蚀或者在一定程度上成为无私或无偿为公众利益服务的市场。开发和维护社交媒体软件非常昂贵，谷歌、脸书等软件公司每年需要大量的运营开支预算。2012 年第二季度，谷歌仅运营成本一项就已经超过了 60 亿美元。[13] 免费模式的盛行意味着收入来源已经从消费者转移到第三方。

这些商品现在是免费获取的，而不是生产者和消费者之间有偿地交换物品和服务，而对这些物品或服务的价值补偿已经几乎全部从消费者转移到了广告中介。这样的第三方系统要求两种形式的经济货币："眼球"和个人数据。广义上理解即注意力经济和个性化经济，注意力经济中接收广告个体的数量和质量是可量化的，个性化经济即信息订阅系统的广告价值，表现为该平台对消费者数据的收集、保留和汇聚的程度。

从互联网治理角度看，这种以广告支撑的互联网信息中介的变革带来了一个问题，即在多大程度上自由因为免费而被让渡和牺牲。正如互联网隐私学者迈克尔·齐默（Michael Zimmer）所阐述的："一种浮士德交易类型将出现，搜索 2.0 承诺广泛、深入、有效性和关联性，但却以完美反馈为名以更广泛地收集个人和智力信息。"[14]

第 7 章讨论了几种在线广告隐私问题的形式，包括行为广告、情境广告、位置广告以及社交广告等。在所有这些方式中，由私营第三方从大量不相关的网站中追踪个人用户行为已经越来越成为一种标准化的实际操作，这些第三方与个人用户既没有直接关系，也不存在任何合同协议。

互联网最初的架构方式是基于虚拟的 IP 地址实现信息的地址识别和路由安排。虽然这种虚拟性标识符号需要和其他的个人识别标志结合才能共同实现身份信息的可追溯，但这种虚拟的身份信息本身就引发了隐私问题。互联网上存在着无数类似的通过即时社交网络平台、智能手机和搜索引擎收集个人和政府信息的系统，这些已经很难被移除了。

从在线服务提供商公布的隐私政策可以大致了解其所收集的个人数据类型以及这些信息如何使用和分享。个人在使用社交媒体平台或智能手机的应用程序时也许认为它们的在线交易是私密的，然而，事实上大量的信息就是在这些活动中被收集的。这些信息中的大部分和内容无关，而是管理性和逻辑性的识别标记。以下是一些收集到的个人信息的类型：

- 信息设备，包括唯一的硬件标识符
- 移动电话号码，如果是通过手机接入互联网的
- IP 地址
- 电话呼叫的时间和日期
- 基于 GPS、Wi-Fi 或者从移动设备发出的移动信号的真实地址[15]

收集和分享个人数据信息是在线广告和新的政府监控形式的核心环节。这种数据收集和共享的形式存在一个托管的问题，即托管中可能涉及个人隐私保护、儿童在线保护、分享中可能存在的社会和经济危害等。个人对广泛存在的数据收集系统的意识觉醒可能影响个人言论的自由表达，因为这将对个人在线言论和行为产生激冷效应。相反地，如果对这些实践进行广泛限制则会破坏在线免费软件平台的商业模式，以及损害这些平台所提供的自由表达的可能性。如何实现个人隐私保护与新的商

业模式对互联网繁荣促进之间的平衡，已经成为互联网政策中面临的一个难题。

政府在互联网隐私方面的立法主要规范卫生保健、金融等特殊行业的交易行为。其他方面的一些立法实践和尝试则聚焦于儿童在线保护以及与监控相关的管制，例如限制抓取街景图片用于在线地图等。隐私立法一直努力与技术变革保持同步，并力求反映不同地区对隐私含义的不同理解，因为在不同地区对隐私保护程度的合理性与可行性有着不同的期待。欧盟的隐私保护政策相对严格，将对个人数据的保护视为一项基本人权，并在其"数据保护指令"中充分反映了这一理念。

实现隐私保护和基于在线广告的商业模式之间的平衡策略并不是一成不变的。在互联网治理的一些领域，对在线广告中隐私保护实践的干预可以通过多种方式进行，包括政府间协议、国家法律、终端用户和平台之间的合同协议等法律方式，还包括一些在线广告隐私保护的自愿性产业标准以及技术规避方法等一些非正式机制。技术规避方法主要是给予消费者选择的机会，例如让消费者选择什么数据可以被收集、什么数据需要保留、什么数据可以与第三方交换等。至少从互联网治理相对规范的实践活动看，由产业制定自律性的隐私保护条款以及保障用户信息分享自由决策权是目前相对合理的措施。这些主动披露、提示告知和充分尊重保护个人选择的行业自律实践，避免了法律过早以千篇一律的隐私保护路径施加干预，阻碍这一新兴产业的蓬勃发展。

对匿名性的侵蚀

在 1990 年代早期，万维网产生后不久，一个著名的卡通片《纽约客》中描述了一条狗在互联网冲浪的情形，并附以字幕"在互联网上，没有人知道你是一条狗"。最初的端到端架构和互联网的一些技术特性似乎能够规范地提升匿名通信的可能性，包括使用浏览器匿名浏览网站这样的简单能力。至少存在可溯源匿名，即一定程度上的匿名性，是指只有执法机构才能从服务提供商那里获得额外的、可以与 IP 地址以及相关的在线信息进行关联的个人标识，进而实现匿名追溯。然而，随着互联网和信息中介平台的发展，对在线匿名性的认知和在内容层下隐藏着身份管理基础设施这一现实之间的裂隙越来越大。

在中东起义期间，也即被后人称作"阿拉伯之春"的政治运动中，全球媒体转载都被名为 Amina Abdallah Arraf 的个人博客帖子所俘获。她的帖子被放在了突尼斯、埃及、黎巴嫩、叙利亚等反政府革命抗议的历史情境中。当其他阿拉伯国家以及世界各国看着街头抗议和游行并伴有政府武装力量暴力回击的视频时，同时也关注到了她的帖子。世界也同样被推特、脸书、YouTube 等社交媒体所俘获，这些媒体组织社会抵抗力量并且积极宣传这些社会运动的相关信息。正是在这样的政治情境中，这名博主的声音提供了叙利亚政府压制抗议者的有力证据。

"大马士革女同性恋"博客的博主，描述了其是一名出生于美国的女同性恋，生活在叙利亚的大马士革。她的博客文章描述了她在大马士革街头抗议的个人经历。她描述道：由于受到催泪弹的袭击，她的眼睛开始变得灼热，同时目睹了其他抗议者在催泪弹的袭击下开始呕吐。[16]她还生动描述了叙利亚对于男女同性恋的压迫性生存环境，并且记录了叙利亚安全力量对其住所的一次恐怖性造访。[17]当时有个自称阿米娜表妹的人在其博客中发表了一项声明，称叙利亚安全力量绑架了阿米娜，之后

"大马士革女同性恋"博客账号就突然关闭了。表妹的博文提供了阿米娜的住所以及遭绑架前的详细细节，并且声称她的朋友目睹了阿米娜遭三名二十多岁男性绑架的过程。阿米娜被绑架引起了全球主流媒体的广泛关注。《华盛顿邮报》报道："阿拉发，35 岁，美籍叙利亚人，生于弗吉尼亚斯丹顿，被迫成为政府驱逐人群中的一员，这些人自十一周以前的叙利亚起义以来，被驱逐离开其家乡或所在的城市，超过一万人。"[18]

但是这个故事和人物本身都是杜撰的。当密集的媒体关注过后，美国国会介入调查，在叙利亚的年轻的女同性恋博主原来是一个已近中年、为人率直的美国男子，在苏格兰学习。当媒体对阿米娜失踪的关注过后一星期，汤姆·马克·马斯特发表了一个公众声明，承认他杜撰了阿米娜这一角色，而且在博客中发表的文章也是他的小说创作。在他承认该事实之前，一名伦敦妇女看到了媒体对阿米娜被绑架的消息报道，称在互联网上广泛传播的照片是她自己的。当这一言论公布于世的时候，媒体才开始质疑"大马士革女同性恋"相关细节的准确性。[19]

这一故事引起了与内容相关的一系列讨论，例如如何界定什么是新闻事实，什么情况下需要对故事进行恰当审查，特别是故事被虚拟化以及没有时间进行事实审查或无法联系目击者的情况下。但是，从互联网治理的角度看，引发的相关问题是身份认证，以及政策制定者是否应该禁止在线匿名。这不是一个假设的问题，禁止匿名已经在全球范围内进入了政策讨论阶段。然而，这些讨论聚焦于内容层以及包括媒体在内的互联网用户可感知的程度。

内容层面的匿名是最基本的匿名。任何人可以用网名注册一个博客，或者创立一个不显示个人线下真实身份的、经过处理的推特账号。但是在基础设施层面，匿名并不是很容易实现的。任何人通过查询 WHOIS 数据库可以获得域名注册信息，包括域名注册者的姓名、通信地址以及电子邮件地址等。WHOIS 数据库，在本书写作时正在修订，依然可以追踪到谁注册了什么域名。[20] 即使通过代理可以隐藏这些信息，但是许多域名注册者由于不熟悉 WHOIS 数据库以及隐匿流程，也无法实现个人信息隐藏。

　　一些社交媒体政策和新闻评论空间要求个人使用真实姓名作为标识。脸书的政策要求"脸书用户提供他们的真实姓名和信息"[21]，并且脸书上不能提供任何虚假的个人信息。针对使用真实标识的意义可以容易地引用很多社会理论来进行论证。尽管在要求真实身份的社交媒体平台中也可能发生网络欺诈，但是真实身份认证依然被认为是可以阻止匿名网络欺诈的有效方式。使用真实身份被认为可以在新闻及博客评论中增强克制谦恭和在数字化领域体现公民权。[22] 从全球更广泛的视角看，在社交媒体平台中的真实身份认证要求可能会给一些社会活动家，或者更广泛意义上的公民，以及试图镇压异见的专制政府带来麻烦。一些评论将社交媒体和政治革命相联系，认为社交媒体同样可被政府用来监控抗议者行动计划，对抗议演讲进行镇压，或从张贴在社交媒体平台上的照片来识别那些参与政府抗议行动的人。个人对是否加入社交媒体平台有自由选择权，但是对那些从来没有加入过类似平台的人，也可以通过拍照等方式进行在线的身份识别。

　　要求真实身份的全球性管制趋势逐渐显现。在世界上一些国家，在网吧等地方连接互联网时要求出示身份证，这已经成为一种普遍的做法。印度要求网吧雇主对其顾客身份进行鉴定，要求其提供身份证、驾驶证、护照、选民卡等官方身份证明，并在一年内可追踪。[23] 互联网学者迈克尔·弗鲁姆金（Michael Froomkin）发出了这样的警告："互联网管制的下一个浪潮已经出现：摒弃在线匿名。"[24]消除匿名性的发展趋势体现在几个方面：国家立法强制要求接入互联网或网上发言必须使用真实身份，媒体平台要求真实身份，以及抵制匿名引发的网络欺诈和遏制在线敌对言论引发的文化压制。上述几方面趋势的发展程度和方向是全球互联网治理领域的公开命题，必须考虑在促进公共权益与保护个人隐私之间实现平衡。

除了在内容和应用层面要求真实身份外，匿名的可溯源和技术性标识更加具有隐蔽性。在匿名性溯源方面，互联网用户，不论是通过固定方式还是通过移动服务接入互联网，通常都要求计费和进行身份认证。技术标识能将通过互联网发送的信息与具有唯一性的硬件进行关联（例如在物理网卡上的全球唯一的二进制码）；或者通过IP地址及与计算机捆绑的具有唯一性的软件系统进行识别；或者获取位置信息，如通过移动电话获取的位置信息、Wi-Fi天线位置以及GPS等。

表10—1描述了不同层面上的技术性标识设施。当注册一项互联网服务时，这些标识与收集的个人信息可以轻易地实现匿名溯源。掌握一个或多个技术性识别的执法机构可以通过网络或应用服务提供商找到与其技术性标识相符的个人真实身份。通过法院裁决执行实现可溯源的匿名性，或许足以实现个人隐私保护和执法目标之间的平衡。然而真实身份认证要求远远超出了追溯匿名的目的，因为在内容层匿名的可能性也在消失。在内容层下广泛存在的身份管理基础设施对在线匿名提出了更大的挑战。最关键的问题是对匿名的摒弃或对匿名发言的限制将对言论自由、线上政治氛围以及互联网文化产生影响。

表 10—1　　　　　　　　　　　　溯源标识的路径

政府层面
- 强制国家身份系统规则

服务提供层面
- 网吧中要求 ID
- 移动电话申请中要求 ID
- 固定互联网接入中要求 ID
- 与计费管理相关的接入
- 全球唯一的电话号码

局部身份识别
- Wi-Fi 天线位置
- IP 地址的网段
- 移动基站三角定位
- GPS 三角定位

应用层身份识别
- 社交媒体账户真实身份要求
- 媒体和博客评论中的真实姓名要求

逻辑/虚拟的身份识别
- 互联网协议地址
- 计算机软件唯一属性
- cookies

唯一硬件标识
- 以太网卡上的唯一硬件地址
- 移动电话硬件设备上的标识符

互联网互操作性的挑战

互联网治理的另一个挑战是互操作性，这是互联网从设计之初就遵循的基本原则。[25]如第 3 章所阐述的，互联网之所以能正常运转就是因为标准的以 0 和 1 形式存在的二进制数据流提供了统一的指令，这些数据流代表着邮件、视频、音频以及其他的信息类型。互联网的使用以基本的 TCP/IP 协议为基础，同时也部署着无数的标准化格式，包括音乐文件编码和解码格式（例如 MP3）、视频和图片格式（例如 MPEG 和 JPEG）、实现信息在网站浏览器和网站服务器之间传输的格式（例如 HTTP），等等。互操作性并不是天然存在的，而是与早先相比较有了更新的概念内涵，在过去的那个时期，由于专有网络协议的存在，阻止了苹果的网络设备与 IBM 计算机进行直接的通信。

目前互联网应用正在回转到互操作性未能被视为一个具有重要价值原则的年代。这对互联网技术架构或创新的发展产生了消极的影响。例如，社交媒体缺乏互操作性可以表现为以下四个方面：平台缺乏本机兼容性；缺乏统一资源定位符的普适性；缺乏数据可携带性；缺乏普遍可检索能力。在所有这些情况下，标准化操作方式虽然存在，然而一些企业明确地在系统设计时完全忽视了互操作性这一基本原则。互联网治理方式，特别是技术架构设计中，已经将兼容性、数据可携带性、普遍可检索性、URL 可接入性等原则内嵌其中了。互操作性不再是互联网应用共同遵守的技术规范了。

例如，Skype 虽然非常出色并且具有重要的社交功能，但是却包含着专有协议，技术上限制了与其他语音系统的兼容。Skype 是一种即时通信软件，提供 Skype 用户之间的语音、视频以及文本通信。这种应用作为一种视频通信服务不断普及，不仅仅是因为其良好的通话质量，而且是因为这一软件可以免费下载，而且 Skype 用户之间的长途呼叫基于互联网实现并免费提供。2011 年 Skype 被微软收购，该软件不断普及，用户过亿。Skype 同样也是一定程度上的专有协议，因为其使用了一种未公开的、封闭性的信令标准，该标准与其他 VoIP 服务不兼容。

专有协议形成了一种特殊的商业模式。人们使用 Skype 时如果希望进行非 Skype 通话则必须申请解锁捆绑功能。这种专有方式虽然获得了一定市场份额，但却与传统的互联网应用相背离，例如网页浏览器和邮件客户端与其他的浏览器和邮件客户端是相互兼容的，也不需要解锁互操作性或支付额外的费用。如果有人使用雅虎的邮箱，则其自然地会与使用 Gmail 邮箱的人实现通信。如果邮件协议也处于专有状态，整个世界就与现在截然不同了。

在 URL 方面也存在类似的技术和商业模式的倒退。网络是提供普遍和连续的接续服务的链路，可实现用任何浏览器在世界的任何位置都可以到达目标网站。互联网社交媒体应用的通信方式正在由开放转向封闭，在这个过程里信息资源间的超文本链接方式发生退化，因为其仅在限定范围内发挥作用，例如某一平台的信息资源并不必然能够被其他平台和应用访问和获取。正如 WEB 的发明者蒂姆·伯纳斯·李所发出的警告：

> 这种隔离之所以能发生是因为每一个信息碎片没有固定的 URL。数据连接仅存在于一个站点内，你从该站点获取的信息越多，你就越会被锁定。社交网络站点已经成了这样的一个中心平台，一个封闭的内容孤岛，在该平台中个人对自己的内容信息没有完全控制权。这种架构越普及，网络就会变得越碎片化，人们就越难以享受完整、普遍的信息空间。[26]

专有平台是市场选择行为，但是这种选择也带来了相应的后果。社交网络平台不具有电子邮件等其他网络平台具备的互操作性。这是从开放、统一的网络向互联网割据的真实转变。在普遍、开放的网络中，标准是公开的。这种公开发布的标准促进了互联网的快速创新，因为任何公司都可以使用这些标准开发新产品和功能。在普遍开放的网络中，大多数标准是在开放的、参与式的工作组中完成的，例如 W3C 或者 IETF 等。在割据的环境下，协议由个别的公司控制，只有在提交的申请被那些控制者审批之后才能获得授权使用。然而，申请人要想通过授权使用审批流程，需要达到很多市场标准。从互联网治理的角度看，它们都在使普遍的互操作性消失。

这种对互操作性的非最优化选择在新兴互联网技术架构中更加普遍，如云计算和电子健康系统。例如，不同软件公司开发的云计算方式至今尚未制定业界普遍接受的兼容标准。在云计算以及其他新兴的信息提供模式中，由于缺乏事前的标准化流程，将使消费者面临更大的威胁，如厂商锁定，缺少数据可携带性等。

域名系统向内容执行机制的转变

互联网域名系统是互联网治理的基础性技术系统，确保互联网普遍可用。由于其实现了字母名称和路由器使用的二进制数字之间的直接对应关系，这一系统超大规模和多机构的监管令人畏惧。持续实现域名与 IP 之间的转换是维持网络在全世界持续运转的关键。DNS 在一定程度上促进了互联网的普及。本书曾描述了几种情况下 DNS 可能被用作内容控制的手段，超出了其地址解析的主要功能范围，同时也描述了使用 DNS 解决全球隐私问题的努力。一个令人担忧的治理问题是，这种 DNS 功能的滥用是否会使权威域名注册管理机构被迫沦为本地递归 DNS 服务商。而后者可能进一步将互联网从普遍存在转变为割据状态，因为在此状态下内容的可获取性完全依赖于本地运营商。在 DNS 系统出现割据这一重大转变之前，政策制定者与公众一样，需要慎重考虑这样的转变对互联网的安全性、稳定性和普遍性所造成的影响。

互联网治理的未来前景

互联网治理的常态就是不断变化，针对未来可能出现的各种情形创造了无限可能。互联网治理是一种有力和复杂的治理形式，因为其涉及了公众领域的技术协调和民权的自由化条件。尽管互联网是受到管制的，但是这种治理方式并不像互联网技术架构一样是固定不变的。互联网治理的权威机构不断调整，以应对新的商业模式、新出现的技术，以及不断变化的文化环境。在互联网历史中，通常是单独一方作为几个关键互联网治理系统的中心协调者。当互联网技术架构和公众利益相互交织并不断发展时，政策制定方从美国机构主导演变为当代的多利益相关方模式，由私营企业、全球性机构、技术架构设计方、政府等多方共同管理。温顿·瑟夫解释道："网络的成功，准确地说是因为政府，或者大部分应归因于政府，是它让互联网自由成长，民间团体、学术机构、私营企业以及公益性标准化组织共同促进了互联网的发展、运营和治理。"[27]

维持互联网运营必要的协调和管理需要巨大的投资和责任承诺。私营产业不仅承担了互联网治理的许多事务，同时也为互联网治理提供资金支持，不论是在互联网交换节点、基础设施安全、网络管理还是维持标准化的商业模式，以及关键资源管理等方面，都离不开私营产业。

从 21 世纪以来的全球实践看，互联网自由依然没有实现。用于提升经济和通信自由可能性的技术同样被政府和私营产业用来限制互联网的自由。从大量的媒体报道中可以看到，人们已经将社交媒体和其他互联网技术与全球政治关系相联系，这表明有多少互联网政治表达的可能性就有多少政府抑制互联网自由的可能性。在世界的许多集权体制下，都实施了网络监控以限制个人隐私和自由。即使在民主国家，个人自治也经常会与国家安全和法律执行等价值产生冲突。

随着互联网治理的发展，互联网自由也在发展。互联网治理如何开展，在未来还有很多不确定性。正如温顿·瑟夫发出的警告："如果我们对正在发生的一切没有给予足够重视，全世界互联网用户将面临着失去互联网开放性和自由性的风险，而恰恰是这自由与开放带给了民众如此丰富与充实的选择。"[28]公共意识与公众参与至为关键，只有这样才可能在公共利益问题上实现平衡。

缩略语

AD，Area Director，领域主管

AfriNIC，African Network Information Centre，非洲互联网信息中心

APNIC，Asia Pacific Network Information Centre，亚太互联网中心

ARIN，American Registry for Internet Numbers，美洲互联网地址注册
机构

ARPANET，Advanced Research Projects Agency Network，美国高等研
究计划署网络

AS，Autonomous System，自治域

ASCII，American Standard Code for Information Interchange，美国标准
信息交换代码

ASN，Autonomous System Numbers，自治域号

BGP，Border Gateway Protocol，边界网关协议

BIT，Binary Digit，二进制数字

CA，Certification Authority，认证机构

ccTLD，Country-Code Top-Level Domain，国家和地区顶级域名

CDA，Communications Decency Act，《文明通信法案》

CDN，Content Delivery Network or Content Distribution Network，内容分发网络

CDT，Center for Democracy and Technology，民主与技术中心（位于华盛顿特区，作为法律、政策和技术的专业公益性组织，CDT 致力于推动互联网开放、创新、普遍可及）

CERT，Computer Emergency Response Team，计算机应急响应小组

CFAA，Computer Fraud and Abuse Act，《计算机欺诈和滥用法案》

CIR，Critical Internet Resource，关键互联网资源

CIX，Commercial Internet Exchange，商业互联网交换点

CNNIC，China Internet Network Information Center，中国互联网络信息中心

CRPD，Convention on the Rights of Persons with Disabilities，《残疾人权利公约》

CSIRT，Computer Security Incidents Response Team，计算机安全事件响应小组

DARPA，Defense Advanced Research Projects Agency，美国国防部高级研究项目局

DBMS，Database Management System，数据库管理系统

DDoS，Distributed Denial of Service，分布式拒绝服务

DEC，Digital Equipment Corporation，美国数字设备公司

DMCA，Digital Millennium Copyright Act，《数字千年版权法案》

DNS，Domain Name System，域名系统

DNSSEC，Domain Name System Security Extensions，域名系统安全

扩展

DPI, Deep Packet Inspection, 深度包检测

DSL, Digital Subscriber Line, 数字用户线路

EFF, Electronic Frontier Foundation, 电子前线基金会（一个国际知名的法律援助公益组织，旨在宣传互联网版权和监督执法机构，总部设在美国）

ETNO, European Telecommunications Network Operators' Association, 欧洲电信网络运营商协会

EU, European Union, 欧盟

FAA, Federal Aviation Administration, 美国联邦航空管理局

FCC, Federal Communications Commission, 美国联邦通信委员会

FTC, Federal Trade Commission, 美国联邦贸易委员会

FTP, File Transfer Protocol, 文件传输协议

Gbps, Gigabits Per Second, 千兆以太网

GNI, Global Network Initiative, 全球互联网倡议

GPS, Global Positioning System, 全球定位系统

HTML, HyperText Makeup Language, 超文本标记语言

HTTP, HyperText Transfer Protocol, 超文本传输协议

IAB, Internet Architecture Board or Internet Activities Board, 互联网架构委员会或互联网行动委员会

IANA, Internet Assigned Numbers Authority, 互联网编码分配机构

IBM, International Bussiness Machines, 国际商用机器公司

ICANN, Internet Corporation for Assigned Names and Numbers, 互联网名称与数字地址分配机构

ICCPR，International Covenant on Civil and Political Rights，《公民权利和政治权利国际公约》

ICE，Immigration and Customs Enforcement，美国移民与海关执法局

ICESCR，International Covenant on Economic, Social, and Cultural Rights，《经济社会文化权利国际公约》

ICMP，Internet Control Message Protocol，控制报文协议（TCP/IP 协议族的一个子协议，用于在 IP 主机、路由器之间传递控制消息）

ICT，Information Communication Technologies，信息通信技术

IEEE，Institute of Electrical and Electronics Engineers，电子电气工程师协会

IESG，Internet Engineering Steering Group，互联网工程指导小组

IETF，The Internet Engineering Task Force，互联网工程任务组

IGF，Internet Governance Forum，互联网治理论坛

IP，Internet Protocol，互联网协议

IPR，Intellectual Property Rights，知识产权

IPv4，Internet Protocol Version 4，互联网协议版本 4

IPv6，Internet Protocol Version 6，互联网协议版本 6

ISO，International Organization for Standardization，国际标准化组织

ISOC，Internet Society，互联网协会

ISP，Internet Service Provider，互联网服务提供商

ITRs，International Telecommunications Regulations，国际电信规则

ITU，International Telecommunications Union，国际电信联盟

IXP，Internet Exchange Point，互联网交换点

JPEG，Joint Photographic Experts Group，常用的一种图形格式，由联

合图像专家组（Joint Photographic Experts Group）开发并命名为"ISO 10918 - 1"

LACNIC，Latin America and Caribbean Internet Information Centre，拉丁美洲和加勒比地区互联网信息中心

LAN，Local Area Network，局域网

LIR，Local Internet Registry，本地互联网注册管理机构

MAE，Metropolitan Area Exchanges，城域交换

MP3，MPEG-1 or MPEG-2 Audio Layer 3，一种数字音频编码和有损压缩格式

MPAA，Motion Picture Association of America，美国电影协会

MPEG，Moving Picture Experts Group，动态图像专家组

NAP，Network Access Point，网络接入点

NDA，Nondisclosure Agreement，保密协议

NIC，Network Information Center，网络信息中心

NSFNET，National Science Foundation Network，美国国家科学基金会网络

NTIA，National Telecommunications and Information Administration，美国国家电信和信息管理局

P2P，Peer-to-Peer，对等网络

P3P，Platform for Privacy Preferences Project，个人隐私安全平台项目

PIPA，PROTECT IP Act，or Preventing Real Online Threats to Economic Creativity and Theft of Intellectual Property Act，《保护知识产权法案》

QoS，Quality of Service，服务质量

RAND，Reasonable and Nondiscriminatory，合理非歧视

RFC，Request for Comments，请求评议（一系列以编号排定的文件，收集了有关互联网相关资讯，以及 UNIX 和互联网社群的软件文件。目前 RFC 文件由互联网协会赞助发行。基本的互联网通信协定在 RFC 文件内都有详细说明）

RIAA，Recording Industry Association of America，美国唱片业协会

RIPE NCC，Réseaux IP Européens Network Coordination Centre，欧洲网络协调中心

RIR，Regional Internet Registry，区域互联网注册管理机构

RPKI，Resource Public Key Infrastructure，资源公共密钥基础设施（一项由 IETF 主导研发的用于保障互联网码号资源（IP 地址、AS 号）分配信息真实性的技术，适用于 IPv4 和 IPv6 两个地址空间）

RTP，Real – time Transport Protocol，实时传输协议

SAC，Standardization Administration of China，中国标准化委员会

SCADA，Supervisory Control and Data Acquisition，监控与数据采集

SIDR，Secure Inter-Domain Routing，安全域间路由

SIP，Session Initiation Protocol，会话初始协议（是由 IETF 制定的多媒体通信协议）

S/MIME，Secure Multipurpose Internet Mail Extensions，多用途网际邮件扩充协议（一个互联网标准，MIME 给 Web 浏览器提供了查阅多格式文件的方法）

SMTP，Simple Mail Transfer Protocol，简单邮件传输协议

SNA，Systems Network Architecture，系统网络体系结构（IBM 开发的网络体系结构，是 IBM 的大型机（ES/9000、S/390 等）和中型机（AS/400）的主要联网协议）

SOPA，Stop Online Piracy Act，《网络反盗版法案》

SRI NIC，Stanford Research Institute's Network Information Center，斯坦福研究院网络信息中心（非营利性社团组织，是全球域名管理机构）

STS，Science and Technology Studies，科学与技术研究

TBT，Technical Barriers to Trade，贸易技术壁垒

TCP，Transmission Control Protocol，传输控制协议

TCP/IP，Transmission Control Protocol/Internet Protocol，传输控制协议/互联网协议（又名网络通信协议，是 Internet 最基本的协议、Internet 国际互联网的基础，由网络层的 IP 协议和传输层的 TCP 协议组成。TCP/IP 定义了电子设备如何连入互联网，以及数据如何在它们之间传输的标准）

TLD，Top-Level Domain，顶级域

TLS，Transport Layer Security，安全传输层协议，用于在两个通信应用程序之间提供保密性和数据完整性

TRIPS，Trade Related Aspects of Intellectual Property Rights，《与贸易有关的知识产权协议》

TTP，Trusted Third Parties，可信第三方

UDHR，Universal Declaration of Human Rights，世界人权宣言

UDRP，Uniform Domain-Name Dispute-Resolution Policy，统一域名争议解决策略

URI，Uniform Resource Identifier，统一资源标识符（是一个用于标识某一互联网资源名称的字符串，该标识允许用户对任何（包括本地和互联网）资源通过特定的协议进行交互操作）

URL，Uniform Resource Locator，统一资源定位符（是 WWW 的统一

资源定位标志，即网络地址）

US-CERT，United States Computer Emergency Readiness Team，美国计算机应急预备小组

USC-ISI，University of Southern California, Information Sciences Institute，美国南加州大学信息技术研究中心

USPTO，The United States Patent and Trademark Office，美国专利及商标局

USTR，United States trade Representative，美国贸易代表办公室

VoIP，Voice over Internet Protocol，基于 IP 协议的语音标准

W3C，World Wide Web Consortium，万维网联盟（创建于 1994 年，是 Web 技术领域最具权威和影响力的国际中立性技术标准机构）

WAI，Web Accessibility Initiative，万维网无障碍倡议组

WCAG，Web Content Accessibility Guidelines，网页内容无障碍访问指南

WCIT，World Conference on International Telecommunications，国际电信世界峰会

WGIG，Working Group on Internet Governance，关于互联网治理的联合国工作组

WIDE Project，Widely Integrated Distributed Environment Project，广泛分布的分布式环境项目（1985 年起始于日本，为实现日本骨干互联网的稳定可靠运行，将日本政企学研各界联合起来结成自治联盟，旨在运用新技术去改造更新，以获得更好的社会发展前景）

Wi-Fi，Wireless Fidelity，无线传输

WiMAX，Worldwide Interoperability for Microwave Access，全球微波互

联接入（也叫 802.16 无线城域网或 802.16。它是一项新兴的宽带无线接入技术，能提供面向互联网的高速连接，数据传输距离最远可达 50 千米）

WIPO，World Intellectual Property Organization，世界知识产权组织

WSIS，World Summit on the Information Society，信息社会世界峰会

WTO，World Trade Organization，世界贸易组织

XML，Extensible Markup Language，可扩展标记语言（标准通用标记语言的子集，是一种用于标记电子文件使其具有结构性的标记语言）

注　释

第1章

1. See official Go Daddy press release, "Go Daddy No Longer Supports SOPA: Looks to Internet Community & Fellow Tech Leaders to Develop Legislation We All Support," December 23, 2011. Accessed at http://www.godaddy.com /newscenter/release-view.aspx?news_item_id=378.

2. Alexis Ohanian on Bloomberg Television's "In Business with Margaret Brennan," January 4, 2012.

3. Official White House response issued by Victoria Espinel, Aneesh Chopra, and Howard Schmidt, "Combating Online Piracy While Protecting an Open and Innovative Internet," January 14, 2012. Accessed at https://wwws.white house.gov/petition-tool/response/combating-online-piracy-while-protecting -open-and-innovative-internet.

4. "An Open Letter from Internet Engineers to the US Congress," published on the web site of the Electronic Frontier Foundation, December 15, 2011. Accessed at https://www.eff.org/deeplinks/2011/12/internet-inventors-warn -against-sopa-and-pipa.

5. House Judiciary Chairman Lamar Smith quoted in *Roll Call* in Jonathan Strong, "Online Piracy Measure Brings Out Hard Feelings," January 2, 2012. Accessed at http://www.rollcall.com/news/online_piracy_measure_brings _out_hard_feelings-211304-1.html.

6. Geoffrey Bowker and Susan Leigh Star, "How Things (Actor-Net)Work: Classification, Magic and the Ubiquity of Standards," URL November 18, 1996. Accessed at http://www.sis.pitt.edu/~gbowker/actnet.html.

7. Langdon Winner, "Do Artifacts Have Politics?" in *The Whale and the Reactor: A Search for Limits in an Age of High Technology,* Chicago: University of Chicago Press, 1986, p. 19.

8. Sheila Jasanoff, "The Idiom of Co-Production," in Sheila Jasanoff, ed., *States of Knowledge: The Co-Production of Science and Social Order*, London: Routledge, 2004, p. 3.

9. For an overview of actor-network theory, see Bruno Latour, *Reassembling the Social: An Introduction to Actor-Network Theory*, Oxford: Oxford University Press, 2007.

10. See Bruno Latour, "On Technical Mediation," in *Common Knowledge* 3, no. 2 (1994): 29–64.

11. As a starting point into this literature, see Andrew Crane et al., eds., *The Oxford Handbook of Corporate Social Responsibility*, Oxford: Oxford University Press, 2008.

12. See Global Network Initiative, "Principles on Freedom of Expression and Privacy." URL (last accessed July 2, 2012) https://globalnetworkinitiative .org/principles/index.php#20.

13. McKinsey Global Institute Report, "Internet Matters: The Net's Sweeping Impact on Growth, Jobs, and Prosperity," May 2011. Accessed at http://www .mckinsey.com/Insights/MGI/Research/Technology_and_Innovation /Internet_matters.

14. The term "obligatory passage points" is borrowed from Michel Callon's "Elements of a Sociology of Translation," in John Law, ed., *Power Action and Belief: A New Sociology of Knowledge?* London: Routledge, 1986, p. 196.

15. For a history of the origins of Internet architecture and governance, see Janet Abbate, *Inventing the Internet*, Cambridge, MA: MIT Press, 1999.

16. Milton Mueller, *Networks and States: The Global Politics of Internet Governance*, Cambridge, MA: MIT Press, 2010, p. 9.

17. From the introduction of William Dutton, ed., *Oxford Handbook of Internet Studies*, Oxford: Oxford University Press, 2013, p. 1.

18. Excellent examples of Internet scholars who address more content-oriented topics include Yochai Benkler's work on new modes of knowledge production in *The Wealth of Networks: How Social Production Transforms Markets and Freedom*, New Haven, CT: Yale University Press, 2006; Manuel Castell's work on the networked public sphere in "The New Public Sphere: Global Civil Society, Communication Networks, and Global Governance," *Annals of the American Academy of Political and Social Science* 616(1): 79–93, 2008; and scholarship on online political campaigns produced by communication scholars such as Daniel Kreiss, *Taking Our Country Back: The Crafting of Networked Politics from Howard Dean to Barack Obama*, Oxford: Oxford University Press, 2012 and David Karpf, *The MoveOn Effect: The Unexpected Transformation of American Political Advocacy*, Oxford: Oxford University Press, 2012.

第2章

1. House Energy and Commerce Committee hearing, "International Proposals to Regulate the Internet," May 31, 2012.

2. Congressional testimony of Vinton Cerf before the House Energy and Commerce Committee, Subcommittee on Communications and Technology, May

31, 2012. Written testimony accessed at http://googlepublicpolicy.blogspot.ca
/2012/05/testifying-before-us-house-of.html.

3. "Recommendations" of the IBSA Multistakeholder Meeting on Global Inter-
net Governance, held September 1–2, 2011, in Rio de Janeiro, Brazil.

4. Steve Crocker, RFC 1, "Host Software," April 1969.

5. For more information about the original specification, see Jon Postel, RFC 791,
"Internet Protocol, DARPA Internet Program Protocol Specification Prepared
for the Defense Advanced Research Projects Agency," September 1981.

6. Milton Mueller's book *Ruling the Root: Internet Governance and the Taming of
Cyberspace*, Cambridge, MA: MIT Press, 2002, provides an excellent history
and analysis of the rise of the DNS and associated governance controversies.

7. Paul Mockapetris, RFC 882, "Domain Names—Concepts and Facilities," No-
vember 1983.

8. See Paul Mockapetris, RFC 882, "Domain Names—Concepts and Facilities,"
November 1983; RFC 883, "Domain Names—Implementation and Specifica-
tion," November 1983; RFC 1034, "Domain Names—Concepts and Facilities,"
November 1987; and RFC 1035, "Domain Names—Implementation and
Specification," November 1987.

9. Jon Postel and Joyce Reynolds, RFC 920, "Domain Requirements," October
1984.

10. See Quaizar Vohra and Enke Chen, RFC 4893, "BGP Support for Four-Octet
AS Number Space," May 2007.

11. ARIN publishes a list of registered ASNs at URL (last accessed July 11, 2012)
ftp://ftp.arin.net/info/asn.txt.

12. Internet Architecture Board, RFC 2826, "IAB Technical Comment on the
Unique DNS Root," May 2000.

13. Vinton Cerf, RFC 2468, "I Remember IANA," October 1998.

14. United States Department of Commerce, National Telecommunications and
Information Administration, *Management of Internet Names and Addresses*,
June 5, 1998. Accessed at http://www.ntia.doc.gov/ntiahome/domainname
/6_5_98dns.htm.

15. Milton Mueller's *Ruling the Root* (2002) provides an analysis of the evolution
of ICANN and the DNS and associated governance debates.

16. United States Department of Commerce Cooperative Agreement No. NCR
92–18742. Agreement and Amendments available online at URL (last
accessed July 13, 2012) http://www.ntia.doc.gov/page/verisign-cooperative
-agreement.

17. NTIA press release, "Commerce Department Awards Contract for Manage-
ment of Key Internet Functions to ICANN," July 2, 2012. Accessed at
http://www.ntia.doc.gov/press-release/2012/commerce-department-awards
-contract-management-key-internet-functions-icann.

18. IANA publishes the list of root servers on its web site at URL (last accessed
July 12, 2012) http://www.iana.org/domains/root/servers.

19. Lars-Johan Liman et al., "Operation of the Root Name Servers," presentation
at the ICANN meeting in Rio de Janeiro, Brazil, March 24, 2003.

20. For a more detailed history and explanation of Internet address allocation, see Chapter 5, "The Internet Address Space," in Laura DeNardis, *Protocol Politics: The Globalization of Internet Governance*, Cambridge, MA: MIT Press, 2009.

21. Accreditation criteria for RIRs are outlined in ICANN's "ICP-2 Criteria for Establishment of New Regional Internet Registries." URL (last accessed March 14, 2012) http://www.afrinic.net/docs/billing/afcorp-fee200703.htm.

22. For more detailed pricing information, see the AfriNIC fee schedule available at URL (last accessed March 4, 2012) at http://www.afrinic.net/docs/billing /afcorp-fee200703.htm.

23. Yahoo! privacy policy available online at URL (last accessed March 14, 2012) http://info.yahoo.com/privacy/us/yahoo/details.html.

24. Google privacy policy available online at URL (last accessed March 14, 2012) http://www.google.com/policies/privacy/.

25. Letter from Assistant Secretary Michael Gallagher to Vinton Cerf, August 11, 2005. Accessed at http://www.icann.org/correspondence/gallagher-to-cerf -15aug05.pdf.

26. See "Reveal Day 13 June 2012—New gTLD Applied-for Strings," June 13, 2012, containing the list of applicants for new gTLDs, published on ICANN's web site at http://newgtlds.icann.org/en/program-status/application-results /strings-1200utc-13jun12-en.

27. See ICANN's "gTLD Applicant Guidebook," Version 2012-06-04. Accessed at http://newgtlds.icann.org/en/applicants/agb.

28. U.S. Department of Commerce, National Telecommunications and Information Administration, "US Principles on the Internet's Domain Name and Addressing System," June 30, 2005. Accessed at http://www.ntia.doc.gov /other-publication/2005/us-principles-internets-domain-name-and -addressing-system.

第3章

1. Yochai Benkler, *The Wealth of Networks: How Social Production Transforms Markets and Freedom*, New Haven, CT: Yale University Press, 2006, p. 131.

2. Ken Alder, "A Revolution to Measure: The Political Economy of the Metric System in France," in M. Norton Wise, ed., *The Values of Precision*, Princeton, NJ: Princeton University Press, 1995, p. 39.

3. As reported in *Fast Company* magazine. See Austin Carr, "BitTorrent Has More Users than Netflix and Hulu Combined—Doubled," January 4, 2011. Accessed at http://www.fastcompany.com/1714001/bittorrent-swells-to-100 -million-users.

4. Geoffrey C. Bowker and Susan Leigh Star, "How Things (Actor-Net)Work: Classification, Magic and the Ubiquity of Standards," *Philosophia*, November 18, 1996.

5. David Clark et al., RFC 1287, "Towards the Future Internet Architecture," December 1991.

6. Janet Abbate, *Inventing the Internet*, Cambridge, MA: The MIT Press, 1999.

7. Thomas Hughes, *Rescuing Prometheus: Four Monumental Projects That Changed the Modern World*, New York: Vintage Books, 1998, pp. 255–300.

8. Vinton Cerf and Robert Kahn, "A Protocol for Packet Network Intercommunication," in *IEEE Transactions on Communications* COM-22, no. 5 (May 1974): 637–648.

9. Internet Society Mission Statement. URL (last accessed July 17, 2012) http://www.internetsociety.org/who-we-are.

10. Steve Crocker, RFC 1, "Host Software," April 1969.

11. RFC Editor, RFC 2555, "30 Years of RFCs," April 1999.

12. David Waitzman, RFC 1149, "A Standard for the Transmission of IP Datagrams on Avian Carriers," April 1990.

13. The RFC process is succinctly described in Paul Hoffman and Susan Harris, RFC 4677, "The Tao of IETF," September 2006.

14. For formal details about the Internet standards process, see Scott Bradner, RFC 2026, "The Internet Standards Process," October 1996.

15. For details about the invention of the web, see Tim Berners-Lee, *Weaving the Web*, New York: HarperBusiness, 2000.

16. See W3C "History." URL (last accessed July 18, 2012) http://www.w3.org/Consortium/facts#history.

17. From the W3C's "Membership Fees" web page. URL (last accessed July 18, 2012) http://www.w3.org/Consortium/fees/.

18. World Wide Web Consortium, "W3C Patent Policy," February 5, 2004. Accessed at www.w3.org/Consortium/Patent-Policy-20040205/.

19. The entire text of the United Nations' "Convention on the Rights of Persons with Disabilities" is available online at URL (last accessed July 19, 2012) http://www2.ohchr.org/english/law/disabilities-convention.htm.

20. W3C Recommendation "Web Content Accessibility Guidelines," WCAG 2.0, December 11, 2008. Accessed at http://www.w3.org/TR/WCAG20/.

21. Alissa Cooper, RFC 6462, "Report from the Internet Privacy Workshop," January 2012.

22. Tom Narten et al., RFC 3041, "Privacy Extensions for Stateless Address Autoconfiguration in IPv6," September 2007.

23. W3C, "The Platform for Privacy Preferences 1.1 Specification," November 13, 2006.

24. W3C press release, "W3C Announces First Draft of Standard for Online Privacy," November 14, 2012. Accessed at http://www.w3.org/2011/11/dnt-pr.html.en.

25. IANA IPv4 Address Space Registry accessed at URL (last accessed March 15, 2012) http://www.iana.org/assignments/ipv4-address-space/ipv4-address-space.xml.

26. See, for example, Benkler, *The Wealth of Networks*, and Rishab Ghosh, "An Economic Basis for Open Standards," December, 2005. Accessed at http://flosspols.org/deliverables/FLOSSPOLSD04-openstandards-v6.pdf.

27. See the WTO Agreement on Technical Barriers to Trade. Accessed at http://www.wto.org/english/tratop_e/tbt_e/tbtagr_e.htm.

28. For a lengthy explanation of global debates about open standards, see Laura DeNardis, ed., *Opening Standards: The Global Politics of Interoperability*, Cambridge, MA: MIT Press, 2011.

第4章

1. An F-Secure Security Labs analyst received a series of emails from an Iranian scientist making this claim. Reported on July 23, 2012, on the company blog. Accessed at http://www.f-secure.com/weblog/archives/00002403.html.

2. United States Industrial Control Systems Cyber Emergency Response Team, ICS-CERT Advisory "Primary Stuxnet Indicators," September 29, 2010.

3. See, for example, David E. Sanger, "Obama Order Sped up Wave of Cyber-attacks against Iran," *New York Times*, June 1, 2012.

4. Gadi Evron, "Battling Botnets and Online Mobs: Estonia's Defense Efforts during the Internet War," *Georgetown Journal of International Affairs* (Winter/Spring 2008), pp. 121–126.

5. Tony Smith, "Hacker Jailed for Revenge Sewage Attacks," *The Register*, October 31, 2001.

6. A technical account of the attack is available in Marshall Abrams and Joe Weiss, "Malicious Control System Cyber Security Attack Case Study—Maroochy Water Services, Australia," 2008. Accessed at http://csrc.nist.gov/groups/SMA/fisma/ics/documents/Maroochy-Water-Services-Case-Study_report.pdf.

7. Peter Yee, Usenet Discussion Posting on comp.protocols.tcp-ip, November 2, 1988.

8. The commonly cited number of infected computers is six thousand, derived in part because MIT professor and vice president of information systems James Bruce estimated to reporters from a Boston CBS affiliate that the attack affected 10 percent of MIT's computers. Reporters extrapolated this 10 percent estimate to the entire sixty thousand computers then connected to the Internet to derive the number six thousand. See M. Eichin and J. Rochlis, *With Microscope and Tweezers: An Analysis of the Internet Virus of November 1988*, Massachusetts Institute of Technology (November 1988).

9. *U.S. v. Robert Tappan Morris*, Case Number 89-CR-139, U.S. District Judge Howard G. Munson, United States District Court, Northern District of New York, May 16, 1990.

10. Theodore Eisenberg, "The Cornell Commission on Morris and the Worm," *Communications of the ACM* 32, no. 6 (June 1989): 706–709.

11. CERT Advisory CA-1999-04 "Melissa Macro Virus," March 31, 1999. Accessed at http://www.cert.org/advisories/CA-1999-04.html.

12. US-CERT Alert TA12-024A, " 'Anonymous' DDoS Activity," last revised April 23, 2012. Accessed at http://www.us-cert.gov/cas/techalerts/TA12-024A.html.

13. Whitfield Diffie and Martin Hellman, "New Directions in Cryptography," *IEEE Transactions on Information Theory*, 22, no. 6 (1976): 644–654.

14. Ed Felten, "Web Certification Fail: Bad Assumptions Lead to Bad Technology," blog posting on Freedom to Tinker, February 23, 2010. Accessed at

https://freedom-to-tinker.com/blog/felten/web-certification-fail-bad
-assumptions-lead-bad-technology/.

15. Brenden Kuerbis and Milton L. Mueller, "Negotiating a New Governance
Hierarchy: An Analysis of the Conflicting Incentives to Secure Internet
Routing," in *Communications & Strategies* 81, 1st Q. (2011): 125.

16. Paul Vixie, Gerry Sneeringer, and Mark Schleifer, "Events of 21-Oct-2002,"
ISC/UMD/Cogent Event Report, November 24, 2002. Accessed at http://d.root
-servers.org/october21.txt.

17. Twitter blog posting on August 6, 2009. Accessed at http://status.twitter.com
/post/157191978/ongoing-denial-of-service-attack.

18. For a more detailed description of SYN-TCP flooding, see U.S. Department of
Homeland Security, U.S. Computer Emergency Readiness Team (US CERT)
Advisory CA-1996-21, "TCP SYN Flooding and IP Spoofing Attacks," last
revised November 29, 2000. Accessed at http://www.cert.org/advisories/CA
-1996-21.html.

19. CERT Advisory CA-1998-01, "Smurf IP Denial-of-Service Attacks," last revised
March 13, 2000. Accessed at http://www-cert.org/advisories/CA-1998-01.html.

20. Lee Garber, "Denial-of-Service Attacks Rip the Internet," in *IEEE Computer
Magazine* (April 2000): pp. 12–17.

21. Federal Bureau of Investigation press release, "Mafiaboy Pleads Guilty,"
Washington, DC, January 19, 2001. Accessed at http://www.fbi.gov/news
/pressrel/press-releases/mafiaboy-pleads-guilty.

22. The Berkman Center for Internet and Society at Harvard University con-
ducted a study addressing the phenomenon of silencing independent media
and human rights groups. See Ethan Zuckerman et al., "Distributed Denial
of Service Attacks against 'Independent Media and Human Rights Sites,'"
December 2010. Accessed at http://cyber.law.harvard.edu/publications/2010
/DDoS_Independent_Media_Human_Rights.

23. PayPal press release, "PayPal Statement Regarding WikiLeaks," December 3,
2010. Accessed at https://www.thepaypalblog.com/2010/12/paypal-statement
-regarding-wikileaks/.

24. 18 U.S.C.A § 1030.

25. Aaron Smith, Pew Internet Report, "Government Online," April 27, 2010.

26. Ellen Nakashima et al., "U.S., South Korea Targeted in Swarm of Internet At-
tacks," *Washington Post*, July 9, 2009.

27. Nato News Release, "NATO Opens New Centre of Excellence on Cyber De-
fense," May 14, 2008. Accessed at http://www.nato.int/docu/update/2008/05
-may/e0514a.html.

28. For example, the U.S. government's Defense Advanced Research Projects
Agency (which funded the Internet's predecessor network) launched its Plan
X Program "to create revolutionary technologies for understanding, planning,
and managing cyberwarfare in real-time, large-scale, and dynamic network
environments." See DARPA-SN-12-51 Foundational Cyberwarfare (Plan X)
Proposer's Day Workshop (September 27, 2012) Accouncement.

29. Robert M. Metcalfe, "From the Ether" column, *InfoWorld*, December 4, 1995.

第5章

1. Source of data: AS relationship table for AS number 3356 (Level 3) drawn from Border Gateway Protocol routing data as tracked by the Cooperative Association for Internet Data Analysis. Accessed at http://as-rank.caida.org /?table-number-as=100&ranksort=number%20of%20ASes%20in %20customer%20cone&as=3356&modeo=as-info.

2. Mark Winther, IDC White Paper, "Tier 1 ISPs: What They Are and Why They Are Important," May 2006. Accessed at http://www.us.ntt.net/downloads /papers/IDC_Tier1_ISPs.pdf .

3. Ian Cooper, Ingrid Melve, and Gary Tomlinson, RFC 3040, "Internet Web Replication and Caching," January 2001.

4. For a taxonomy of CDNs, see Al-Mukaddim Khan Pathan and Rajkumar Buyya, "A Taxonomy and Survey of Content Delivery Networks." URL (last accessed December 27, 2011) http://www.cloudbus.org/reports /CDN-Taxonomy.pdf.

5. Facts about Akamai as reported on the company web site. URL (last accessed December 27, 2011) http://www.akamai.com/html/about/facts _figures.html.

6. "The 32-bit AS Number Report," maintained daily by Internet engineer Geoff Huston. URL (last accessed December 19, 2011) http://www.potaroo.net/tools /asn32/.

7. John Hawkinson and Tony Bates, RFC 1930 "Guidelines for Creation, Selection, and Registration of an Autonomous System (AS)," March 1996.

8. For a history of Internet exchange points, see Lyman Chapin, "Interconnection and Peering among Internet Service Providers: A Historical Perspective," Interisle White Paper, 2005. Accessed at www.interisle.net/sub/ISP %20Interconnection.pdf.

9. Background information about DE-CIX accessed at https://www.de-cix.net/.

10. The entire list of full members of the London Internet Exchange is available at the URL (last accessed December 28, 2011) https://www.linx.net/pubtools /member-techlist.html.

11. "London Internet Exchange (LINX) Memorandum of Understanding Version 11.01–22nd November 2011." Accessed at https://www.linx.net/govern/mou .html#s7.

12. Peyman Faratin, David Clark, et al., "The Growing Complexity of Internet Interconnection," in *Communications & Strategies*, no. 72, 4th Q. (2008): 51–71.

13. Bill Woodcock and Vijay Adhikari, "Survey of Characteristics of Internet Carrier Interconnection Agreements," Packet Clearing House Summary Report, May 2, 2011, p. 2. Accessed at http://www.pch.net/resources/papers/peering -survey/PCH-Peering-Survey-2011.pdf.

14. "AT&T Global IP Network Settlement-Free Peering Policy," last updated May 2011. Accessed at http://www.corp.att.com/peering/.

15. Ibid.

16. "Comcast Settlement-Free Interconnection (SFI) Policy," last updated July 2011. Accessed at http://www.comcast.com/peering/?SCRedirect=true.

17. "Verizon Business Policy for Settlement-Free Interconnection with Internet Networks," 2011. Accessed at http://www.verizonbusiness.com/terms /peering/.

18. "AT&T Global IP Network Settlement-Free Peering Policy," last updated May 2011. Accessed at http://www.corp.att.com/peering/.

19. "Comcast Settlement-Free Interconnection (SFI) Policy," last updated July 2011. Accessed at http://www.comcast.com/peering/?SCRedirect=true.

20. For a description of donut peering, see Greg Goth, "New Internet Economics Might Not Make It to the Edge," in *IEEE Internet Computing* 14, no. 1 (January 2010): 7–9.

21. Karen Rose, "Africa Shifts Focus from Infrastructure to Interconnection," *IEEE Internet Computing* (November/December 2010): p. 56.

22. Internet Society, "Internet Exchange Points." URL (last accessed February 9, 2012) http://www.internetsociety.org/internet-exchange-points-ixps.

23. Phil Weiser, "The Future of Internet Regulation," University of Colorado Law Legal Studies Research Paper No. 09-02, 2009. Accessed at http://ssrn.com /abstract=1344757.

24. As reported by Scott Wooley, "The Day the Web Went Dead," Forbes.com, December 12, 2008. Accessed at http://www.forbes.com/2008/12/01/cogent -sprint-regulation-tech-enter-cz_sw_1202cogent.html.

25. Ibid.

26. Ibid.

27. Michael Kende, "The Digital Handshake: Connecting Internet Backbones," FCC Office of Plans and Policy Working Paper No. 32. URL (last accessed August 15, 2012) http://www.fcc.gov/Bureaus/OPP/working_papers/oppwp32.pdf.

28. Jay P. Kesan and Rajiv C. Shah, "Fool Us Once Shame on You—Fool Us Twice Shame on Us: What We Can Learn from the Privatizations of the Internet Backbone Network and the Domain Name System," *Washington University Law Quarterly* 79 (2001): 89. Accessed at http://papers.ssrn.com /sol3/papers.cfm?abstract_id=260834.

29. J. Scott Marcus et al., "The Future of IP Interconnection: Technical Economic, and Public Policy Aspects," Study for the European Commission, January 29, 2008. Accessed at http://ec.europa.eu/information_society/policy/ecomm/ doc/library/ext_studies/future_ip_intercon/ip_intercon_study_final.pdf.

第6章

1. Adam Liptak, "Verizon Blocks Messages of Abortion Rights Group," *New York Times*, September 27, 2007.

2. Adam Liptak, "Verizon Reverses Itself on Abortion Messages," *New York Times*, September 27, 2007.

3. Jack M. Balkin, "Media Access: A Question of Design," *George Washington Law Review* 76 (2007–2008): 935.

4. See, for example, the Associated Press wire by Peter Svensson, "Comcast Blocks Some Internet Traffic," New York (AP), October 19, 2007.

5. Daniel J. Weitzner, "Net Neutrality . . . Seriously This Time," in *IEEE Internet Computing*, May/June 2008.

6. FCC 05-151 FCC Policy Statement on Broadband Internet Access, adopted August 5, 2005.

7. FCC 08-183 *in re* "Formal Complaint of Free Press and Public Knowledge against Comcast Corp. for Secretly Degrading Peer-to-Peer Applications," 23 F.C.C.R. 13,028 (2008).

8. AT&T News Release, "An Update for Our Smartphone Customers with Unlimited Data Plans," Dallas, Texas, July 29, 2011. Accessed at http://www.att .com/gen/press-room?pid=20535&cdvn=news&newsarticleid=32318& mapcode=corporate.

9. Ibid.

10. Consumer quote from AT&T online forum. Posting on December 9, 2011, at http://forums.att.com/t5/forums/forumtopicprintpage/board-id/Billing /message-id/78427/print-single-message/false/page/1.

11. AT&T's "Wireless Customer Agreement" accessed on the company's web site at http://www.wireless.att.com/learn/articles-resources/wireless-terms.jsp.

12. Greg Risling, "Judge Awards iPhone User $850 in Throttling Case," Associated Press, February 25, 2012.

13. Reuters, "VoIP providers call on EU to ensure free access," April 3, 2009. Accessed at http://www.reuters.com/article/2009/04/03/skype-iphone -idUSL354621020090403.

14. "At SBC, It's All about 'Scale and Scope,'" *Businessweek* Interview with SBC CEO Edward Whitacre, November 7, 2005. Accessed at http://www .businessweek.com/magazine/content/05_45/b3958092.htm.

15. For an engineering description of quality of service issues over the Internet, see Pelin Aksoy and Laura DeNardis, *Information Technology in Theory*, Boston: Thompson 2007, p. 348.

16. Marvin Ammori, "Net Neutrality and the 21st Century First Amendment," blog posting on Balkinization, December 10, 2009. Accessed at http://balkin .blogspot.com/2009/12/net-neutrality-and-21st-century-first.html.

17. Barbara van Schewick, "What a Non-Discrimination Rule Should Look Like," Paper presented at the 38th Research Conference on Communication, Information and Internet Policy, October 1–3, 2010, Arlington, VA, p. 1. Accessed at http://papers.ssrn.com/sol3/papers.cfm?abstract_id=1684677. Emphasis added.

18. FCC 05-151 FCC Policy Statement on Broadband Internet Access, adopted August 5, 2005.

19. Sandra Harding, *Is Science Multicultural? Postcolonialisms, Feminisms, and Epistemologies (Race, Gender, and Science)*, Bloomington: Indiana University Press, 1998, p. 133.

20. Sandra Harding, *Science and Social Inequality: Feminist and Postcolonial Issues*, Urbana: University of Illinois Press, 2006.

21. FCC 10-21 Report and Order, "In the Matter of Preserving the Open Internet Broadband Industry Practices," released December 23, 2010. Accessed at http://hraunfoss.fcc.gov/edocs_public/attachmatch/FCC-10–201A1_Rcd.pdf.

22. Verizon-Google Legislative Framework Proposal, August 2010. Accessed at https://docs.google.com/viewer?url=http://www.google.com/googleblogs /pdfs/verizon_google_legislative_framework_proposal_081010.pdf.

23. Lawrence Lessig, "Another Deregulation Debacle," *New York Times*, August 10, 2010.

24. Jim Harper, "A Capture of the Industry," *New York Times*, February 3, 2011.

第7章

1. NBC Sports press release, "NBC Olympics and Twitter Announce Partnership for London 2012 Olympics Games," London, July 23, 2012.

2. Alex Macgillivray, Twitter official blog posting, "Our Approach to Trust & Safety and Private Information," July 31, 2012. Accessed at http://blog.twitter .com/2012/07/our-approach-to-trust-safety-and.html.

3. See, generally, Brian Carpenter, ed., RFC 1958, "Architectural Principles of the Internet," June 1996; and J. Saltzer, D. P. Reed, and D. D. Clark, "End-to-End Arguments in System Design," in *ACM Transactions on Computer Systems* 2 (November 1984): 27–288.

4. Tarleton Gillespie, "The Politics of 'Platforms,'" *New Media & Society, 12, No. 3 (2010): 3.*

5. From Google's mission statement. URL (last accessed October 28, 2011) http://www.google.com/about/corporate/company/.

6. See "J. Christopher Stevens," *New York Times*, September 16, 2012.

7. Claire Cain Miller, "As Violence Spreads in Arab World, Google Blocks Access to Inflammatory Video," *New York Times*, September 13, 2012.

8. Rachel Whetstone, "Free Expression and Controversial Content on the Web," Google official blog, November 14, 2007. Accessed at http://googleblog .blogspot.co.uk/2007/11/free-expression-and-controversial.html.

9. Ibid.

10. Jonathan Zittrain, *The Future of the Internet and How to Stop It*, New Haven, CT: Yale University Press, 2008, p. x.

11. Anti-Defamation League press release, "ADL Praises Apple for Removing Hezbollah TV App from iTunes Stores," July 31, 2012. Accessed at http://archive .adl.org/PresRele/Internet_75/6353_75.htm.

12. Amazon press release. [Amazon Statement Regarding WikiLeaks], 2010. Accessed at http://aws.amazon.com/message/65348/.

13. Ibid.

14. PayPal press release. "PayPal Statement Regarding WikiLeaks," December 3, 2010. Accessed at https://www.thepaypalblog.com/2010/12/paypal-statement -regarding-wikileaks/.

15. "Updated Statement about WikiLeaks from PayPal General Counsel John Muller," Official PayPal blog posting, December 8, 2010. Accessed at

https://www.thepaypalblog.com/2010/12/updated-statement-about-wikileaks-from-paypal-general-counsel-john-muller/.

16. For one of the many news accounts of this disclosure, see Ellen Nakashima, "Feeling Betrayed, Facebook Users Force Site to Honor Their Privacy," *Washington Post*, November 30, 2007.

17. Facebook press release, "Leading Websites Offer Facebook Beacon for Social Distribution," November 6, 2007. Accessed at http://www.facebook.com/press/releases.php?p=9166.

18. Facebook press release, "Announcement: Facebook Users Can Now Opt Out of Beacon Feature," December 5, 2007. Accessed at http://www.facebook.com/press/releases.php?p=11174.

19. *Lane et al. v. Facebook, Inc. et al.*, class-action lawsuit filed in the U.S. District Court for the Northern District of California, San Jose Division, August 12, 2008.

20. Data obtained from the Google Transparency Report for the six-month period ending December 31, 2011. Accessed at http://www.google.com/transparencyreport/userdatarequests/.

21. Ibid.

22. Chris Jay Hoofnagle et al., "Behavioral Advertising: The Offer You Cannot Refuse," *Harvard Law and Policy Review* 6 (2012): 273.

23. From the text of Title 47, Section 230, United States Code, enacted as part of the Communications Decency Act, in turn a component of the Telecommunications Act of 1996.

24. Facebook Statement of Rights and Responsibilities, URL (last accessed August 22, 2012) http://www.facebook.com/legal/terms.

第8章

1. See the ABC news story and video interview "Teen Transplant Candidate Sued over Music Download," WTAE.com Pittsburgh. URL (last accessed September 7, 2011) at http://www.wtae.com/news/18160365/detail.html.

2. Statistic taken from the Recording Industry Association of America web site. URL (last accessed June 9, 2011) http://www.riaa.com/physicalpiracy.php?content_selector=piracy-online-scope-of-the-problem.

3. Office of the United States Trade Representative, "2011 Special 301 Report," 2011, p. 11. Accessed at http://www.ustr.gov/webfm_send/2841.

4. James Boyle, "The Second Enclosure Movement and the Construction of the Public Domain," in *Law and Contemporary Problems* 66 (Winter–Spring 2003): 33–74.

5. Joe Karaganis, ed., "Media Piracy in Emerging Economies," Social Science Research Council, 2011, p. 1. Accessed at http://piracy.ssrc.org.

6. Google's Terms of Service, last modified March 1, 2012. Accessed at http://www.google.com/intl/en/policies/terms/.

7. Section 9, "Copyright," of Twitter's Terms of Service. URL (last accessed September 15, 2012) http://twitter.com/tos.

8. Google's Terms of Service, last modified March 1, 2012. Accessed at http://
www.google.com/intl/en/policies/terms/.

9. Source, Google Transparency Report, last updated September 15, 2012.

10. Official Google Search blog posting on August 10, 2012. Accessed at http://
insidesearch.blogspot.com/2012/08/an-update-to-our-search-algorithms.html.

11. Ibid.

12. HADOPI is an acronym for Haute Autorité pour la Diffusion des Œuvres
et la Protection des Droits sur Internet, a French government agency. The
English translation is the High Authority for Transmission of Creative
Works and Copyright Protection on the Internet.

13. See Section 9 of the Digital Economy Act of 2010. Accessed at http://www
.legislation.gov.uk/ukpga/2010/24/section/9?view=plain.

14. See the Memorandum of Understanding establishing the Center for Copy-
right Information, July 6, 2012. Accessed at http://www.copyrightinformation
.org/sites/default/files/Momorandum%20of%20Understanding.pdf

15. United Nations General Assembly, Submission to the Human Rights Coun-
cil, "Report of the Special Rapporteur on the Promotion and Protection of the
Right to Freedom of Opinion and Expression," May 16, 2011, p. 14. Accessed at
http://www2.ohchr.org/english/bodies/hrcouncil/docs/17session/A.HRC.17
.27_en.pdf.

16. According to public remarks by John Morton, director of U.S. Immigration
and Customs Enforcement, at the State of the Net Conference in Washing-
ton, DC, on January 18, 2011. Accessed at http://www.ice.gov/doclib/news
/library/speeches/0118mrton.pdf.

17. See, for example, the Immigration and Customs Enforcement press release,
issued November 29, 2010, announcing a list of eighty-two domain name sei-
zures. Accessed at http://www.ice.gov/doclib/news/releases/2010/domain
_names.pdf.

18. U.S. Immigration and Customs Enforcement press release, " 'Operation In
Our Sites' Targets Internet Movie Pirates," June 30, 2010. Accessed at http://
www.ice.gov/news/releases/1006/100630losangeles.htm.

19. See the Department of Justice press release, "Federal Courts Order Seizure of
82 Website Domains Involved in Selling Counterfeit Goods as Part of DOJ
and ICE Cyber Monday Crackdown," November 29, 2010. Accessed at http://
www.justice.gov/opa/pr/2010/November/10-ag-1355.html.

20. For a lengthier list of seized domain names, see the U.S. Immigration and
Customs Enforcement (of the Department of Homeland Security) news re-
lease, "List of Domain Names Seized by ICE," November 29, 2010. Accessed
at http://www.ice.gov/doclib/news/releases/2010/domain_names.pdf.

21. U.S. Intellectual Property Enforcement Coordinator, "2010 U.S. Intellectual
Property Enforcement Coordinator Annual Report on Intellectual Property
Enforcement," February 2011. Accessed at http://www.whitehouse.gov/sites
/default/files/omb/IPEC/ipec_annual_report_feb2011.pdf.

22. According to public remarks by John Morton, director of U.S. Immigration
and Customs Enforcement, at the State of the Net Conference in Washington,

DC, on January 18, 2011. Accessed at http://www.ice.gov/doclib/news/library /speeches/0118110morton.pdf.

23. Wendy Seltzer, "Exposing the Flaws of Censorship by Domain Name," in *IEEE Security and Privacy* 9, no. 1 (2011): 83–87.

24. RapGodFathers statement, "RapGodFathers Servers Seized by U.S. Authority." URL (last accessed July 5, 2011) http://www.rapgodfathers.info/news /14591-rapgodfathers-servers-seized-by-us-authorities.

25. Reported by Ben Sisario in "Piracy Fight Shuts Down Music Blogs," *New York Times,* December 13, 2010.

26. Harvey Anderson, vice president of business affairs and general counsel at Mozilla, blog posting, "Homeland Security Request to Take Down MafiaaFire Add-on," May 5, 2011. Accessed at http://lockshot.wordpress .com/2011/05/05/homeland-security-request-to-take-down-mafiaafire -add-on/.

27. April 19, 2011, email from Mozilla to U.S. Department of Homeland Security, "To help us evaluate the Department of Homeland Security's request to take-down/remove the MAFIAAfire.com add-on from Mozilla's websites." Accessed at http://www.scribd.com/doc/54218316/Questions-to-Department -of-Homeland-Security-April-19-2011.

28. Trademark Registration No. 1,473,554 and 1,463,601.

29. United States Patent and Trademark Office, "Basic Facts about Trademark," October 2010. Accessed at http://www.uspto.gov/trademarks/basics /BasicFacts_with_correct_links.pdf.

30. WIPO Arbitration and Mediation Center, Administrative Panel Decision, "Madonna Ciccone, p/k/a Madonna v. Dan Parisi and 'Madonna.com,'" Case No. D2000-0847, October 12, 2000.

31. Excerpt from ICANN's "Rules for Uniform Domain Name Dispute Resolution Policy (the 'Rules')," effective March 1, 2010. Accessed at http://www .icann.org/en/help/dndr/udrp/rules.

32. For a critique of the UDRP system, see Lawrence R. Helfer, "International Dispute Settlement at the Trademark-Domain Name Interface," *Pepperdine Law Review* 29, no. 1 (2002): Article 6.

33. WIPO, "The Management of Internet Names and Addresses: Intellectual Property Issues," Final Report of the First WIPO Internet Domain Name Process, April 30, 1999. Accessed at http://www.wipo.int/amc/en/processes /process1/report/finalreport.html.

34. United States Patent and Trademark Office web site. URL (last accessed August 15, 2012) http://www.uspto.gov/inventors/patents.jsp.

35. See Brad Biddle, Andrew White, and Sean Woods, "How Many Standards in a Laptop? (And Other Empirical Questions)," September 10, 2010. Accessed at http://papers.ssrn.com/sol3/papers.cfm?abstract_id=1619440.

36. See, generally, Bruce H. Kobayashi and Joshua D. Wright, "Intellectual Property and Standard Setting," George Mason Law and Economics Research Paper No. 09-40, 2009.

37. OMB Circular No. A-119 Revised, Memorandum for Heads of Executive De-
    partments and Agencies, "Federal Participation in the Development and Use
    of Voluntary Consensus Standards in Conformity Assessment Activities," Feb-
    ruary 10, 1998. Accessed at http://www.whitehouse.gov/omb/circulars_a119.

38. Government of India, Ministry of Communications and Information
    Technology, Actual Text of Policy on Open Standards. Accessed at http://
    egovstandards.gov.in/notification/Notification_Policy_on_Open_Standards
    _-_12Nov10.pdf/view.

39. Eric Goldman, "Search Engine Bias and the Demise of Search Engine
    Utopianism," *Yale Journal of Law and Technology*, 2005–2006. Accessed at
    http://papers.ssrn.com/sol3/papers.cfm?abstract_id=893892.

40. Frank Pasquale, "Rankings, Reductionism, and Responsibility," Seton Hall
    Public Law Research Paper No. 888327, 2006. Accessed at http://ssrn.com
    /abstract=888327.

41. James Grimmelmann, "The Structure of Search Engine Law," *Iowa Law Re-
    view* 93 (2007).

第9章

1. See the account of Burma Internet shutdown in OpenNet Initiative Bulletin,
   "Pulling the Plug: A Technical Review of the Internet Shutdown in Burma."
   URL (last accessed March 21, 2011) http://opennet.net/sites/opennet.net/files
   /ONI_Bulletin_Burma_2007.pdf.

2. See OpenNet Initiative's dispatch "Nepal: Internet Down, Media Censorship
   Imposed." URL (last accessed March 21, 2011) http://opennet.net/blog/2005
   /02/nepal-internet-down-media-censorship-imposed.

3. Elinson Zusha and Shoshana Walter. "Latest BART Shooting Prompts New
   Discussion of Reforms," *New York Times*, July 16, 2011. Accessed at http://
   www.nytimes.com/2011/07/17/us/17bcbart.html?pagewanted=all.

4. Linton Johnson, "BART—July 4 News Conference on Officer Involved Shoot-
   ing at Civic Center Station," *BART—Bay Area Rapid Transit*, July 4, 2011.
   Accessed at http://www.bart.gov/news/articles/2011/news20110704a.aspx.

5. "A Letter from BART to Our Customers," August 20, 2011. Accessed at
   http://www.bart.gov/news/articles/2011/news20110820.aspx.

6. Ibid.

7. Zusha Elinson, "After Cellphone Action, BART Faces Escalating Protests,"
   New York Times, August 21, 2011. Accessed at http://www.nytimes.com/2011
   /08/21/us/21bcbart.html?pagewanted=all.

8. See Emergency Petition for Declaratory Ruling of Public Knowledge et al., be-
   fore the Federal Communications Commission, August 29, 2011. Accessed at
   http://www.publicknowledge.org/files/docs/publicinterestpetitionFCCBART
   .pdf.

9. Ralf Bendrath and Milton Mueller, "The End of the Net as We Know It? Deep
   Packet Inspection and Internet Governance," in *New Media and Society* 13,
   no. 7 (2011): 1148.

10. Rebecca MacKinnon, *Consent of the Networked: The World-Wide Struggle for Internet Freedom*, New York: Basic Books, 2012, p. 59.

11. For a detailed historical account of the development of packet switching, see Janet Abbate, "White Heat and Cold War: The Origins and Meanings of Packet Switching," in *Inventing the Internet*, Cambridge, MA: MIT Press, 1999.

12. See "Submarine Cables and the Oceans: Connecting the World," UNEP-WCMC Biodiversity Series No. 31, 2009, p. 9. Accessed at http://www.iscpc.org/publications/ICPC-UNEP_Report.pdf.

13. Reported by Chris Williams, "Taiwan Earthquake Shakes Internet," in *The Register*, December 27, 2006. Accessed at http://www.theregister.co.uk/2006/12/27/boxing_day_earthquake_taiwan/.

14. Renesys blog announcement about Egypt outage, January 27, 2011. Accessed at http://www.renesys.com/blog/2011/01/egypt-leaves-the-internet.shtml.

15. BGPmon data accessed at URL (last accessed August 29, 2012) http://bgpmon.net/blog/?p=450.

16. Vodafone press release, January 28, 2012. Accessed at http://www.vodafone.com/content/index/media/press_statements/statement_on_egypt.html.

17. Vodafone press release, January 29, 2012. Accessed at http://www.vodafone.com/content/index/media/press_statements/statement_on_egypt.html.

18. The story of Ampon Tangnoppakul's arrest is described in the *Economist* in "An Inconvenient Death: A Sad Story of Bad Law, Absurd Sentences and Political Expediency," May 12, 2012. Accessed at http://www.economist.com/node/21554585.

19. Official Google blog posting by Senior Policy Analyst Dorothy Chou, "More Transparency into Government Requests," June 17, 2012. Accessed at http://googleblog.blogspot.com/2012/06/more-transparency-into-government.html.

20. Google Transparency Report Government "Removal Requests" page. URL (last accessed June 20, 2012) http://www.google.com/transparencyreport/removals/government/.

21. Manuel Castells, "Communication, Power and Counter-Power in the Network Society," in *International Journal of Communication* 1 (2007): 238. Accessed at http://ijoc.org/ojs/index.php/ijoc/article/view/46/35.

第10章

1. European Telecommunication Network Operators' Association, CWG-WCIT12 Contribution 109, Council Working Group to Prepare for the 2012 World Conference on International Telecommunications, June 6, 2012.

2. Center for Democracy and Technology, "ETNO Proposal Threatens to Impair Access to Open, Global Internet," June 21, 2012. Accessed at https://www.cdt.org/report/etno-proposal-threatens-access-open-global-internet.

3. For details, see Milton Mueller, *Networks and States, The Global Politics of Internet Governance*, Cambridge, MA: MIT Press, 2010, p. 248.

4. Report of the United Nations Working Group on Internet Governance, Cha-

teuau de Bossey, June 2005, p. 4. Accessed at http://www.wgig.org/docs /WGIGREPORT.pdf.

5. ICANN, "Affirmation of Commitments by the United States Department of Commerce and the Internet Corporation for Assigned Names and Numbers," September 30, 2009.

6. G-8 stands for the "Group of 8," a forum created by France in the 1970s (initially as the G-6) for meetings of the heads of state of major econo- mies. At the time of the Deauville Declaration, the G-8 included Canada, France, Germany, Italy, Japan, Russia, the United Kingdom, and the United States.

7. "The Deauville G-8 Declaration," May 27, 2011. Accessed at www.whitehouse .gov/the-press-office/2011/05/27/deauville-g-8-declaration.

8. Bertrand de La Chapelle, "Multistakeholder Governance: Principles and Chal- lenges of an Innovative Political Paradigm," in Wolfgang Kleinwachter, ed., MIND [Multistakeholder Internet Dialogue] Collaboratory Discussion Paper Series No. 1, September 2011. Accessed at http://dl.collaboratory.de/mind /mind_02_neu.pdf.

9. See, for example, Jeremy Malcolm, *Multi-Stakeholder Governance and the Inter- net Governance Forum*, Perth: Terminus Press, 2008.

10. See, for example, William H. Dutton, John Palfrey, and Malcolm Peltu, "Deci- phering the Codes of Internet Governance: Understanding the Hard Issues at Stake," Oxford Internet Institute Forum Discussion Paper No. 8, 2007.

11. See, generally, Chris Anderson, *Free: The Future of a Radical Price*, New York: Hyperion, 2009.

12. Yochai Benkler, *The Wealth of Networks: How Social Production Transforms Markets and Freedom*, New Haven, CT: Yale University Press, 2006.

13. Google Investor Relations, "Google Announces Second Quarter 2012 Finan- cial Results," July 19, 2012. Accessed at http://investor.google.com/earnings /2012/Q2_google_earnings.html. Google's operating expenses for the quarter were $4 billion; other cost of revenue (e.g., data center operational expenses) totaled $2.41 billion.

14. Michael Zimmer, "The Externalities of Search 2.0: The Emerging Privacy Threats When the Drive for the Perfect Search Engine Meets Web 2.0," *First Monday* 13, no. 3 (March 3, 2008).

15. See, for example, Yahoo! privacy policy available at URL (last accessed March 14, 2012) http://info.yahoo.com/privacy/us/yahoo/details.html; and Google privacy policy available at URL (last accessed March 14, 2012) http://www .google.com/policies/privacy/.

16. The Gay Girl in Damascus blog posting "Making Sense of Syria Today," posted on April 19, 2011, but subsequently taken offline.

17. The Gay Girl in Damascus blog posting "My Father the Hero," posted on April 29, 2011, but subsequently taken offline.

18. Liz Sly, "'Gay Girl in Damascus' Blogger Detained," *Washington Post*, June 7, 2011. Accessed at http://www.washingtonpost.com/world/middle-east/gay

-girl-in-damascus-blogger-detained/2011/06/07/AG0TmQLH_story.html
?nav=emailpage.

19. See, for example, Isabella Steger's article "Photos of Syrian-American Blogger Called into Question," *Wall Street Journal*, June 8, 2011.

20. The WHOIS protocol is specified in Leslie Daigle, RFC 3912, "WHOIS Protocol Specification," September 2004.

21. See Facebook's Terms of Service, "Statement of Rights and Responsibilities," revision date June 18, 2012. Accessed at http://www.facebook.com/legal/terms.

22. See Danielle Keats Citron and Helen Norton, "Intermediaries and Hate Speech: Fostering Digital Citizenship for the Information Age," *Boston University Law Review* 91 (2011): 1435.

23. See Government of India, Ministry of Communications and Information Technology, "Guidelines for Cyber Cafes," 2011. Accessed at http://mit.gov.in/content/notifications.

24. A. Michael Froomkin, "Lessons Learned Too Well," paper presented at the Oxford Internet Institute's "A Decade in Internet Time: Symposium on the Dynamics of the Internet and Society," September 22, 2011.

25. This section is expanded further in Laura DeNardis, "The Social Media Challenge to Internet Governance," forthcoming in William Dutton and Mark Graham, eds., *Society and the Internet: How Information and Social Networks Are Changing Our Lives*, Oxford: Oxford University Press.

26. Tim Berners-Lee, "Long Live the Web: A Call for Continued Open Standards and Neutrality," *Scientific American*, December 2010.

27. Vinton Cerf, "Keep the Internet Open," *New York Times*, May 24, 2012. Accessed at http://www.nytimes.com/2012/05/25/opinion/keep-the-internet-open.html.

28. Testimony of Vinton Cerf before the House Energy and Commerce Committee Subcommittee on Communications and Technology, Hearing on "International Proposals to Regulate the Internet," May 31, 2012.

术语表

Authentication，认证：计算机网络中，访问网络资源的时候对个人身份信息进行的认证，或者对网站的身份进行的认证。

Autonomous System（AS），自治域：一组路由前缀构成的集合，代表网络域内可达的 IP 地址。

扩展：在互联网中，一个自治域是一个有权自主地决定在本系统中应采用何种路由协议的小型单位。这个网络单位可以是一个简单的网络，也可以是一个由一个或多个普通的网络管理员来控制的网络群体，它是一个单独的可管理的网络单元（例如一所大学、一个企业或者一个公司个体）。一个自治域有时也被称为一个路由选择域（routing domain）。一个自治域将会分配一个全局的唯一的 16 位号码，这个号码叫作自治域号（ASN）。一个自治域就是处于一个管理机构控制之下的路由器和网络群组。它可以是一个路由器直接连接到一个局域网上，同时也连到互联网上；它可以是一个由企业骨干网互连的多个局域网。在一个自治域中的所有路由器必须相互连接，运行相同的路由协议，同时分配同一个自治域号。一个自治域即为由一个或多个网络运营商来运行一个或多个网络协议前缀的网络连接组合，这些运营商往往都具有单独的定义和明确的路由策略。

Autonomous System Number（ASN），自治域号：为每个自治域分配的一个全局唯一的号码。

Binary，二进制：一种由 0 和 1 这两个数字构成的语言编码，用于在数字系统中对任何类型的信息进行编码。

Biometric Identification，生物标识：基于某种唯一的物理属性对个体进行认证，例如 DNA、脸部、指纹、语音特征等。

BitTorrent，比特流：一个端对端的文件共享协议，或者指用于在网络上高效共享大体积数字文件的客户端。

扩展：比特流是一种内容分发协议，它采用高效的软件分发系统和点对点技术共享大体积文件（如一部电影或电视节目），并使每个用户像网络重新分配节点那样提供上传服务。一般的下载服务器为每一个发出下载请求的用户提供下载服务，而比特流的工作方式与之不同。分配器或文件的持有者将文件发送给其中一名用户，再由这名用户转发给其他用户，用户之间相互转发自己所拥有的文件部分，直到每个用户的下载都全部完成。这种方法可以使下载服务器同时处理多个大体积文件的下载请求，而无须占用大量带宽。

Bluetooth，蓝牙：一种无线传输标准，在无须牌照的频段上进行很短距离的无线信息传输，例如在移动电话和耳机之间。

Border Gateway Protocol（BGP），边界网关协议：一个外部路由协议，用于指导路由器如何在自治域之间交换信息。

扩展：BGP 是运行于 TCP 上的一种自治域的路由协议，是唯一一个用来处理像互联网大小的网络的协议，也是唯一能够妥善处理好不相关路由域间的多路连接的协议。BGP 构建在外部网关协议（EGP）的经验之上。BGP 系统的主要功能是和其他的 BGP 系统交换网络可达信息，包括列出的自治域的信息。这些信息有效地构造了 AS 互联的拓扑图并由此清除了路由环路，同时在 AS 级别上可实施策略决策。

Buffering，缓存：通过引入轻微时延和临时存储，使得视频或者音频呈现出流式连续性。

Cell，小区：在蜂窝电话网络中，基站上的一个天线所服务的一片地理区域。

Certificate Authority（CA），认证中心：执行数字认证的一个被信任的第三方。

Circuit Switching，电路交换：一种网络交换方式，在传输过程中建立并保持一个独占的、端到端的路径。

Coaxial Cable，同轴电缆：一种铜质的传输媒介。

Compression，压缩：对数字编码的信息进行数学运算，能够减少文件的大小，以便更为高效地传输和存储。

Computer Emergency Response/Readiness Team（CERT），计算机紧急响应团队：负责互联网安全问题的政府或者非政府的机构。

Deep Packet Inspection，深度包检测：路由器中集成的一种能力，能够检测出数据包的负载内容，而不仅仅是包头的信息。

Digital Certificate，数字证书：信息附带的一个加密二进制文件；用于对个人或者网站进行认证。

Distributed Denial of Service（DDoS）Attack，分布式拒绝服务攻击：一种计算机攻击，将数以千计的计算机联合起来，同时对一个目标计算机发动攻击，从而成倍地提高拒绝服务攻击的威力。

扩展：通常，攻击者使用一个偷窃账号将 DDoS 主控程序安装在一个计算机上，在一个设定的时间，主控程序将与大量代理程序通信，代理程序已经被安装在网络上的许多计算机上。代理程序收到指令时就发动攻击。利用客户/服务器技术，主控程序能在几秒钟内激活成百上千次代理程序的运行。

Domain Name System，域名系统：一个巨大的分布式的数据库管理系统，用来将域名翻译为 IP 地址。

Dotted Decimal Format，点分十进制格式：32 位的 IPv4 地址写成 4 个部分，以圆点分隔。

Electromagnetic Spectrum，电磁频谱：整个电磁波的频率范围，例如无线电波、光波、X 射线、γ 射线等。

Encode，编码：将模拟信号转换成数字格式。

Encryption，加密：将数据进行数学打乱处理，使得数据对于非授权方为不可识别。

Encryption Key，加密密钥：在加密和解密过程中，对数据进行加密或者解密操作所使用的一个数字。

Ethernet，以太网：主流的局域网标准。

Fiber Optics，光纤：一种类玻璃的传输媒介。

Frequency，频率：每秒循环次数。

Global Positioning System（GPS），全球定位系统：能够提供三维位置信息的一组卫星及其支撑系统。

Graduated Response，分级响应：一个智能的权利保护系统，在重复警告后能够切断一个违规用户对互联网的访问。

Handoff，切换：移动电话在通话过程中，其呼叫接续可以从一个基站无缝转移到另一个相邻的基站。

Header，头：一个数据包的附加管理信息，包括地址以及其他信息。

Hexadecimal，十六进制：使用 16 个符号（0、1、2、3、4、5、6、7、8、9、A、B、C、D、E、F）代表信息的一个计数系统。

Hop，跳：数据包每经过一次路由器，称为一跳。

HyperText Markup Language（HTML），超文本标记语言：对 Web 信息进行编辑的一种标准语言。

International Organization for Standardization（ISO），国际标准化组织：一个主要的国际标准化制定组织。

International Telecommunication Union（ITU），国际电信联盟：一个专门的联合国机构，负责信息和通信技术以及标准。

Internet Address，互联网地址：一个 32 位或者 128 位的二进制数，用于全局唯一的互联网标识，可以是永久性的或者临时性的。

Internet Address Space，互联网地址空间：所有互联网地址的集合。

Internet Assigned Numbers Authority（IANA），互联网编码分配机构：互联网管制机构，负责互联网相关编码，例如 IPv4 地址、IPv6 地址、ASN，以及其他一些编码。

Internet Corporation for Assigned Names and Numbers（ICANN），互联网名称与数字地址分配机构：互联网管制机构，负责互联网名称和编码等关键资源的管理。

Internet Engineering Task Force（IETF），互联网工程任务组：制定了很多互联网核心协议的标准组织。

Internet Exchange Point（IXP），互联网交换点：当多个网络之间需要交换数据包时，为实现互连互通而共享的网络节点。

Internet Protocol（IP），互联网协议：互联网协议标准，对数据包规定了 2 个关键的网络功能：格式和地址。

Interoperability，互操作：由于使用相同的格式和协议，使得不同设备之间具备了交换信息的能力。

IPv4，互联网协议版本 4：主流的互联网地址标准，使用 32 位比特的标识。

IPv6，互联网协议版本 6：新的互联网地址标准，使用 128 位比特的标识。

Key Length，密钥长度：一个加密密钥中所含的比特数。

Kill-Switch，终止开关功能：一种委婉说法，表示任何数量的扰乱通信系统的机制。

Latency，时延：一个数据包在经过网络传送时，发送时间和接收时间之间的差异。

Local Area Network（LAN），局域网：覆盖一个非常有限区域的网络，例如在一个建筑物之内。

Moore's Law，摩尔定律：目前，该理论预测集成电路中能够容纳的元器件数量每 18 个月增加一倍。

扩展：定律是由英特尔创始人之一戈登·摩尔提出来的。其内容为：当价格不变时，集成电路上可容纳的元器件的数目，每隔 18～24 个月便会增加一倍，性能也将提升一倍。换言之，每一美元所能买到的电脑性能，将每隔 18～24 个月翻一倍以上。这一定律揭示了信息技术进步的速度。

MP3，MP3 格式：用于压缩音频文件的一种格式标准。

Multimedia，多媒体：组合了多种内容类型的信息，包括文本、音频、视频和图片。

Net Neutrality，网络中立：一个基本原则，呼吁接入网络的任何业务流都能够获得非歧视待遇。

扩展：网络中立是指在法律允许范围内，所有互联网用户都可以按自己的选择访问网络内容、运行应用程序、接入设备、选择服务提供商。这一原则要求平等对待所有互联网内容和访问，防止运营商从商业利益出发控制传输数据的优先级，保证网络数据传输的"中立性"。

Packet，数据包：在分组交换系统中信息的一个小片段，它可以被独立编码，并通过网络传送到目的地。

Packet Switching，数据包交换：一个网络交换方法，在这个系统中，信息可以被分解成小的单元，称为数据包，这些数据包可以被独立传送到目的地，再重新组合成原来的信息。

Payload，负载：数据包的内容。

Peer-to-Peer（P2P），对等网络：指一种文件共享协议，文件可以分解成片段，分布在多个对等的计算机上，而不是全部集中放在一个单独的计算机上。

Regional Internet Registry（RIR），区域互联网注册管理机构：一个私有的、非营利机构，在其负责的地区里面，它可以分配和指定 IP 地址。

Registrar，（域名）注册机构：对个人或者机构分配域名的机构。

Registry Operator，注册运营商：一个机构，负责维护域名数据库，内容包含域名以及在顶级域上注册的每一个域名所关联的 IP 地址。

Request for Comments（RFCs），请求评议：一系列的标准草案，提供了互联网操作的基本规则。

Root Zone File，根区域文档：一个明确的列表，包含顶级域所有权威 DNS 服务器的名字和 IP 地址。更准确的称呼为根区域数据库。

Router，路由器：一种交换设备，基于数据包所包含的目的 IP 地址和设备中所包含的路由表，能够将数据包定向到它的目的地。

Routing Table，路由表：路由器所依据的数据库，以便决定如何将一个数据包转发到目的地址。

Session Initiation Protocol（SIP），会话初始协议：一种通过 IP 传递话音的信令协议。

Simple Mail Transfer Protocol（SMTP），简单邮件传输协议：一种电子邮件的标准。

Spoof，IP 地址欺骗：冒充另外一台主机的 IP 地址，通常用于执行某种未经授权的活动。

Throttle，节流：故意降低网络的业务流量。

Top-Level Domain（TLD），顶级域：在域名体系中的顶级后缀，例如 . com、. org 和 . edu。

Transmission Control Protocol/Internet Protocol（TCP/IP），TCP/IP 协议：用于互联网连接的核心协议族。

Triangulation，三角测量：通过计算一个设备与三个参考点之间的距离，从而获得该设备物理位置的方法。

Twisted Pair，双绞线：一种两条线互相缠绕的铜质传输媒介。

Uniform Resource Locator（URL），统一资源定位符：用于唯一确定 Web 资源地址的一个字符串。

Virus，病毒：附着在合法的程序上的一段恶意计算机代码，只有在用户执行某种特定操作的时候被激活，例如点击一个邮件的附件。

Voice over Internet Protocol（VoIP），IP 电话、IP 话音：一组通信标准，用于在 IP 网上进行语音信号的数字传输。

Wi-Fi, or Wireless Fidelity，无线传输：基于 IEEE 802.11 规范的一组标准，用于无线局域网的传输。

WiMAX，全球微波互联接入：一种高速城域网无线标准。

World Wide Web Consortium（W3C），万维网联盟：制定 Web 技术标准的机构。

Worm，蠕虫：一种恶意的计算机代码，不需要用户的任何动作就可以自己完成复制和传播。

XML，可扩展标记语言：Web 上一种流行的信息格式和编码标准。

推荐阅读

目前研究界和实务界已积累了关于互联网治理及其相关政策议题的大量成果，相关领域的跨界研究已经集聚和吸引了一大批国际关系学的专家学者投身其中，并逐渐形成了稳固的全球互联网治理学术圈。这一学术圈和专家研究团队提出了大量与互联网全球治理相关的学术命题和前沿观点，其中有一些已经被引用在本书中。还有相当数量的互联网治理的杰出著作出自法学家、技术历史学家以及其他学科专家之手。以下列出了与本书核心议题互联网治理相关的推荐书目，供参考。

Abbate, Janet. *Inventing the Internet*. MIT Press, 1999.

Antonova, Slavka. *Powerscape of Internet Governance—How Was Global Multistake-holderism Invented in ICANN?* VDM Verlag, 2008.

Benedek, Wolfgang, Veronika Bauer, and Matthias C. Kettemann, eds. *Internet Governance and the Information Society: Global Perspectives and European Dimensions*. Eleven International Publishing, 2008.

Braman, Sandra. *Change of State: Information, Policy, and Power*. MIT Press, 2009.

Brousseau, Eric, Meryem Marzouki, and Cécile Méadel, eds. *Governance, Regulation, and Powers on the Internet*. Cambridge University Press, 2012.

Bygrave, Lee A., and Jon Bing, eds. *Internet Governance: Infrastructure and Institutions*. Oxford University Press, 2009.

Dany, Charlotte. *Global Governance and NGO Participation: Shaping the Information Society in the United Nations.* Routledge, 2012.

Deibert, Ronald, John Palfrey, Rafal Rohozinski, and Jonathan Zittrain, eds. *Access Contested: Security, Identity, and Resistance in Asian Cyberspace.* MIT Press, 2011.

———, eds. *Access Controlled: The Shaping of Power, Rights, and Rule in Cyberspace.* MIT Press, 2010.

———, eds. *Access Denied: The Practice and Policy of Global Internet Filtering.* MIT Press, 2008.

DeNardis, Laura, ed. *Opening Standards—The Global Politics of Interoperability.* MIT Press, 2011.

———. *Protocol Politics: The Globalization of Internet Governance.* MIT Press, 2009.

Drake, William J. *Reforming Internet Governance: Perspectives from the Working Group on Internet Governance.* United Nations Publications, March 2005.

Drake, William J., and Ernest J. Wilson. *Governing Global Electronic Networks: International Perspectives on Policy and Power.* MIT Press, 2008.

Dutton, William H., ed. *The Oxford Handbook of Internet Studies.* Oxford University Press, 2013.

Flyverbom, Mikkel. *The Power of Networks: Organizing the Global Politics of the Internet.* Edward Elgar, 2011.

Galloway, Alexander R. *Protocol: How Control Exists after Decentralization.* MIT Press, 2004.

Gillespie, Tarleton. *Wired Shut: Copyright and the Shape of Digital Culture.* MIT Press, 2007.

Goldsmith, Jack, and Tim Wu. *Who Controls the Internet? Illusions of a Borderless World.* Oxford University Press, 2008.

Greenstein, Shane, and Victor Stango, eds. *Standards and Public Policy.* Cambridge University Press, 2007.

Komaitis, Konstantinos. *The Current State of Domain Name Regulation: Domain Names as Second Class Citizens in a Mark-Dominated World.* Routledge, 2010.

Kulesza, Joanna. *International Internet Law.* Routledge, 2012.

Lessig, Lawrence. *Code: Version 2.0.* Basic Books, 2006.

MacKinnon, Rebecca. *Consent of the Networked: The Worldwide Struggle for Internet Freedom.* Basic Books, 2012.

MacLean, Don, ed. *Internet Governance: A Grand Collaboration.* United Nations Publications, July 2004.

Malcolm, Jeremy. *Multi-Stakeholder Governance and the Internet Governance Forum.* Terminus Press, 2008.

Mansell, Robin, and Marc Raboy, eds. *The Handbook of Global Media and Communication Policy.* Wiley-Blackwell, 2011.

Marsden, Christopher T. *Internet Co-Regulation: European Law, Regulatory Governance and Legitimacy in Cyberspace.* Cambridge University Press, 2011.

———. *Net Neutrality: Towards a Co-Regulatory Solution.* Bloomsbury, 2010.

Mathiason, John. *Internet Governance: The New Frontier of Global Institutions.*

Routledge, 2008.

Mueller, Milton. *Networks and States: The Global Politics of Internet Governance.* MIT Press, 2010.

——. *Ruling the Root: Internet Governance and the Taming of Cyberspace.* MIT Press, 2002.

Musiani, Francesca. *Cyberhandshakes: How the Internet Challenges Dispute Resolution (. . . And Simplifies It).* EuroEditions, 2009.

Palfrey, John, and Urs Gasser. *Interop: The Promise and Perils of Highly Interconnected Systems.* Basic Books, 2012.

Paré, Daniel J. *Internet Governance in Transition: Who Is the Master of This Domain?* Rowman & Littlefield, 2003.

Pavan, Elena. *Frames and Connections in the Governance of Global Communications.* Lexington Books, 2012.

Post, David G. *In Search of Jefferson's Moose: Notes on the State of Cyberspace.* Oxford University Press, 2009.

Raboy, Marc, Normand Landry, and Jeremy Shtern. *Digital Solidarities, Communication Policy and Multi-Stakeholder Global Governance: The Legacy of the World Summit on the Information Society.* Peter Lang Publishing, 2010.

Saleh, Nivien. *Third World Citizens and the Information Technology Revolution.* Palgrave Macmillan, 2010.

Singh, J. P. *Negotiation and the Global Information Economy.* Cambridge University Press, 2008.

Stauffacher, Daniel, and Wolfgang Kleinwächter, eds. *The World Summit on the Information Society: Moving from the Past into the Future.* United Nations Publications, January 2005.

Thierer, Adam, and Clyde Wayne Crews Jr., eds. *Who Rules the Net? Internet Governance and Jurisdiction.* Cato Institute, 2003.

Vaidhyanathan, Siva. *The Googlization of Everything: (And Why We Should Worry).* University of California Press, 2011.

van Shewick, Barbara. *Internet Architecture and Innovation.* MIT Press, 2010.

Weber, Rolf H. *Shaping Internet Governance: Regulatory Challenges.* Springer, 2010.

Wu, Tim. *The Master Switch: The Rise and Fall of Information Empires.* Vintage, 2011.

Zittrain, Jonathan. *The Future of the Internet and How to Stop It.* Yale University Press, 2008.

图书在版编目（CIP）数据

互联网治理全球博弈/（美）劳拉·德拉迪斯（Laura DeNardis）著；覃庆玲等译.—北京：中国人民大学出版社，2017.1

ISBN 978-7-300-22997-3

Ⅰ.①互… Ⅱ.①劳… ②覃… Ⅲ.①国家安全-研究②互联网络-管理-研究 Ⅳ.①D035.3②TP393.4

中国版本图书馆 CIP 数据核字（2016）第 140216 号

互联网治理全球博弈

［美］劳拉·德拉迪斯（Laura DeNardis）　著

覃庆玲　陈慧慧　等　译

Hulianwang Zhili Quanqiu Boyi

出版发行	中国人民大学出版社			
社　　址	北京中关村大街 31 号		**邮政编码**	100080
电　　话	010－62511242（总编室）		010－62511770（质管部）	
	010－82501766（邮购部）		010－62514148（门市部）	
	010－62515195（发行公司）		010－62515275（盗版举报）	
网　　址	http://www.crup.com.cn			
	http://www.ttrnet.com（人大教研网）			
经　　销	新华书店			
印　　刷	北京联兴盛业印刷有限公司			
规　　格	170 mm×240 mm　16 开本		**版　　次**	2017 年 1 月第 1 版
印　　张	20.5 插页 2		**印　　次**	2017 年 10 月第 2 次印刷
字　　数	225 000		**定　　价**	69.00 元